高等院校经济学管理学系列教材

发展经济学

主　编　李薇辉　朱　颖

副主编　蒋荷新　汤海燕

上海财经大学出版社

图书在版编目(CIP)数据

发展经济学/李薇辉，朱颖主编. —上海：上海财经大学出版社，2011.12
(高等院校经济学管理学系列教材)
ISBN 978-7-5642-1214-8/F·1214

Ⅰ.①发… Ⅱ.①李…②朱… Ⅲ.①发展经济学-高等学校-教材 Ⅳ.①F061.3

中国版本图书馆CIP数据核字(2011)第214735号

□ 责任编辑 李嘉毅
□ 封面设计 张克瑶
□ 责任校对 胡 芸 赵 伟

FAZHAN JINGJIXUE
发展经济学

主 编 李薇辉 朱 颖
副主编 蒋荷新 汤海燕

上海财经大学出版社出版发行
(上海市武东路321号乙 邮编200434)
网 址：http://www.sufep.com
电子邮箱：webmaster @ sufep.com
全国新华书店经销
同济大学印刷厂印刷
上海春秋印刷厂装订
2011年12月第1版 2011年12月第1次印刷

787mm×1092mm 1/16 12印张 307千字
印数：0 001—3 000 定价：35.00元

前 言

世界在发展，中国在发展，发展是硬道理，发展是人类活动的主旋律。中国是世界上最大的发展中国家，在经济全球化进程中面临着诸多发展机遇和挑战，发展经济是中国从世界经济大国走向世界经济强国的必由之路。我们试图从发展经济学的一般规律出发，着重探讨中国经济发展的各种问题。

本教材的编写集中了上海师范大学经济学专业的精兵强将，不少是多年从事发展经济学教学和研究的教授、副教授及具有博士学位的青年教师。我们从本科经济学专业教学的需要出发，对以往的发展经济学教材体系做了适当的调整，吸收了发展经济学的最新研究成果，运用了最新的经济数据，体现了本教材信息量大、系统性强、观点鲜明、言简意赅的特色。

本教材适合大学本科经济学或者经济管理专业学生作为基本教材，也可以作为经济类专业研究生的参考书，还可以为那些对发展经济学感兴趣的读者提供理论食粮。

本教材由李薇辉和朱颖主编，负责全书的结构设计及最后的定稿工作。全书共11章，第一章和第十一章由李薇辉编写，第二章由汤海燕编写，第三章和第四章由朱颖编写，第五章和第十章由蔡炜编写，第六章和第九章由林燕编写，第七章和第八章由蒋荷新编写。

本教材在编写过程中参考并吸收了大量发展经济学的著作、教材和其他资料，我们在参考文献中已经列出，并在这里表示感谢。

本教材的出版得到了上海财经大学出版社的大力支持，特别是李嘉毅编辑的辛勤付出，对此，我们深深地感谢！

李薇辉

2011年11月

前言

目　录

第一章

导 论

自 20 世纪 40 年代以来，各种各样的经济发展理论相继问世，逐渐形成了一门独立的学科——发展经济学(Development Economics)。它是第二次世界大战后从西方经济学体系中分离出来而形成的一门新兴学科。

第一节 发展中国家概述

一、发展中国家的含义

发展中国家(Developing Countries)，通常是指那些经济社会发展和人民生活水平相对较低，尚处于从传统农业社会向现代工业社会转变过程中的国家，即指经济上较落后的第三世界国家，也叫欠发达国家(Less Developed Countries，简称 LDC)。

经济学家麦克格罗·希尔(Mc Graw Hill)认为，发展中国家是这样一种国家，它的人民正在开始利用可获得的资源，以实现产品和劳务人均生产的持久增长。一般地说，发展中国家是一个能够较大程度地提高实际收入水平，而且正在做到这一点的国家。

世界银行(World Bank)把发展中国家划分为低收入国家和中等收入国家，与发达国家相区别。以《1998 年世界发展报告》为例，低收入国家的人均收入为 350～1 230美元，中等收入国家的人均收入为1 230～4 520美元。

发展中国家与发达国家的说法相对应。发达国家(Developed Countries)是已经发展起来的意思，而发展中国家的说法体现了其经济相对落后的特点，同时体现了发展中国家正在发展和追赶的特点。发展中国家这个术语是一个中性词，事实上，任何一个国家都需要发展。

发达国家的概念是亚太经济合作组织(以下简称经合组织)提出来的。发达国家是按照人均国民产值来划分的，但是不完全，比如中东石油国的人均国民产值比许多发达国家高，但仍然不是发达国家。对于发达国家的定义有多种说法，但公认的标准是：较高的人均 GDP(不是 GDP 总量)和社会发展水平。按 1995 年前后的标准，一国的人均 GDP 在8 000美元以上(按名义汇率计算)加上一定程度的社会发展水平就可基本定义为发达国家。2005 年，这个标准提高到10 000美元左右。按这个定义，在这十多年里，已有一批国家加入了发达国家的行列。另外，阿联酋、科威特等产油国的人均GDP很高，但社会发展程度较低，文盲率在30%以上，不能列入发达国家之列；摩纳哥、列支敦士登等微型国家也不列入其中；中国香港、中国台湾、荷属安的列斯等未获国家地位的经济体也不列入其中。

表1—1　2010年世界最发达国家人均GDP排名　单位：美元

排　名	国　家	人均GDP
1	卢森堡	104 390
2	挪威	84 543
3	卡塔尔	74 422
4	瑞士	67 074
5	丹麦	55 113
6	澳大利亚	54 869
7	瑞典	47 667
8	阿拉伯联合酋长国	47 406
9	美国	47 132
10	荷兰	46 418

资料来源：根据2010年世界各国人均GDP排名(IMF权威公布)整理。

事实上，直到今天，世界上还没有一个准确、统一、为人们所普遍接受的关于发展中国家的科学定义。在苏联解体、东欧剧变、两极格局消失的“后冷战”时代更是如此。但就今天的现实世界而言，发展中国家已成为一个约定俗成的概念。

联合国明确认定了49个国家为最不发达国家。发达国家则通过承诺更多的国际义务或不寻求某些特殊的待遇而确立自己发达国家的地位。在国际上有一种共识，某个国家一旦加入经合组织，便被认为是经济发达国家。但随着一些取得良好发展绩效的发展中国家(如墨西哥和韩国)的加入，这种共识在实际操作中变得难以把握。由于在实际工作中不可避免地要对发展中国家进行划分，通常的做法是将人均GNP或GDP作为衡量一个国家经济发展水平的主要参数。这种做法虽然简单易行，也比较有效，但单纯的GNP或GDP难以全面地反映一个国家在经济发展与社会进步等方面的状况。《马拉喀什建立世界贸易组织协定》中的发展中国家条款可分为两类：一类是主动型条款，即成员自称为发展中国家，在制定国内经济和贸易政策时自主享有《马拉喀什建立世界贸易组织协定》给予发展中国家的灵活性；另一类则是被动型条款，即一成员认定某些成员为发展中国家，并在其贸易政策的制定和实施中给予这些成员以更为优惠的差别待遇。由此我们看到，即使是最权威的国际组织，对于发展中国家的认定或划分也大多是出于处理国际事务和便利贸易往来需要的技术性规定，而没有在理论上给出明确的概念界定。

发展中国家只是与发达国家相对的经济上比较落后的国家，又称不发达国家，通常指第三世界国家，包括亚洲、非洲、拉丁美洲及其他地区的一百三十多个国家，占世界陆地面积和总人口的70%以上。第三世界(Third World)主要是一个政治术语，是20世纪50年代提出来的。在苏联解体之前，世界上存在两个强大而又对抗的联盟：一个是以美国为首的北大西洋公约组织(以下简称北约组织)，另一个是以苏联为首的华沙条约组织(以下简称华约组织)。北约组织的成员国被称为第一世界，华约组织的成员国被称为第二世界，不属于这两个组织的国家统称为第三世界。由于第三世界基本上都是贫穷、落后的国家，所以，一些学者和国际机构常常把“第三世界”作为发展中国家的代名词。

发展中国家过去一般都是帝国主义的殖民地、半殖民地。19 世纪末、20 世纪初，资本主义向垄断阶段过渡，世界进入帝国主义时代。英、法、美、德、俄、日等帝国主义国家向外扩张、侵略，把世界 10 亿以上人口的大部分地区变成殖民地和半殖民地，作为自己国家的商品市场、原料产地和资本输出场所。经过长期的反帝反殖民斗争，这些国家取得了独立，有些国家走上了社会主义道路，建立了独立的国民经济体系。但由于长期受帝国主义国家的侵略和掠夺，经济发展水平较低，大多数国家虽然在政治上获得了民族独立，但在经济上还没有完全摆脱帝国主义的控制与剥削。旧的经济结构并没有被彻底摧毁，一些经济命脉仍然不同程度地控制在国际垄断资本手里。发展中国家虽然改变了自身的附庸地位，但仍面临帝国主义和霸权主义的威胁。

发展中国家有着相似的历史命运，面临共同的任务和愿望。第二次世界大战后，政治上取得独立的发展中国家，大多奉行中立不结盟政策，并实现了不同意识形态和社会制度的直接合作，加强了发展中国家之间的联系。20 世纪 50 年代中期，以亚洲、非洲、拉丁美洲地区新独立的发展中国家为主体的第三世界，作为一支新生力量参与国际事务，开展了维护国家主权、发展民族经济、反对强权政治、变革国际旧秩序的联合运动。运动的主要内容有：(1)不结盟运动。反对参加大国军事集团和与大国结盟。不允许在本国建立大国军事基地，要求尊重各国主权，共同参与解决国际政治、经济的重大问题。(2)发展运动。其主要任务是变革以控制和掠夺为核心的国际经济旧秩序，建立公平合理、平等互利的国际经济新秩序。其行动主要体现为“南北对话”和加强“南南合作”，重点是“南南合作”，以“南南合作”推进“南北对话”的发展。(3)反独裁、争民主运动。这种运动在 20 世纪 70～80 年代达到高潮。随着发展中国家民族经济的发展和资本主义因素的增强，各国人民普遍要求建立民主制度，实行普选，加强法制。

随着“冷战”的结束和两极格局的消失，无论从哪种意义上来讲，作为一个政治概念的“第三世界”已经不复存在。然而，作为发展中国家的一个概念集合，“第三世界”对于广大发展中国家来说，有着特殊的包容性和亲和力，尤其给那些弱小的民族和国家一种凝聚力和归属感。正因为如此，无论是在发展经济学的文献中，还是在人们的日常生活里，“第三世界”这个词仍然被广泛应用。不过在当前，“第三世界”已经不再具有特殊的含义，而是成为发展中国家的同义语。

此外，新马克思主义和激进学派的经济学家将发展中国家称作“外围地区”，以说明它们和“中心地区”(发达国家)之间的“依附”与“支配”关系。当然，最为通俗、简便的说法，是称之为“穷国”，以与“富国”相对立。然而，低收入国家和不发达国家的范围并不对等。例如，沙特阿拉伯、科威特、阿联酋、文莱等盛产石油国家的人均收入虽然很高，却是不发达的。20 世纪 50 年代的日本和以色列并不富裕，但它们是发达国家。况且，“穷”与“富”本来就是相对而又不断变化的概念，只有在相互的动态比较中，才能把握其含义。

发展中国家地域辽阔、人口众多，有广大的市场和丰富的自然资源，还有许多战略要地，无论从经济、贸易上，还是从军事上，都占有举足轻重的战略地位。

二、发展中国家的分类

对于发展中国家，一般是按照收入水平的高低进行分类，最简单的分类方法有以下几种：

(一)联合国的分类

它把第三世界分为三类：(1)44 个最穷的国家，也叫做“最不发达国家”；(2)88 个非石油出口发展中国家；(3)13 个石油输出国组织(Organization of the Petroleum Exporting Countries，简称 OPEC)成员国。

(二)经合组织的分类

它把发展中国家分为四类:(1)61个低收入国家,其中包括29个最不发达国家;(2)73个中等收入国家;(3)11个新兴工业化国家;(4)13个OPEC成员国。

(三)世界银行的分类

按照《1997年世界发展报告》,它把133个人口超百万的国家按照人均收入水平分为四组:(1)低收入国家组,人均GNP在765美元以下,包括49个国家,1995年的人均GNP为430美元;(2)下中等收入国家组,人均GNP在765~3 035美元之间,包括51个国家;(3)上中等收入国家组,人均GNP在3 036~9 385美元之间;(4)高收入国家组和地区组,人均GNP在9 386美元以上。

(四)世界贸易组织的分类

根据世界贸易组织(World Trade Organization,简称WTO)的协定、协议分析,WTO中的发展中国家基本上可分为三大类:(1)最不发达国家和地区,其判断依据是联合国认定的最不发达国家和地区,按1995年世界银行的标准,是指年人均GNP为765美元及以下的国家,这样的国家有49个,其中29个是WTO成员国;(2)年人均GNP低于1 000美元的国家,WTO曾列举过这类国家,主要指玻利维亚、喀麦隆、埃及、加纳、印度、印度尼西亚、肯尼亚、摩洛哥、尼加拉瓜、尼日利亚、巴基斯坦、菲律宾、塞内加尔、斯里兰卡和津巴布韦等;(3)其他发展中国家,即不属于上述两类的发展中国家。但是,WTO没对这类成员,也没有对“发达国家成员”规定判断标准,这给一些协定、协议的执行带来不确定因素。例如,年人均GNP为3 000美元的国家可以被认定属于“其他发展中国家”,但年人均GNP超过1万美元的韩国是否属于此类,还是应视为“发达国家”呢?在对新兴工业化国家和地区在WTO中的资格进行认定时,这个问题尤显突出。

三、发展中国家的基本特征

比较完整地描述发展中国家特征的发展经济学家是托达罗(M. P. Todaro),他说:“——本来已经说明,为什么把亚、非、拉、美一批多种多样的国家过分概括有时是危险的。但是,如果看到发展中国家的共同特征,我们就可以在颇为相似的框架中去观察它们。”依托达罗看来,发展中国家具有如下共同的经济特征:

(一)收入水平低下

与发达国家相比,世界上大多数发展中国家的人均GDP都比较低,其中最低的是撒哈拉沙漠以南的一些非洲国家。按照2010年国际货币基金组织(International Monetary Fund,简称IMF)的权威发布,收入水平最低的10个国家的人均GDP都在500美元以下,排在最后一位的国家布隆迪的人均GDP只有177美元。

表1—2　　2010年世界最穷的发展中国家人均GDP排名　　单位:美元

排　名	国　家	人均GDP
1	布隆迪	177
2	刚果民主共和国	188
3	利比里亚	226
4	塞拉利昂	325
5	马拉维	354
6	埃塞俄比亚	364

续表

排 名	国 家	人均 GDP
7	尼日尔	383
8	马达加斯加	391
9	几内亚	420
10	厄立特里亚	423

资料来源：根据 2010 年世界各国人均 GDP 排名（IMF 权威公布）整理。

（二）生活水平低下

发展中国家的大多数人民，无论和自己国内少数富裕阶层相比，还是和发达国家的大多数人民相比，他们的生活水平都是低下的。这里所说的低下的生活水平，既表现在数量上，也表现在质量上。发展中国家的人民普遍贫困、收入低下、住房短缺、健康不良、教育落后、婴儿死亡率高、预期寿命和工作年限短等。发展中国家人口中的很大一部分存在健康欠佳、营养不良、婴儿死亡率高于发达国家 10 倍、识字率低、辍学率高、教育设施和课程设置不完善等问题，无论住房、医疗、受教育程度还是精神状态都处于较差的状况。

（三）生产率水平低下

发展中国家生产率水平低下的原因在于：一是资本要素不足。我们知道，提高储蓄水平可以增加物质资本的积累，通过教育和训练可以促进人力资本的开发，从而能够提高生产率。但发展中国家由于收入水平低，储蓄水平难以提高，物质资本和人力资本就更加匮乏，生产率的提高面临很大困难。二是技能的改进有利于生产率的提高，而发展中国家往往缺少合格的管理人才。三是生产率的提高与经济体制改革有关，比如土地占有、税收系统、信贷结构等方面的改革，而在发展中国家，这种改革往往是旷日持久的。另外，劳动者对工作、纪律和权威的态度，是否有自我完善以及创新的愿望和能力，与生产率的高低也有很大的关系，而发展中国家的劳动者如何改进劳动态度和提高劳动积极性是有待解决的问题。四是生产率也受劳动者身心健康的影响。发展中国家低下的生活水平会使人们的身体和精神都受到损害，极大地约束了生产率迅速提高的可能性。由于低下的生活水平和低下的生产率相互影响并强化，从而使发展中国家陷入不发达状态而无法自拔。

（四）人口增长率高，赡养负担重

我们知道，世界总人口的 2/3 以上居住在发展中国家，只有 1/3 居住在发达国家。这两类国家的出生率悬殊，发展中国家高达 3.5%～4.5%，发达国家仅为 1.0%～1.5%，加上发展中国家过去比较高的死亡率已经降低，这样，发展中国家的人口增长率比发达国家高 3 倍，前者为 2.1%，后者为 0.7%。15 岁以下的儿童和 65 岁以上的老人在社会中属于非生产性的人员，生活费用要由劳动力（即 15～64 岁的人）来承担，成为经济上的“赡养负担”（Dependency Burden）。相对而言，发达国家中 65 岁以上的老人在人口中所占的比重比发展中国家要大一些。但是，如果把儿童和老人总计起来，发达国家的赡养负担约为人口的 1/3，而发展中国家的赡养负担则达到人口的一半。高人口增长率和高赡养负担比（即儿童和老人人数与劳动力人数之比）妨碍了发展中国家的经济发展，加深了它们的经济停滞和贫困。

（五）失业问题严重

发展中国家的劳动力利用不足问题比发达国家严重得多，主要表现在两个方面：一是公开失业，二是隐蔽性失业。据统计，发展中国家的城市劳动力中，公开失业率平均在 10%～15% 之间。发展中国家更为严重的是就业不足，或者叫隐蔽性失业。这种失业在农村最为严重，形成剩余劳动力。这种失业在城市也存在，在某些国家甚至还比较严重。我国目前的职工下岗就是以往城市隐蔽性失业的公开化。人们把公开失业和隐蔽性失业放在一起，就叫做"劳动力不得其用"。当前的发展中国家人口增长很快，而工作岗位增加缓慢，使"劳动力不得其用"的状况难以解决。不少发展中国家还存在乡村人口盲目流向城市的问题，这就加剧了那些国家城市的公开失业与隐蔽性失业，其中，青年人"劳动力不得其用"的状况更为严重。

(六)农业部门和农村人口所占比重大

发展中国家一个共同的特征是绝大多数的人口生活在乡村，工作在乡村。20世纪末期，低收入国家72%的人口住在农村地区，中等收入国家是39%，高收入国家只有23%。农业比重大是经济不发达的一个重要标志，而农业劳动生产率低下的主要原因是人多地少、技术原始、组织落后、物质技术和人力资本的投入不足。对于发展中国家而言，提高农业劳动生产率还要付出很大的努力。按照农业与农村落后的标准，非洲是发展中国家中最不发达的地区，亚洲次之，而拉美是比较发达的地区。

(七)初级产品出口比重大

发展中国家的工业与服务业同样落后。发展中国家的出口主要依赖初级产品。20世纪70年代中期，初级产品占发展中国家出口总额的90%。除了少数富含石油和矿产资源的国家外，一般发展中国家出口的初级产品主要是食物和原料。初级产品出口换汇在发展中国家的外汇收入中一般占60%～75%。

(八)二元经济结构显著

二元经济结构一般指的是发展中国家在由传统社会向现代化过渡的过程中，在相当长的一段时间内集中发展工业，并且把工业分布于城市和经济发达地区，从而造成城市相对发达而农村贫困落后的二元经济结构。城市以工业为主，生产规模较大，技术比较先进，劳动生产率和工资收入均比较高；乡村以农业为主，生产规模小，工具简单，市场不发达，收入水平比较低。事实上，在这种二元经济结构基础上，相当部分的发展中国家无论在社会、文化还是道德等层面上都存在二元结构。

除了经济与社会的二元结构以外，发展中国家的产业之间、行业之间、地区之间普遍存在着经济结构失调的问题。农业落后、粮食短缺、基础工业和基础设施发展缓慢成为阻碍经济发展的"瓶颈"；很多项目重复投资、重复建设，造成极大的资源浪费和国民经济结构配置不当。这种经济结构的不平衡性在很大程度上制约着整个国民经济的协调、稳定发展。由于经济基础薄弱，发展中国家在取得民族独立并经过一段时间的调整和改革使国民经济的发展走上正轨以后，一般都能获得较快的发展，但这种快速的发展有时却不能带来整个国民经济的同步平衡发展。发展中国家存在体制或者机制方面的问题，资源配置不合理阻碍经济的平衡、稳定发展。

(九)在国际关系中处于脆弱地位

发展中国家在国际关系中往往处于受支配、依附和脆弱的地位。发展中国家与发达国家在经济、政治力量上的悬殊，不仅表现在发达国家占有并控制国际贸易格局的支配地位，还表现在发达国家拥有并决定以什么条件向发展中国家转移技术、外援和私人资本的专断权力。发达国家可能会向发展中国家输出不切合国情的价值观、态度、体制以及行为准则。发达国家的社会、经济规范也可能会给发展中国家的工薪等级、上层人士的生活方式以及对私人积累的看法带来负面的影响，引起少数特权阶层贪污腐化、巧取豪夺，并促使人才外流。在发展中国家与发达国家的国际关系中，发展中国家受到发达国家的控制与支配，社会经济福利受到严重影响，从而处于脆弱的地位。这种情况正如托达罗所指出的，成功地实现社会经济发展不仅需要发展中国家自己制定适宜的战略，还需要改变现有的国际社会经济秩序，使之较为切合发展中国家的需要。

四、中国是世界上最大的发展中国家

改革开放以后，中国的经济发展迅速，特别是近 5 年来，中国经济高歌猛进。2007 年，中国的 GDP 达到 24.66 万亿元，年均增长 10.6%，从世界第 6 位上升到第 4 位；全国财政收入达到 5.13 万亿元，增长 1.71 倍。2007 年，中国的人均 GDP 已经达到2 456美元，同期最终消费率不到 50%，比世界平均水平低 28 个百分点。近 5 年来，中国对世界经济增长的贡献率达到 13%左右。2009 年，中国的 GDP 达到 33.5 万亿元，比上年增长 8.7%；财政收入 6.85 万亿元，增长 11.7%；粮食产量 5.31 亿吨，再创历史新高，实现连续 6 年增产；城镇新增就业 1 102万人；城镇居民人均可支配收入17 175元，农村居民人均纯收入5 153元，实际增长 9.8% 和 8.5%。2010 年，中国的 GDP 达到 39.8 万亿元，年均增长 11.2%，财政收入从 3.16 万亿元增加到 8.31 万亿元。

尽管中国的经济发展取得显著成就，但中国发展中国家的属性没有变。2010 年中国的 GDP 超过日本，成为世界第二大经济体。近年来，中国的 GDP 保持较快增长，经济总量不断扩大，但同时也要看到中国经济存在的差距与不足。GDP 是衡量一国经济实力的核心指标之一，但并不是唯一的指标。不能忘记，中国有 13 亿人口。根据 IMF 等国际组织的统计，中国人均 GDP 的世界排名在第 100 位左右，不到世界平均水平的一半。根据 2010 年 IMF 的权威公布，中国的人均 GDP 为4 283美元，排在世界第 95 位。按照每人每天 1 美元收入的联合国标准，中国仍有 1.5 亿贫困人口。中国经济社会发展中的不平衡、不协调、不可持续问题仍然突出。

表 1—3　　2006～2010 年中国 GDP 总量的变化及其排名　　单位：万亿元

年　份	GDP 总量	增长率	在世界的排名
2006	20.94	10.7%	第 6 位
2007	24.66	10.6%	第 4 位
2008	30.00	9%	第 3 位
2009	33.50	8.7%	第 3 位
2010	39.80	11.2%	第 2 位

资料来源：根据《中国统计年鉴》的数据整理得到。

第二节　发展经济学的研究对象

诺贝尔经济学奖获得者阿瑟·刘易斯(W. A. Lewis)认为，发展经济学是研究人均产出低于 1980 年美元价值2 000元的国家的经济结构和经济行为。

发展经济学是专门以发展中国家的经济发展问题作为研究对象的。经济发展问题很多，概括起来主要包括两个方面：

第一，为什么发展中国家的经济相对于发达国家落后或者不发达？

第二，发展中国家根据自身特点应采取什么政策来推进经济更快地发展？

这里，我们强调发展中国家的经济发展，并不是说不研究发达国家的经济发展问题；相反，发达国家的发展道路和采取的发展政策对发展中国家来说有哪些借鉴意义，也是发展经济学

的研究内容。

发展中国家的经济发展目标是赶上发达国家。发达国家的标志就是高度工业化，因此，经济发展的目标也可以说是实现工业化。实现工业化以后，过去的发展中国家就变成了发达国家。那么，这些国家还要不要发展呢？当然要发展，不过那不是发展经济学研究的问题，发展经济学立足于经济落后的发展中国家，从发展中国家的角度来探讨与经济发展有关的各种问题。所以，发展经济学也可以叫做发展中国家经济学(Economics of Developing Countries)。

由于发展是一个长期的过程，发展经济学着重探讨与长期发展有关的制度、结构、战略与政策问题，或者说这些因素的变化对长期经济增长和发展的影响。比如，它研究国际贸易时侧重国际贸易对经济发展是有利还是有害，是促进经济增长还是阻碍经济增长，以及采取什么样的贸易战略和政策最能促进经济增长等问题。又如，它研究通货膨胀时侧重于研究通货膨胀是有利于经济增长还是不利于经济增长，应该不应该采取通货膨胀政策来推动经济增长等问题。

虽然发展经济学主要是研究发展中国家的经济发展问题，但发展经济学的理论主要是由发达国家的经济学家创立起来的。这些经济学家通常把新古典经济学的基本原理和方法运用于发展中国家的经济发展问题。于是有人认为，发展经济学不是一门独立的学科，而只是把西方经济学的基本原理运用于发展中国家的经济发展问题。我们认为，尽管发展经济学吸收了西方正统经济学的一些基本原理和方法，但它是一门独立的学科，有自己独特的研究对象和研究方法，有自己的理论体系。例如，发展经济学着重于结构分析，如产业结构和地区结构的转变对经济增长的影响，这在西方经济学里并不存在。又如，发展经济学强调非经济因素对经济发展的影响，如政治、社会、文化、土地占有制度的变革与经济增长之间的关系，这些在西方主流经济学中也是不存在的。再如，由于发展中国家市场制度不完善、信息不灵敏、结构缺乏弹性、基础设施落后，再加上制度的变革和结构的转变以及资源的调动等，都需要强大政府的推动，因此，发展经济学更加强调政府在经济发展中的重要作用，这些与西方主流经济学中强调市场作用、反对政府干预的观点也是不同的。又由于发展中国家在经济、政治、文化、地域、规模上存在着巨大差异，建立一个对所有发展中国家都适用的发展经济学体系是比较困难的，从这一点来说，发展经济学显得还不够完善。发展经济学本身还处在发展当中，它需要根据发展中国家的历史经验教训而不断提出新的理论和政策。

第三节　发展经济学的产生

一、西方经济思想史中的经济发展思想

西方经济思想史中包含丰富的经济发展思想，或者积极地论证经济如何发展，或者消极地解释经济如何不发展。例如，发展经济学家迈耶(G. M. Meier)指出："发展经济学这门学科，又是最新的经济学的一个分支。从亚当·斯密(Adam Smith)的《国民财富的性质和原因的研究》开始，古典经济学家就试图发现经济进步的根源并分析经济变化的长期过程。正如刘易斯提醒我们的那样，亚当·斯密所谓的'富裕的自然增进'，就是我们今天所谓的'发展经济学'。"

(一)重商主义

从商业资本的运动出发，重商主义提出了他们的财富观和增长观。重商主义的财富概念是十分狭隘的，在他们的心目中，金银货币是社会财富的唯一代表。如亚当·斯密所说，在重

商主义看来，财富与货币是同义语。

重商主义把金银货币等同于社会财富的观点，决定了他们对贸易的看法。在他们看来，对外贸易是社会财富的唯一源泉，只有在对外贸易中保证做到商品输出大于商品输入，才能有更多的金银货币流入国内，从而才能不断地增加一国的国民财富，才能实现一国的经济增长。重商主义把外贸看成是“增长的发动机”①。有学者认为，重商主义倡导的保护幼年工业、限制输入、鼓励输出等政策措施，尽管在当时具有一定的具体目的，却深深地影响着当代经济发展理论，并在一些发展中国家的发展实践中得到体现。

（二）威廉·配第

威廉·配第(William Petty)是英国古典政治经济学的创始人。在他的著作中提出了一些关于经济增长的思想。比如，劳动分工可以提高劳动生产率，促进财富的增长。财富增长的源泉是劳动和资本两个因素，他认为劳动是财富之父，土地是财富之母，国家应该干预经济活动，利用税收政策来调节经济增长。

威廉·配第关于社会经济活动过程中产业比重变动的看法值得关注。他认为随着时间的推移和社会经济的发展，从事农业的人数比起从事工业的人数将相对地减少，从事工业的人数比起从事服务业的人数又将相对地减少。这一观点后为费雪(I. Fisher)所肯定，又得到克拉克(C. Clark)的肯定，在发展经济学中被称为“配第—克拉克命题”或“配第—克拉克法则”。这个法则与命题正确反映了社会进步过程中“产业软化”的实际情况。

（三）重农学派

重农学派认为，经济增长的唯一源泉是农业，社会财富就是从土地上生产出来的农产品，社会财富的增加可以保证人口的增长，人口和社会财富的增长反过来又使农业发达、商业兴旺、工业繁荣，又进一步促使社会财富不断地增长。这种周而复始、生生不息的经济增长观点，是当代经济发展理论的一个重要思想源头。

（四）亚当·斯密

对经济增长进行系统研究的首推亚当·斯密，他的巨著系统阐述的理论就是发展经济学。他最早提出区别于总量生产概念的人均产量概念，分析了总量财富与人均财富占有量之间的关系，并且提出了宏观的经济发展思想。他认为，国民财富的增长决定于劳动生产率和劳动人数。他还分析了教育对开发智力、提高人口质量的作用，资本积累的增加对劳动数量和劳动生产率提高的作用，还有外贸对经济增长的作用。亚当·斯密集中讨论了“自由放任”的经济政策，认为要增加一国的财富，最好的经济政策就是给人们的经济活动以完全的、充分的自由。从这一点出发，亚当·斯密主张经济运行由“一只看不见的手”来驾驭，通过市场价格机制来调节经济活动。亚当·斯密的这一观点不仅在现代经济发展理论中仍然产生深远的影响，而且具有伟大的实践价值。

（五）大卫·李嘉图

大卫·李嘉图(David Ricardo)等把经济增长作为研究对象，他们的理论被称为古典经济增长理论。大卫·李嘉图认为，国民财富的增加可以通过两种方式来实现：一种是用更多的收入来维持生产性劳动，另一种是不增加任何劳动数量而使生产效率提高，这会增加产品数量，但不会增加价值。他还认为，农业的生产报酬是递减的，这将会对国民经济起约束作用，而生

① 罗伯逊(D. H. Roberston)于1937年在他的著作《国际贸易的未来》中第一次使用了这一术语，以后在发展经济学文献中被广泛沿用。

产技术的进步可能抵消或延缓递减。当所有土地都被耕种以后，农业报酬的递减趋势将压倒工业报酬的渐增趋势，结果在某一历史阶段，经济增长将放慢。他还认为，资本积累的扩大是使国民财富增加的根本原因。关于经济增长的前景，他认为，随着经济增长和资本积累的扩大，利润率有下降的趋势。

大卫·李嘉图关于经济发展思想的亮点是，他把对国民财富研究的重点由生产转向分配。他认为资本家与地主的分配关系必须改革，因为地主占有了资本家本可用于资本积累的剩余，而资本积累的扩大是国民财富增长的根本原因。从一定历史阶段来看，地主占有的越多，经济增长就越慢。另外，大卫·李嘉图还分析了国内外经济政策与经济增长间的关系。在国内经济政策方面，他主张自由放任；在对外贸易政策方面，他主张实行贸易自由。

（六）马尔萨斯

马尔萨斯（T. R. Malthus）在自己的著作《人口原理》中提出了具有巨大影响的经济增长理论。他的理论主要分析了人口与经济发展的关系，指出人口是经济繁荣的一种表现，继续增长的人口是经济发展的重大约束。同时，他还提出了消费不足引起经济停滞。马尔萨斯的增长理论是悲观的。后来的新马尔萨斯主义把土地数量和质量对经济增长的作用扩展到整个自然资源，并且接受了马尔萨斯关于人口按照几何级数增长、生活资料按照算术级数增长的假设，增加了环境污染等限制措施，提出了"增长极限论"等。

（七）约翰·穆勒

约翰·穆勒（J. S. Mill）的经济理论是亚当·斯密、大卫·李嘉图以及马尔萨斯等人学说的系统综合。在经济增长问题上，他做过一些特殊的论证。在他的著作《政治经济学原理及其在社会哲学上的应用》中，他集中分析了经济增长对投入要素价格的影响。他把人口增长、资本积累、技术进步逐个作为变化条件来观察其对投入要素价格升降所起的作用，这是当代经济发展理论常用的分析方法。

（八）马歇尔

19世纪中叶以后，西方经济学家的研究兴趣逐渐离开了增长，转为探讨短期、静态的资源最优配置和均衡问题，英国经济学家马歇尔（A. Marshall）是其中的代表人物。为了与古典经济学相区别，他的理论被称为新古典经济学，与古典经济学一样，也崇尚市场制度与自由竞争，反对政府干预。

马歇尔的学说是西方经济学的第二次系统综合，他注意到了资本积累的来源和劳动的数量与质量。他认为工业方面的报酬递增趋势会压倒农业方面的报酬递减趋势，从而不会出现对经济增长的障碍。马歇尔十分强调通过教育开发人力资源的重要性。马歇尔对经济发展理论影响最大的是对发展过程的基本看法：经济发展是渐进的、和谐的经济利益逐步分配到社会全体的过程。这一看法成为新古典学派经济发展理论的重要观点。

（九）熊彼特

熊彼特（J. A. Schumpeter）把经济发展看成是对现存经济关系格局的一种突破。突破力量来自企业家的创新。创新的间歇出现引起经济的周期波动，而创新也促进经济增长和发展。熊彼特认为，创新是一种内在的因素，经济发展也是来自内部自身创造的一种变动。他非常强调发展的内在原因。但应当指出的是，熊彼特的经济发展理论是以发达国家金融体系下的工业化国家而不是以金融市场不完善的发展中国家为背景的。

（十）马克思

马克思（K. H. Marx）的经济理论中包含着丰富的经济增长与经济发展的思想，他的辉煌著作《资本论》对经济发展理论作出了巨大的贡献。第一，马克思关于社会经济形态的论证，表明了他对人类社会经济发展进程的一般看法。第二，他对资本主义再生产和积累问题的考察，不仅剖析了资本主义经济增长的规律，也有助于对其他社会形态经济增长过程的理解。例如，马克思分析资本主义社会再生产运动从社会总产品开始，而研究资本主义经济增长的规律性也必须以社会总产品为出发点。又如，社会再生产的正常运行要求社会总产品的正常实现，也就是产品不仅在价值形式上得到补偿，而且在物质形式上也得到补偿。社会主义的社会再生产如要正常运行，也必须满足这一条件。第三，经济增长还涉及资源配置问题，马克思在分析级差地租时，以资本投入量的追加来观察超级生产率的变化，从而求得资本投入的经济界限。从这些方面可以看到，马克思政治经济学里不仅充满着经济增长与经济发展的思想，而且具有相当的深刻性与广泛性。

（十一）李斯特

李斯特(F. List)是德国历史学派的重要代表人物。历史学派产生于19世纪40年代，其理论中包含值得关注的经济发展思想。19世纪上半叶的德国比起英国与法国，在经济上是相对落后的，当时还属发展中国家。从德国国情和国际环境出发，以李斯特为代表的德国历史学派经济学家十分强调发展生产力的重要性，主张国家干预和实行保护政策。同时，李斯特又认为实行保护政策要有步骤，不能完全排除国外竞争，以免与世界经济完全脱离而出现锁国状态。

二、发展经济学产生的历史条件

19世纪中叶以后，西方经济学家的兴趣转移到短期、静态的资源最优配置和均衡问题。第二次世界大战后，人们又开始了对发展问题的研究。这是因为：

(1)战后不久，世界殖民地体系迅速瓦解，许多殖民地国家都在政治上获得了独立。但是，这些刚刚独立的国家由于各种原因，经济上长期处于落后状态。这些独立国家的领导人为了巩固政权，急于把经济搞上去，这就需要理论家们为其出谋划策。

(2)战后，许多国家变成了社会主义国家，世界分为两大阵营——以苏联为首的社会主义阵营和以美国为首的资本主义阵营。这两大阵营在军事上和经济上展开竞赛，形成战后"冷战"态势达半个世纪之久，直到1990年苏联解体和其他社会主义国家变质，使得社会主义国家阵营不复存在为止。欧美国家为了不再让更多的落后国家加入社会主义阵营，必须对穷国提供经济和军事援助，帮助这些国家发展经济。

(3)战后不久成立的联合国和世界银行等国际组织搜集了发展中国家的统计资料，为经济学家了解、比较和研究发展中国家经济发展的各种问题提供了较为全面的资料和信息。这些资料在战前是无法得到的。

(4)战后，发达国家和发展中国家的经济联系越来越紧密，发展中国家经济发展的好坏直接影响发达国家的经济与贸易。出自本国的发展需要，一些西方经济学家感到有必要对发展中国家的经济发展问题进行研究。

三、发展经济学形成的标志

20世纪40年代，较为著名的发展经济学文献有《经济进步的条件》(克拉克，1940)、《东欧和东南欧工业化问题》[罗森斯坦·罗丹(Rosenstein Rodan)，1943]、《世界经济发展》[斯塔利(E. Staley)，1944]、《落后地区的工业化》[曼德尔鲍姆(K. Mandelbaum)，1947]。

斯塔利认为，第二次世界大战后世界许多地区的经济必将快速发展，他探究了其他地区的发展对先进工业国可能产生的影响，特别是以发展为目的的投资和生产、消费和贸易等变化的影响。

曼德尔鲍姆提出了人口过多而又落后的东欧和东南欧工业化的数量模式。他认为，这一地区经济不发达的原因是缺少工业化。工业化的缺少迫使日益增多的人口进入城市和农村生产力极低的行业。人口压力、贫困和工业薄弱形成了一种恶性循环。国家通过重新分配的措施提高必要的消费、减轻贫困，也可以建立一种强迫国家储蓄的体制以支持较快速度的资本形成。

罗森斯坦·罗丹提出了四点创见：一是过剩农村人口。过剩农村人口的存在虽然是经济上的一个弱点，但也可能成为推动发展的力量。二是"货币性外在经济"的概念。这种外在经济能够带来规模经济即递增效益。为了获得这种收益，必须在几个互为补充的工业部门中同时实行有计划的工业化。三是强调基础设施的重要性。在消费品工业建立之前必须大规模地筹集大量的、不可分割的社会分摊资本，即建立基础设施，而单靠私人市场的积极性是不能及时做到这一点的。四是强调"技术性外在经济"的作用。在竞争性的市场条件下，工人的教育和训练会低于最适度水平，而不发达国家的工业化进程在很大程度上是以训练、在职训练和人力资本形成为基础的，因此，工业化的进程不能仰赖市场机制，而必须依靠计划安排。

英国经济学家哈罗德(R. F. Harrod)和美国经济学家多马(E. D. Domar)在 20 世纪 40 年代分别提出了内容相似的增长理论，史称哈罗德—多马经济模型。这个理论是以凯恩斯经济理论为基础建立起来的，最初目的是要把凯恩斯短期和静态分析扩展到长期、动态分析，用以促进西方发达国家的经济增长。但是，这个模型也适合发展中国家，甚至对发展中国家更适用，因此，该模型的建立被认为是发展经济学兴起的一个标志。

在 20 世纪 50 年代，对发展中国家经济发展问题的研究形成了一股热潮，经济发展研究的文献越来越多，各种各样的发展模式和理论观点相继被提了出来，仅十年左右的时间，对发展的研究便形成了一个具有独立研究对象和研究方法的新兴学科——发展经济学。

第四节 发展经济学的演变过程

发展经济学有三种发展思路：结构主义思路、新古典主义思路和激进主义思路。前两种思路构成了发展经济学的主要内容，所以，我们主要讨论前两种思路的演变过程。发展经济学的发展和演变可以分为三个阶段：

一、形成和繁荣时期(20 世纪 40～60 年代)

这个阶段是结构主义占统治地位的阶段。这个时期发展经济学的主要理论观点是：强调物质资本积累、工业化和计划化。

(一)积累资本

发展中国家缺乏资本而拥有丰富的劳动力资源。结构主义认为资本稀缺是制约经济增长的主要因素，千方百计地增加资本积累对于加速经济发展是至关重要的。哈罗德—多马模型得出了一个十分明确的结论：资本的不断形成是经济持续增长的决定因素。这一时期的许多发展理论就是研究增加资本积累的各种途径的。

（二）工业化

这一时期的发展经济学家特别强调工业化。因为一切发达国家都是工业化国家，所以工业化是发展中国家摆脱贫困的出路。发展中国家要赶上发达国家，就必须加速工业部门的发展，提高工业在国民经济中的比重。谋求工业化是新起发展中国家的普遍愿望，人们也把工业化看成是吸收农业剩余劳动力、提高农业劳动生产率的唯一途径。这一时期的发展经济学家从不同的角度探讨实现工业化的各种途径和战略。

（三）计划化

这一时期强调国家在经济发展中的主导作用，特别是强调国家计划。实行计划化的依据是，发展中国家经济落后、市场不完全、市场体系不完善、价格机制不能很好地发挥作用，如果政府对经济不进行积极的干预，有限的社会资源特别是有限的资本就不可能得到有效的使用。发展中国家要在短时间内赶上发达国家，只有政府才能调动有限的资源来达到预定的发展目标，因此，要强调国家计划的主导作用。

这一时期发展经济学的主要特点如下：

1. 反新古典主义倾向

新古典经济学特别强调市场机制的作用，认为市场机制能够使资源配置达到最优，反对国家干预，认为国家干预会造成对市场机制的扭曲，导致经济无效率。发展经济学家认为，发展中国家在经济上具有刚性、短缺、低供求弹性等结构上的特点，这些特点不同于发达国家的经济状况，也不同于发达国家在其发展过程中的经济状况。结构刚性使价格信号失灵，市场机制不能发挥边际调节作用，所以，强调国家干预和计划的作用。

2. 强调内向发展战略

这一阶段的发展经济学家不支持传统的国际贸易理论和自由贸易政策。他们认为，国际贸易中的比较成本理论是一种静态分析，关心的是来自贸易的静态利益，却不重视国内工业化所产生的间接动态利益；同时，由于国际经济秩序不合理，在国际贸易中，发展中国家常常处于受剥削的地位。所以，他们主张采取进口替代的工业化发展战略，实行贸易保护政策。

3. 建立宏大的理论体系

这一时期先后出现了贫困恶性循环理论、大推进理论、平衡增长与不平衡增长理论等，当时的发展经济学家认为这些理论对所有发展中国家都是适用的。

二、新古典主义复兴时期(20 世纪 60～80 年代初)

在新古典主义复兴时期，被早期发展经济学家否定的东西又重新被肯定。20 世纪 50 年代兴起的发展经济学提出的内向型发展战略和政策主张得到不少发展中国家政府的青睐和采纳，但是实际上，这些战略和政策并没有获得显著的成功，而且带来很多问题。相反，那些注重发挥市场机制作用和实行开放型发展战略的国家和地区，经济增长比较快，收入分配渐趋改善，贫困下降，农业发展比较快，国际收支状况良好。面对这些事实，发展经济学家提出了自己的思路和政策主张。这个时期的主要观点如下：

（一）提出多元的经济目标

前一时期的发展经济学家基本上是把 GDP 的增长作为发展的首要目标，甚至是唯一目标，认为只要经济增长了，就会产生普惠效应，使广大低收入阶层受益，但事实并非如此。一些国家经济增长比较快，但收入分配和贫困问题却恶化了，失业问题更加严重。于是，很多发展经济学家反对把经济增长作为首要目标，认为经济发展的意义和目的在于提高全体人民的生活水平，因此，发展的目标应该是多维的，除了 GNP 的增长以外，应同时强调消除贫困、增加就业、分配公平、乡村发展和保护环境。

（二）重新强调市场机制的作用

前一阶段的发展经济学基本上否定了市场机制在发展中国家中的有效性，转而强调国家和计划在经济发展中的主导作用。但是，自 20 世纪 60 年代后期以来，越来越多的发展经济学家指责政府对经济的过度干预和无所不包的计划，提出计划和政府干预是导致资源配置无效和经济增长缓慢的根本原因，相信市场机制在发达国家有效率，在发展中国家同样是有效率的，市场制度具有一般的适用性，因为，在 20 世纪 70 年代初，发达国家出现严重滞胀局面，使凯恩斯主义失灵，而强调市场机制的新自由主义（如供给学派、货币主义等）渐占上风，西方经济学的这一思潮不可避免地影响到发展经济学。强调市场机制作用的理论被称为新古典主义。这一时期对市场机制的重新强调也可以说是新古典主义的复兴。他们认为，价格—市场机制具有三大作用：一是有助于有效配置资源并且提供对经济增长的刺激；二是可以作为有效的管理工具；三是可以提供广泛的信息而花费不高。

（三）提倡外向型发展战略

20 世纪 50 年代，许多发展中国家奉行进口替代工业化战略，由于资源利用效率低下，没有使发展中国家发展起来，反而造成国际收支恶化。所以，这一时期的发展经济学家针锋相对地提出外向型发展战略，即出口鼓励的工业化战略。这一战略基于传统的国际贸易理论和比较成本理论，是新古典主义观点在国际贸易领域的延伸。他们认为，发展中国家出口初级产品和劳动密集型产品、进口工业品和资本密集型产品是最有利于经济发展的。因此，发展中国家应该取消和放松对外贸的各种限制，降低汇率，促进出口。他们还认为，价格—市场机制不仅有利于调节国内经济，还有利于调节国际经济。

（四）强调农业发展的重要性

在第一阶段，发展经济学家一般只关心工业部门的扩张，忽视了农业和农村的发展。而一些发展中国家忽视农业、农村的发展，使农业生产长期徘徊、粮食严重短缺、贫困人口增加，工业部门由于缺乏市场也发展缓慢。

到第二阶段，发展经济学家看到了工业部门扩张和农业部门发展之间的密切关系，强调在工业化过程中应该重视农业的发展，把传统农业转变为现代农业；同时，也更加认识到发展农村经济、提高农民的收入水平是消除贫困的重要途径，而且其本身也是发展目标。这一时期在一些发展中国家发生了“绿色革命”。

第二阶段发展经济学的特点是对第一阶段发展经济学的修正和反思，强调市场机制的普遍适用性，强调发展目标的多元化，强调外向型发展战略。

三、进一步发展时期（20 世纪 80 年代中期至今）

（一）强调制度因素

发展经济学吸收了新制度学派的观点和方法，认识到要解决发展中国家的经济发展问题，虽然要关注资本积累、技术引进、产业结构转变、人口控制、人力资本投资，但更应该重视基本制度因素对经济发展的促进或阻碍作用。新制度学派认为，经济上成功的国家往往拥有一个好制度，而那些经济上不成功的国家则缺少这种制度。一个繁荣的市场经济需要由政治、法律、文化制度来支撑，这对于发达国家是既定的前提，但对于发展中国家来说，则是促进其发展的主要因素和源泉。

(二)新经济增长理论

20 世纪 80 年代中期以来,以罗默(P. M. Romer)和卢卡斯(R. B. Lucas)为代表的经济学家提出了各种各样的增长模型,这些增长模型把技术进步内生化了,因此,被叫做技术进步内生化理论,或者叫做新增长理论。同时,这一时期强调人力资本投资的溢出效应,环境和可持续发展问题受到重视。这一时期的理论都被称为新增长理论。

(三)环境与可持续发展问题

在前两个阶段中,发展经济学对环境和可持续发展问题涉及得很少,主要是因为早期发展经济学家很少认识到环境对经济发展的重要性。进入 20 世纪 80 年代以后,世界各国特别是发展中国家的环境问题越来越严重,不仅使居民的生活质量下降,而且还制约着经济的长期、持续增长。在这种情况下,发展经济学家开始重视对环境与可持续发展的研究。

可见,第三阶段发展经济学的研究范围进一步拓宽了,它不仅把发展研究扩展到制度等非经济学领域,而且还扩展到生态学和环境科学的研究领域。

本章小结

发展中国家与发达国家的说法是相对应的。发达国家是已经发展起来的意思,而发展中国家的说法则体现了其经济相对落后的特点,同时体现了发展中国家正在发展和追赶的特点。

发展经济学是专门以发展中国家的经济发展问题作为研究对象的。经济发展问题很多,概括起来主要包括两个方面:第一,为什么发展中国家的经济相对于发达国家落后或者不发达?第二,发展中国家根据自身特点应采取什么政策来推进经济更快地发展?

发展经济学的发展和演变可以分为三个阶段。

复习思考题

1. 什么是发展中国家?它有哪些特征?
2. 发展经济学的研究对象是什么?
3. 发展经济学在演变过程中经历了哪些阶段?各阶段中的主要观点是什么?
4. 为什么说中国是发展中国家?
5. 发展经济学与一般西方经济学的差别在哪里?

第二章

经济增长与经济发展

第一节 经济增长、经济发展的含义及其关系

一、经济增长与经济发展的含义

从18世纪后期开始，西方资本主义国家进入工业革命阶段，经过两个世纪的发展，至20世纪中叶，西欧、北美、日本等国家和地区相继实现了工业化。这些国家和地区工业化过程的特征主要表现为社会财富或国民收入的持续增长，同时，社会经济的其他方面也发生了一定的变化。因此，早期的发展经济学家在讨论发展中国家的经济发展时，将目光集中于经济总量的扩大和人均收入的提高，即经济增长，并将经济增长与经济发展两个概念并列和互换使用。例如，刘易斯的《经济增长理论》、罗斯托（W. W. Rostow）的《经济成长过程》和《经济成长阶段》等著作，其论述范围虽然均为经济发展，但皆以经济增长为题。

随着发展中国家的经济发展，经济增长和经济发展出现了不同步的现象，即所谓“有增长，无发展”和“有发展，无增长”的情况，使大部分发展经济学家主张应当对经济增长和经济发展两个概念加以区别。

经济增长是指一国或地区在一定时期内实际的货物和劳务产出增长，或者更恰当地说，是指一国在一定时期内人均实际产出的增长。

而经济发展的含义要广泛得多，除了产出增长和人均产出的增长以外，它还伴随着经济结构、政治体制、文化法律，甚至观念、习俗的变革，具有广泛的内涵，包括：

第一，人民生活质量的提高。经济发展应该使人们的生活质量得到改善，包括消费模式的变化，文化教育程度的提高，医疗、卫生条件的改善，人们精神状态的提升等。其中，物质福利的改善尤其是指那些收入最低的人们的福利的改善，同时，强调消除民众贫困，以及与此相关联的文盲、疾病和过早死亡等现象。

第二，投入—产出结构的改善。投入结构的改善是指生产中投入要素比例的改善，包括手工劳动与机械化操作的比例、粗放劳动与熟练劳动的比例、传统生产方式与先进技术的比例等的改

善。产出结构的改善主要表现为产业结构的改善，包括农业部门与工业部门和服务部门的比例、重工业与轻工业的比例、初级产品与加工工业的比例以及基础产业与非基础产业的比例等的改善。

第三，经济和政治体制变迁。经济发展的一个重要方面是使大多数人既能参与利益的生产，又能参与利益的分配。一般而言，没有经济增长是不可能有经济发展的，但有经济增长不一定有经济发展。如果经济增长只是使少数富裕阶层更加富裕，而没有使更广泛的人群得到利益，更没有改善贫困人口的生存状况，那就没有经济发展。因此，经济发展意味着经济和政治体制的进步，社会更加民主和公平。

第四，自然环境和生态的改善。以环境污染、生态失衡为代价的经济增长是不能被称为发展的，要实现人类与自然环境和生态系统和谐共处的经济可持续发展。

与经济发展相关的另一个概念是人类发展，这一概念源自于联合国开发计划署。由于用于衡量经济增长的常用指标——人均 GNP 水平——不能很好地代表一个国家或地区人民生活质量的高低，其他一些指标如物质生活质量指数不能反映生活质量方面的社会和心理因素，如安全感、正义、人权等，1990 年，联合国开发计划署用人类发展指数来综合衡量一个国家或地区的人民生活水平，并每年都发布世界各国的 HDI。

相对于传统的评价各国发展程度的各种数据，HDI 不仅仅关注国家整体经济的发展，而是把焦点放在“人”的身上。这一指数以预期寿命、成人识字率、实际人均 GNP 三个基础变量按简单平均方法组成综合指标，一般认为这个指数可以较好地代表各国和地区的人类发展程度。

二、经济增长与经济发展之间的关系

经济增长的内涵较狭窄，是一个偏重于数量的概念；而经济发展的内涵较广泛，是一个既包含数量又重视质量的概念。从两者的关系来看，经济发展包含了经济增长，但并不局限于经济增长。经济增长是经济发展的物质前提，没有经济增长，就不可能有稳定的经济发展；反过来，经济发展可为经济增长创造新的机制条件。

可见，在大部分情形下，经济增长是经济发展的动因和手段，经济发展则是经济增长的结果和目的。但实际经济发展中也会出现一些特殊现象，如经济中可能出现“有增长，无发展”或“无增长，有发展”的情形。

导致“有增长，无发展”现象的原因主要有两个：一是经济增长与结构失调相伴随。产出增长的结果并没有使大部分劳动者受益，两极分化日趋严重；快速增长的产出中相当大一部分无补于国计民生，成为国民经济的虚耗；为了片面追求快速的产出增长，不顾及广大人民的福利，不考虑所付出的社会代价等。二是经济增长与经济依附相伴随。如 20 世纪 50、60 年代，利比亚在勘探出大量石油以后，依赖外国公司进行石油开采和输出，形成了依附性的经济格局，而其他经济部门未能出现补充性增长，再加上未进行必要的制度变革，使经济增长未表现为经济发展。

至于“无增长，有发展”的情形，一般来说是不可能出现的，如赫立克(B. Herrick)和金德尔伯格(C. P. Kindelberger)所说：“很难想象没有增长的发展。功能的变化总是自然而然地包含规模的变化。一国经济除非能够生产超过它生存所需要的东西，作为发展标志的产出构成的变化是不可能出现的。总之，虽然我们可以描述有增长而无发展的现象，我们却认为发展过程几乎必然依赖于某种程度的同时发展的经济增长。”[①]即使有发展而无增长在个别情况下出现，也是社会急剧变革所带来的结果，从长期来看，它不可能在负增长或微弱增长的基础上维

① Herrick，Kindelberger. Economic Development(4th Edition)[M]. London：McGraw-Hill，1983.

持下去，更不可能在这一基础上得到进一步的改善和提高。

第二节 衡量经济增长与经济发展的指标

一、经济增长的衡量指标

（一）GNP、GDP及其增长速度

自库兹涅茨(S. S. Kuznets)等人建立了国民收入核算体系以来，大多数经济学家把国民生产总值或国内生产总值、人均国民生产总值或人均国内生产总值及其增长速度作为衡量经济增长的指标。联合国有关机构、世界银行等国际组织以及世界上众多国家也将其作为衡量一个国家经济增长的指标。

国民生产总值(Gross National Product，简称 GNP)，是指一个国家在一定时期内(通常为1年)利用本国所拥有的生产要素生产出的最终产品(包括物品和劳务)的市场价值的总和。国内生产总值(Gross Domestic Product，简称 GDP)，是指一国在本国领土内，于一定时期内所生产的最终产品和劳务。增长速度是指以两个年份的 GDP 增长额与基期数字对比；平均增长速度则是用一个时期最末一年的 GDP 与上个时期最末一年的数字比较，计算发展速度。增长速度和平均增长速度主要用于一个国家不同时期或不同国家同一时期增长趋势的对比。

（二）GNP、GDP指标的缺陷

用 GNP、GDP 和人均 GDP 作为衡量一国经济发展程度的指标，具有指标简单明了、通用性强、易于收集和整理比较的优点。但在经济分析中，特别是在国际比较中，运用 GNP、GDP 指标仍存在着许多缺陷：

第一，它不能及时反映所生产的产品和劳务的类型，不能说明人们在使用这些产品和劳务过程中所获得的福利情况，也没有反映在经济增长过程中，由于环境污染、城市化和人口增长所付出的社会代价。

第二，由于统计技术上的困难，“非市场”的产品和劳务(自然经济部门的产品和家庭劳务等)以及“地下经济”(走私等逃税经济活动，贩毒、生产盗版或假冒伪劣产品等逃避法律制裁的经济活动)都无法计算在内，而“地下经济”在发展中国家表现得尤为突出。

第三，由于各国的相对物价差异较大，并且计算产值的方法也互不相同，利用 GNP 进行国际比较存在着较大的困难。

第四，由于缺乏数据收集和处理的专门技能以及统计所需资金的不足，再加上人为地弄虚作假，不少发展中国家的统计资料不完全、不准确，生产总值不能反映经济增长的真实情况。

此外，GDP、GNP 通常是以各国货币按照汇率用美元计算的，这又涉及汇率定值是否合理的问题。

二、经济发展的衡量指标

由于经济发展的核心问题包括满足基本生活需求的“生存”、能够感受到自身价值存在的人的“自尊”，以及从奴役中解放出来的“自由”三个方面，所以，衡量经济发展与衡量经济增长相比，困难相对较大。许多科研机构和经济学家试图建立综合指标体系，以达到对一个国家的经济发展进行衡量的目的。这些指标大致可分为两类：一类是生活质量，另一类则是采用社会、经济和政治因素相互作用的标准水平。现在通行的经济发展衡量指标有以下几个体系：

(一)联合国社会发展研究所设计的综合指标

考虑到单一的GNP指标在衡量发展上的不足,1970年,联合国社会发展研究所指出了一个衡量发展的综合指标体系。最初,他们考察了73项指标,最后从中选择了16项主要指标。在这16项指标中,既涵盖了GDP指标,更突出了反映社会经济发展水平的其他数量指标:卫生营养水平(婴儿死亡率、预期寿命、人均每日蛋白质消费量)、增长率水平(识字率、中等教育入学率)、社会文明程度(电话、电视、报纸的千人普及率)、经济结构变化(三种产业间的劳动力配置比例,钢铁、能源的消耗率)等。这一指标体系的建立相对于传统的GDP指标是一个进步,可以使我们更全面地衡量经济发展的实质。

指标的选择是根据它是否与社会发展指数密切联系来进行的,其中1~7项属于社会指标,8~16项属于经济指标。这种发展指标与各种单个的社会和经济指标的关系要比它与人均GNP等指标的关系更为密切。

(二)世界银行设计的世界发展指标体系

与联合国类似,从1978年起,世界银行根据自己的需要,也制定了一套衡量发展的指标体系——世界发展指标体系。作为一个侧重于从经济发展的总体层面来考察一国经济发展程度的指标,世界发展指标体系重点对一国经济发展的基本指标(如人均GDP、GDP年增长率、通胀率、人均预期寿命等)、国内生产、投资和消费、国内财政和货币政策、对外贸易和国际收支不稳、外部融资和人力资源等主要方面的32个子类项目进行细化考察,并在此基础上确定一国的经济发展水平和国际排名。

(三)物质生活质量指数

1975年,美国海外发展委员会在经济学家莫里斯(C. Morris)等人的指导下构造了“物质生活质量指数”(Physical Quality of Life Index,简称PQLI),用以衡量一个国家人民的营养、卫生保健和国民教育等方面的发展水平。PQLI以衡量“人类最低需要的满足程度”为出发点,突出强调了健康和教育的作用。

莫里斯的PQLI体系由预期寿命、婴儿死亡率和识字率三个指标简单平均而成。三项指标都用百分制表示,数值从1到100,“1”表示最坏,“100”表示最好。预期寿命的上限“100”定为77岁(瑞典1973年),下限“1”定为28岁(几内亚1950年)。与此类似,婴儿死亡率的上限“100”定为9‰(瑞典1973年),下限“1”定为279‰(加蓬1950年)。识字率按1~100的百分比直接划分等级。当一个国家预期寿命、婴儿死亡率和识字率的成绩按1~100的等级定出分数以后,取其简单平均数,就可算出一国的PQLI。

PQLI可以在一定程度上解释经济发展水平的差距,弥补GDP等指标的不足。研究表明,在很多国家和地区,人均GNP与PQLI的相关关系并不是很密切。一些国家人均GNP水平很高,但PQLI值却很低,如卡塔尔1981年的人均GNP为27 790美元,居世界首位,而PQLI值却排在世界第56位。相反,有些国家的人均GNP水平很低,但PQLI值却较高,如斯里兰卡1981年的人均GNP为302美元,PQLI值却为75。一些国家人均GNP值很接近,但PQLI值的差异却很大,如安哥拉的人均GNP为790美元,PQLI值为21;而津巴布韦的人均GNP为515美元,PQLI值却高达89。[①]

PQLI体系的主要优点是所需资料容易找到,计算简便易行,但PQLI体系也存在不足,例如,该指标体系对经济发展的实际指标关注不够,GDP在这一指标体系中完全没有被给予应

① 翟书斌,张全红. 发展经济学[M]. 武汉:武汉理工大学出版社,2009.

有的重视;另一方面,它所关注的"生活质量"的衡量口径也过于狭窄,很多社会指标(公正、自由)并未被纳入考察范围。

(四)人类发展指数

联合国发展计划署于1990年在《人类发展报告》中提出了一种衡量发展的指标体系,称为"人类发展指数"(Human Development Index,简称HDI)。

HDI同样由三个指标,即寿命、教育程度与生活水平构成。寿命以出生时的寿命预期来衡量,教育程度由成人识字率(占2/3的权重)与初、中、高各级学校入学率(占1/3的权重)两个指标加权平均获得,生活水平以调整的人均GNP的对数来表示(人均GNP按照购买力平价和收入边际效用递减原则来调整)。这三个指标按0~1分级,"0"为最坏,"1"为最好。在算出每个指标的等级后,对它们进行简单平均,便可得到一个综合的HDI。

在对每个国家和地区的指数进行计算的基础上,联合国发展计划署还按指数的高低对调查的国家和地区进行排序。如果某国或地区的HDI高于0.8,是高人类发展水平;在0.5~0.79之间的是中等人类发展水平;低于0.5的则是低人类发展水平。

1990年的联合国《人类发展报告》一共统计了130个国家,分为三类:(1)低人类发展水平国,指数为0.1~0.5,共44个国家;(2)中等人类发展水平国,指数为0.5~0.8,共40个国家;(3)高人类发展水平国,指数为0.8~1,共46个国家。中国属于中等人类发展水平国,居65位,刚好在中间。1991年的HDI增加了衡量环境污染程度和人的自由程度的内容。把环境污染程度包括在HDI内,体现了国际社会对环境问题的重视;人的自由程度则属于意识形态的内容,完全取决于各自的价值判断标准。

2002年的HDI共统计了177个国家,其中,低人类发展水平国36个,中等人类发展水平国86个,高人类发展水平国55个。与1990年公布的HDI相比,虽然人类发展水平在不断提高,但各类国家的发展水平依然高低悬殊。①

2010年的HDI共统计了169个国家,其中指数值超过0.8的为发达国家,超过0.75的为准发达国家。到2010年,全世界已经有39个发达国家(比2009年增加2个)和16个准发达国家(比2009年增加1个)。②

专栏2—1

2010年HDI公布　挪威生活品质最高

HDI是由联合国开发计划署提出的用以衡量国家及地区经济社会发展水平的指标,是对传统GDP指标的一种挑战。GDP关注的是经济产量,HDI关注的则是居民的幸福程度。

HDI就像是一个"三条腿的凳子",由健康、收入和教育水平这三大要素支撑。2010年,研究人员和统计学家对HDI的计算公式进行了调整。考量健康的标准仍旧是寿命,但考量收入的标准却从GDP变成GNI,即一个国家包括财政援助和国外汇款在内的总收入。教育水平方面的评比结果变化最为显著。过去,HDI只计算识字率和小学及中学的入学率,但由于绝大多数发达国家都已达到近100%的识字率,这种统计

① 翟书斌,张全红.发展经济学[M].武汉:武汉理工大学出版社,2009.

② 联合国开发计划署.2010年人类发展报告[OL].http://hdr.undp.org/en/media/HDR_2010_CN_Complete_rev.pdf.

方式无法体现各国间的差距。因此，在2010年，他们采用了两个变量——成年人的受教育时间和小学适龄儿童的预计受教育时间。根据调整后的三项指标，2010年，全球169个国家的HDI排名情况如下：

第1位：挪威。挪威的人均寿命为81岁，预期受教育时间为17.3年，平均受教育时间为12.6年，人均国民总收入为58 810美元，HDI为0.938。

第2位：澳大利亚。澳大利亚的人均寿命为81.9岁，预期受教育时间为20.5年，平均受教育时间为12年，人均国民总收入为38 692美元，HDI为0.937。

第3位：新西兰。新西兰的人均寿命为80.6岁，预期受教育时间为19.7年，平均受教育时间为12.5年，人均国民总收入为25 438美元，人类发展指数为0.907。

第4位：美国。美国的人均寿命为79.6岁，预期受教育时间为15.7年，平均受教育时间为12.4年，人均国民总收入为47 094美元，HDI为0.902。

第5位：爱尔兰。爱尔兰的人均寿命为80.3岁，预期受教育时间为17.9年，平均受教育时间为11.6年，人均国民总收入为33 078美元，HDI为0.895。

第6位：列支敦士登。列支敦士登的人均寿命为79.6岁，预期受教育时间为14.8年，平均受教育时间为10.3年，人均国民总收入为81 011美元，HDI为0.891。

第7位：荷兰。荷兰的人均寿命为80.3岁，预期受教育时间为16.7年，平均受教育时间为11.2年，人均国民总收入为40 658美元，HDI为0.89。

第8位：加拿大。加拿大的人均寿命为81岁，预期受教育时间为16年，平均受教育时间为11.5年，人均国民总收入为38 668美元，HDI为0.888。

第9位：瑞典。瑞典的人均寿命为81.3岁，预期受教育时间为15.6年，平均受教育时间为11.6年，人均国民总收入为36 936美元，HDI为0.885。

第10位：德国。德国的人均寿命为80.2岁，预期受教育时间为15.6年，平均受教育时间为12.2年，人均国民总收入为35 308美元，HDI为0.885。

第11位：日本。日本的人均寿命为83.2岁，预期受教育时间为15.1年，平均受教育时间为11.5年，人均国民总收入为34 692美元，HDI为0.884。

第12位：韩国。韩国的人均寿命为79.8岁，预期受教育时间为16.8年，平均受教育时间为11.6年，人均国民总收入为29 518美元，HDI为0.877。

尽管中国的经济规模已经超越德国和日本，排名世界第二，但在联合国最新发布的HDI排名中，中国的HDI为0.663，排名第89位。印度的HDI为0.519，排名第119位。2010年HDI排名最后的是津巴布韦。

资料来源：联合国开发计划署. 2010年人类发展报告[OL]. http://hdr.undp.org/en/media/HDR_2010_CN_Complete_rev.pdf.

第三节　收入分配与贫困问题

发展中国家发展的目标就是要在经济和社会发展上达到目前世界先进国家的发达程度，实现发达国家所取得的物质、文化和社会发展成就。考虑到发展中国家与发达国家最明显的差距就体现在收入上，所以，如何增加收入便成为所有发展中国家首要的追求目标。收入增长对发展中国家的意义十分重要，它是衡量一国是否获得发展的基础性评价指标，因为，收入增加往往意味着国民生活质量的提高,而且收入增长还是发展中国家获得发展的基础性前提之一。

但是,大多数发展中国家所面临的现实是:不仅国民经济总量少,而且其国民中的很多人都处于国际上公认的收入贫困线以下,收入增长对发展中国家而言,不仅有总量增长的要求,而且还有让那些贫穷的国民通过发展,获得收入的增加,从而摆脱贫困的要求。因此,经济发展的目标是让全社会特别是那些贫困的国民受益,但由于客观存在的收入分配不均等现象,并不是每个人都能充分享受到发展的成果。

一、国民收入分配、洛伦兹曲线与基尼系数

收入差距是任何经济都无法避免的问题。在经济增长过程中,人与人之间不可能出现收入完全一致的情况,当由于各种原因,人们之间的收入有多有少时,收入差距或贫富差距就出现了。但是,如果随着经济的发展,一国国民的贫富差距程度持续扩大,影响到了社会的稳定,那么,就有必要对该国的经济增长以及收入分配制度的合理性进行分析。

(一)国民收入分配

国民收入分配广义上是指一国在一定时期内的经济活动成果在各经济主体之间的分配;狭义上是指国民收入在国民经济各部门、各生产单位和非生产单位以及居民中的分配过程,包括初次分配和再分配两个过程。

国民收入的初次分配是指国民收入在物质生产领域内部进行的分配。国民收入经过初次分配,分为两个组成部分:一部分是物质生产领域劳动者的个人收入,包括工资、奖金、福利费用以及农民或其他劳动者的收入,它属于生产者及其家属个人消费所需的必要产品;另一部分是生产单位和社会的纯收入,包括上缴国家的税金和利润、支付的利息以及企业税后利润、利润留成或公积金、公益金等,属于国民收入扣除必要产品后的剩余。国民收入经过初次分配形成了国家、企业或集体、物质生产部门、劳动者的原始收入。

国民收入的再分配是指国民收入在初次分配基础上的进一步分配。这种分配是在全社会范围内进行的,主要通过财政、信贷以及价格等途径进行。此外,各种劳务付费、居民之间的馈赠、生产单位直接举办的各种福利事业,也可影响国民收入再分配。国民收入经过再分配后形成生产单位、非生产单位和居民的最终收入。

(二)洛伦兹曲线与基尼系数

为了精确地衡量一个国家收入水平的不平等程度并进行国别比较,经济学家通常利用洛伦兹曲线和基尼系数进行研究。

1. 洛伦兹曲线

洛伦兹曲线表示的是收入获得者的累计百分比与他们获得的收入的累计百分比之间的对应关系。洛伦兹曲线的绘制思想是:先将国内的人口按照财富水平分为 5 组或 10 组,然后计算出每组在收入分配中所占的份额,在收入百分比—人口百分比二维图上,将每一组(人口—收入份额)的数据在图上标出,连接成线,就是洛伦兹曲线,可以直观地展示收入在不同社会群体中的分配比重,如图 2—1 所示。

由图 2—1 可知,洛伦兹曲线的起点和终点都在 45°线上,定义为最穷的 0%人口获得国民收入的 0%和最富的 100%人口拥有收入的 100%。如果每个人的收入相同,洛伦兹曲线与 45°线完全重合,也就是正方形的对角线位置,意味着最穷的 10%人口拥有刚好 10%的国民收入,而最富的 10%人口也只拥有 10%的收入。换句话说,任何累加比例的人口都分

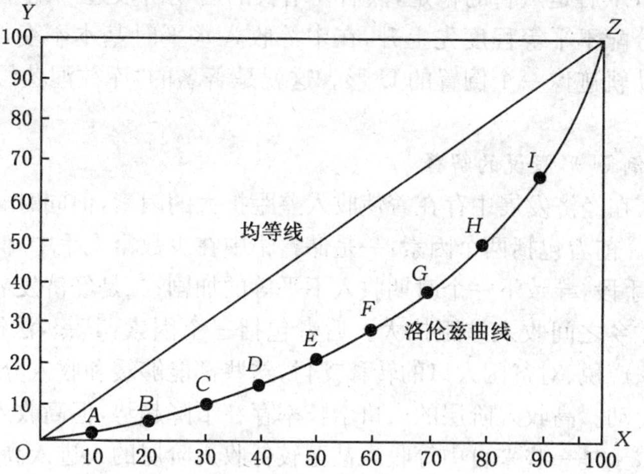

图 2—1 洛伦兹曲线

享国民收入的同一个比例。正因为如此,对角线也即此时的洛伦兹曲线被叫做完全平等线。如果一国的洛伦兹曲线是由图 2—1 下方的横轴与右方纵轴共同组成,则表示收入分配完全不平等这样一种极端情况,即一个人拥有 100%的收入,而其他人没有收入。一般来说,没有一个国家会出现完全平等或完全不平等这两种极端的情况。因而,不同国家的洛伦兹曲线总是处于完全平等线(对角线)和完全不平等线(横轴与纵轴相交形成的直角)之间的某个位置。

除了绝对平等线和极端不平等线外,洛伦兹曲线还向我们提供了更多判断经济不平等方面的信息。在图 2—1 中,45°线和洛伦兹曲线之间的"总体的距离"就暗示了这个社会所存在的不平等程度的大小。不平等程度越强,洛伦兹曲线离 45°线就越远,反之则越近。所以,即使不写出任何不平等的度量公式,也可以通过简单地观察洛伦兹曲线来直观地辨别出一国收入分配不平等的程度。

2. 基尼系数

在实证研究中被广为采用的衡量一个国家收入分配不平等程度的指标是基尼系数。它是在洛伦兹曲线的基础上,计算洛伦兹曲线和对角线之间所包围的面积与洛伦兹曲线所在的半个正方形的面积的比率。

在图 2—1 中,基尼系数就是对角线和洛伦兹曲线围成的面积与△XOZ 的面积之比。基尼系数的值可以是 0 和 1 之间的任一数值。如果基尼系数的值是 0,代表这个国家的收入分配处于一种绝对平均的状态,即洛伦兹曲线与对角线重合;如果这个值是 1,那么收入分配处于一种绝对不平等的状态,洛伦兹曲线与对角线所围面积即为整个△XOZ。在实际生活中,这两种状态都不可能存在。一般来说,一个收入分配高度不平等的国家的基尼系数一般在 0.5～0.7 之间,收入分配比较平等的国家的基尼系数一般在 0.2～0.35 之间。

二、库兹涅茨倒 U 形假说

(一)倒 U 形假说的基本内容

库兹涅茨倒 U 形假说是关于经济增长过程中收入分配变化规律的假说。他在 1955 年提出:"收入分配不平等的长期趋势可以假设为:在前工业文明向工业文明过渡的经济增长早期阶段迅速扩大，尔后是短暂的稳定，然后在增长的后期阶段逐渐缩小。”即在一国的经济发展过程中，收入分配不平等程度先上升，在中等收入水平时基本不变，当基本实现工业化时开始下降，其变动轨迹像一个倒置的U形。这就是著名的“库兹涅茨假说”或“库兹涅茨曲线”。

（二）库兹涅茨倒U形假说的解释

库兹涅茨认为，在经济发展中存在着使收入差距扩大的因素，但同时又存在着遏制收入分配差距恶化的因素。前者包括两个因素：一是储蓄集中在少数富人手中，储蓄反过来又成为他们获得更多收入的手段，导致下一个时期收入不平等的加剧；二是经济发展中的工业化和城市化使得工农之间、城乡之间收入差距拉大。后者包括三个因素：其一，法律、政策等非经济力量。如累进税制、遗产税、对贫困人口的转移支付，这些都能够缓和收入分配差距扩大的趋势。其二，人口结构的变动。高收入阶层的人口增长率存在下降趋势，但高收入人口在总人口中的比例是相对固定的，于是一些来自中等收入甚至较低收入阶层的人进入高收入阶层，以维持其固定的比例。这样，导致高收入阶层的整体收入水平下降，一定程度上抑制了收入分配不平等的扩大。其三，产业结构的调整。

库兹涅茨进一步认为，在现代经济的动态发展进程中，旧的行业逐渐衰落，新兴的行业不断涌现，使收入分配呈现动态变化。在经济发展的早期，主要是前两个因素起作用，使收入分配不平等程度提高；到了经济发展的后期，后三个因素的作用逐渐压倒了前两个因素，使收入分配状况好转。因此，从经济发展的整个过程来看，社会收入分配不平等呈现先扩大后缓和的“倒U形”。

（三）对倒U形假说的检验

库兹涅茨本人曾先后利用一些发达国家和发展中国家的数据来验证这一假说，尽管数据极其有限，考察的范围也较为狭窄，但仍可粗略证明这一假说的正确性。也有一些学者对库兹涅茨的假说进行验证，发现“倒U形”现象不一定成立。一些学者通过对阿根廷、巴西、孟加拉国、印度、哥斯达黎加、萨尔瓦多、墨西哥、巴基斯坦、波多黎各、新加坡、斯里兰卡、菲律宾12个国家20世纪50～60年代经济增长与收入分配的变化情况的分析，发现经济增长与收入分配不平等之间呈不规则变化，其中，哥斯达黎加、巴基斯坦、新加坡、斯里兰卡四国的收入分配不平等反而一直是下降的。

总之，一系列实证分析和理论论证证明，在经济结构转换的过程中，在一定条件下，个人收入分配不平等的变化可能呈倒U形变化轨迹，但也可能不具有这种特征。从发展经济学已有的研究成果看，库兹涅茨的理论仍然是一个有待实证检验和理论论证的假说。

三、发展中国家的贫困问题

（一）贫困的定义

发展经济学对贫困问题的研究由来已久，贫困的概念也正逐步从一种简单的“相对较少的收入”和“生活必需品的缺乏”的经济贫困向多维度和多元化的“权利和机会的被剥夺”的人类贫困转变。贫困内涵的扩展使得对贫困的识别和对一国贫困水平的衡量更加深入，也改变了人类的反贫困战略。

世界银行在《2000/2001年世界发展报告》中指出：“穷人生活在没有最基本的行动与选择的自由的境况中，而这种自由是使他们生活改善理所当然应具备的。通常他们缺少必要的食品和住房、教育和医疗，以便使他们能过上所有人都向往的那种生活。面对疾病、经济混乱和自然灾害，他们十分脆弱。同时，他们经常遭受国家和社会的不公正对待，在涉及决定他们生活的重大问题上没有发言权。”

1998年诺贝尔经济学奖获得者阿玛蒂亚·森(Amartya Sen)认为：贫困的真正含义是贫困人口创造收入的能力和机会的贫困；贫困意味着贫困人口缺少获取和享有正常生活的能力。朗特里(B. S. Rowntree)和布思(Booth)在1901年撰文认为：“一定数量的货物和服务对于个人和家庭的生存和福利是必需的；缺乏获得这些物品和服务的经济资源或经济能力的人和家庭的生活状况，即为贫困。”

(二)产生贫困的原因

什么原因导致了贫困的产生？人们习惯于用贫困线或其他类似的最低收入指标来识别和衡量贫困，但导致贫困的原因却不完全是由经济增长造成的，有时经济增长甚至不是主要原因。根据联合国农业发展国际基金所作的研究，产生贫困的因素可以归纳为以下几个方面：

1. 政策因素

贫困在很大程度上是二元经济的产物。错误的政策进一步拉大了发展中国家农村与城市之间的差距。许多发展中国家实行了偏重城市的发展政策，阻碍了农业部门生产率的提高和收入水平的上升。不恰当地鼓励资本密集型工业的发展，导致对劳动的需求减少，失业问题严重。压低农产品价格的政策和高估本币的汇率政策，导致价格体系朝着不利于农业发展的方向扭曲，使农村贫困人口增加。

2. 环境和人口因素

有些国家的自然地理条件十分恶劣，加重了贫困。对大多数发展中国家而言，人口的迅速增长也是贫困问题长期得不到解决的重要原因。人口膨胀导致对自然资源的过度消耗，给生态环境造成了巨大压力，降低了可持续增长所需的承载能力。环境恶化最大的受害者还是那些挣扎在生存线上的贫困人群。

3. 文化和制度因素

这类因素包括：第一，种族问题。许多发展中国家的贫困人口具有鲜明的种族特征，例如，拉丁美洲国家的贫困人口大多是土著印第安人，南非的贫困人口大多是黑人。第二，性别问题。在贫困人口中，妇女处于最底层。妇女的就业机会少于男子，平均工资较低，在家庭中的地位也比较低。

4. 政治因素

贫困者作为社会中的弱势群体，对政府机构制定政策的影响力较弱，政治权利得不到充分保障。此外，当一国发生政治动荡甚至内战时，生产活动会受到严重破坏，加剧了贫困，国内和国际组织的救援活动也会受阻。

5. 国际因素

对于初级产品出口国，当国际市场发生不利的价格波动时，许多人的收入水平会显著下降，贫困人口会增加。主要贸易伙伴国如果对某些商品实行贸易保护，出口国生产者的收入水平将会下降。世界金融市场上利率的变化对那些负有大量债务的国家也有影响。

(三)贫困的衡量

关于贫困的衡量，通常是从绝对意义上进行的。世界上的许多国家都借助“贫困线”来对一个人或一个家庭进行贫困识别。“贫困线”代表着一定社会在一定时间内可接受的最低经济生活水平。

贫困线可依据不同的标准来制定，在实际操作中，以营养为基础的贫困线比较常见。例如，美国的贫困线是最低食品支出的 3 倍，印度的贫困线是为了得到最低热量的必要消费的估计值，中国的贫困线低于每人每天2 100大卡热量标准。不同国家的贫困线可能会有很大差距，它反映了各国不同的经济发展水平。美国 2001 年的贫困线是：有两个孩子的四口之家年收入17 960美元，这在发展中国家已是中等收入或高收入了。

以上是从个人或家庭层面对贫困进行的识别，如果从社会层面来对一个国家或地区贫困的总体情况进行衡量，就需要借助一些综合性的指标。常用的度量一个国家或地区贫困程度的指标有以下几种：

1. 贫困人口数

贫困人口数（Headcount，简称 HC）即收入低于贫困线的人口的数量。该指标比较直观，但不能反映贫困的范围，不能反映个体收入低于贫困线的程度，也不能反映贫困的个体差异。

2. 贫困人口比率

贫困人口比率（Headcount Ratio，简称 HCR）即贫困人口数除以总人口数。这个指标虽能说明贫困的范围，但仍显示不出贫困的程度，同样不能反映贫困的个体差异。

3. 贫困差距比率

贫困差距比率（Poverty Gap Ratio，简称 PGR）的计算公式为：

$$PGR=\frac{\sum_{y_i<p}(p-y_i)}{mn}$$

式中：p——贫困线；

y——贫困个体的收入；

m——全社会平均收入；

n——总人口。

这个指标表示贫困者的收入距贫困线的距离与全社会总收入之间的比率，用来衡量若运用全部资源去消除贫困，这两者的差距到底有多大，能够在一定程度上说明贫困的程度。但在社会分配高度不平等（但整体比较富裕）的情况下，PGR 容易偏小，不能反映真实情况。

4. 收入差距比率

收入差距比率（Income Gap Ratio，简称 IGR）的计算公式为：

$$IGR=\frac{\sum_{y_i<p}(p-y_i)}{P\cdot HC}$$

它可以精确地度量贫困的程度，因为严重程度是相对于消除贫困所需要的总收入而言的，但不能反映范围。PGR、IGR 指标的缺陷主要是只考虑到人均强度，而忽略了总量绝对值的变化，所以，这几个指标综合起来运用比较好。

5. 森的指标

森的指标的计算公式为：

$$P=H\cdot[I+(1-I)G]$$

式中：H——贫困人数；

I——收入差距比率；

G——贫困人口收入分配的基尼系数。

该指标能够克服以上指标的缺点，比较全面地反映贫困的状况。

专栏 2—2

中国的贫困线与贫困人口比率

从 20 世纪 80 年代初期起，我国确定人均纯收入 200 元(按当时的价格，相当于每人每天2 100大卡热量)作为贫困线，此后根据物价指数，逐年微调(如表 2—1 所示)。随着我国经济的不断增长，人均收入水平逐年提高，要求调整贫困线的呼声越来越高。从 2003 年起，国家统计局等部门屡次上交报告，建议调整我国的贫困线。到 2007 年，中国的贫困线被重新划定在1 067元；2008 年底，调整为1 196元。这一标准仍远低于世界银行人均每天消费支出 1.25 美元的绝对贫困线。

表 2—1　中国的贫困线　单位：人均纯收入(元/月)

年份	1990	1991	1992	1993	1994	1995	1996	1997	1998	1999	2000
贫困线	300	304	307	350	440	530	580	640	635	625	625
年份	2001	2002	2003	2004	2005	2006	2007*	2008	2009	2010	2011
贫困线	630	627	637	668	683	693	1 067	1 067	1 196	1 196	1 500

注：(1)2005 年以前的数据为绝对贫困线，2007 年以后的数据为贫困线标准。2007 年的绝对贫困线为人均纯收入 785 元/月，1 067 元/月为低收入贫困标准线。相比国际上平均每人每天 1.25 美元的新贫困标准，我国目前的贫困标准被认为过低。(2)2011 年的数据为预计值。

资料来源：李小云. 普通发展学[M]. 北京：社会科学文献出版社，2005.

世界银行在 2009 年发布的报告《从贫困地区到贫困人群：中国扶贫议程的演进》中提到，在过去 25 年里，中国扶贫工作取得的进展令人瞠目。

按照中国的贫困标准计算，中国农村的贫困率从 1981 年的 18.5%下降到了 2004 年的 2.8%，农村贫困人口的数量从 1.52 亿人减少到2 600万人。而按照世界银行的贫困标准计算，1981～2004 年，中国在这一贫困线以下的人口所占的比例从 65%下降到 10%，贫困人口的绝对数量从 6.52 亿人降至 1.35 亿人，有 5 亿多人摆脱了贫困。

尽管我国的贫困线标准与世界银行的标准有很大差距，但无论如何我们还是应该肯定近年来中国在扶贫减贫工作中取得的成绩。“在如此短的时间内使得如此多的人摆脱贫困，对于全人类来说这是史无前例的。”世界银行在报告中表示。

(四)收入分配与反贫困的战略选择

经济发展的取向是必须把消除贫困作为重点任务之一，这已经被越来越多的人所认同。起初的发展理论认为只要保持较快的经济增长，收入分配不平等和贫困问题会随之解决。然而，发展中国家经济发展的实践证明，要越过库兹涅茨倒 U 之巅是如此漫长，而不平等的收入分配战略使贫困问题更加恶化。随着世界贫困人口从经济迅速增长的亚洲向非洲转移，人们看到了改善收入分配状况和消除贫困的新思路，对经济增长、收入分配和贫困之间的复杂性有了更深刻的认识，收入分配和反贫困战略也发生了很大变化。

1. 收入分配的战略选择

从发展中国家近几十年的发展实践来看，分配的战略选择随着人们对增长和收入分配关系认识的深化而在不断地调整着。

(1)“先增长后分配”战略。

在早期的发展经济理论中，增长与发展这两个概念往往视为同一个含义而不加以区别，认为“完善的制度”下的市场机制会使经济在高速增长中自动解决诸如就业、分配、贫困等问题。确实，发达国家在经济增长的同时，物质福利极大丰富，民主文明进程加快，城市化水平和教育水平都很高，就业、分配状况改善，这些成功经验支持了“发展就是增长”的观点。因此，“先增长后分配”战略是20世纪50～60年代发展经济学派的主流观点，认为经济政策的选择应该把经济增长放在首要位置，在收入分配上采取一种放任自流的态度，等到经济增长达到一定阶段后，再来着手解决收入的平等分配问题。作为一种选择模式，它在第二次世界大战后的一些发展中国家得到过充分实践。

早期发展经济学的代表性理论，如刘易斯的“二元结构模型”、纳克斯(R. Narkse)的“贫穷恶性循环理论”、纳尔逊(R. R. Nelson)的“低水平均衡陷阱理论”、罗森斯坦·罗丹的“大推进理论”，都极力强调“增长第一”的观点，为“先增长后分配”战略提供了理论依据。

第一，经济增长是发展中国家摆脱贫困的唯一出路，而资本积累是制约经济增长的根本原因。只有将有限的国内收入集中在少数人手中，才能提高社会的储蓄倾向、加快资本积累。这意味着发展中国家在经济发展的早期阶段，必须以牺牲均等分配来促进经济增长。收入分配不均等成了启动和加速经济增长的条件。

第二，经济增长最终会导致收入分配的改善。一方面，经济增长达到一定阶段后，各种动态因素会通过纵向的“滴流效应”和横向的“扩散效应”使收入差距逐渐变小；另一方面，在经济增长之前就进行再分配是很难行得通的，因为它会严重抑制经济主体的活力，从而阻碍经济增长。当经济增长到一定水平之后，政府的财力和国民的承受能力增强了，此时实行各种再分配政策就有了物质基础。“滴流效应”理论是这方面的典型代表。该理论认为，虽然经济增长不可避免地会造成贫富分化和不平等，但是，富有阶层的积累是克服贫穷的物质基础，富有阶层的财富可借助于政府的调节实现重新分配，这样，经济增长的果实就可以向下滴流给穷人。所以，他们的口号是“先增长，后分配”。

这一战略实施的实际情况是：尽管发达国家的发展为这种分配战略提供了经验上的支持，但在发展中国家的复制却不甚成功。由于发展中国家面临的国内、国际环境远不同于当年的发达国家，因而这一战略在发展中国家的实践效果并不理想。实践证明，发展中国家推行这种战略不仅不利于收入分配的公平，而且不利于经济持续和稳定增长。一些国家已经开始重新调整其战略。

(2)“先分配后增长”战略。

与上述实施“先增长后分配”发展战略的国家不同，也有一些发展中国家和地区实施的是“先分配后增长”战略。实行“先分配后增长”战略的理论依据是：第一，收入均等比收入高度不均更有利于增加储蓄。只要多数民众脱离了赤贫状态，就会努力储蓄，以求将来过上更好的生活。这比财富集中在少数人手里更能促进经济增长。第二，低收入阶层收入水平的提高会增加国内市场对生活必需品的需求，促进消费品工业的扩张并带动相关产业的发展，加速经济增长和工业化进程。第三，也是最重要的，再分配政策会使人们拥有的资源均等化，为市场竞争奠定一个公平的基础。实施先行分配的力量可以来自政府，也可以来自政府指导下的市场。

苏联、东欧、中国及其他一些亚洲国家的政府不仅拥有再分配的权力，即利用财政、信贷等手段，通过资金调拨和转移支付等方式，对初次分配的结果实行收入再分配，而且直接掌握了初次分配的权力，可对社会财富进行直接分配。这样的分配制度主要是为实行高积累、低消费的政策提供制度保障。这一战略的实施效果是:虽然收入平均化,但人民没有享受到经济增长的果实,而低水平下的收入分配均等化抑制了人们的生产积极性,对于长期的经济发展是有害无益的。

南亚和非洲等国家和地区推行这种战略后,经济发展也并没有因此改观,有些甚至导致了经济的停滞。这些国家在推行这种战略时,注重对原有的财产、权利和获得收入的机会进行重新分配,人为地压低的资本价格,相对地提高正规部门劳动者特别是非熟练劳动者的工资和福利待遇,在一定程度上改善了不公正的收入分配结构。但是,扭曲的要素特别是过低资本的价格,抑制了现代工业部门的发展,也使其无力支持和帮助传统农业部门提高生产效率以走现代化之路。

韩国和中国台湾是实行"先分配后增长"战略较为成功的典型。20 世纪 50 年代初,它们通过土地改革和没收日本殖民统治时期的企业,实现了物质资本的再分配;通过普及小学和初中教育,促进了人力资本的平等分配。在此基础上,韩国和中国台湾又大力促进劳动密集型制造业产品的出口,成功地实现了经济起飞。

(3)"边增长边分配"战略。

"边增长边分配"战略的重点在于经济增长与收入分配兼顾,在以经济发展为中心的同时,高度重视分配问题,特别是注意通过政策手段纠正不利于劳动者的收入分配方式,促进低收入阶层收入的增长。

按照钱纳里(H. B. Chenery)的观点,国家应通过政府干预,使资源更多地向低收入阶层流动,在经济增长过程中实现收入分配状况的逐步改善。其具体的政策措施包括:①干预要素相对价格的形成,鼓励使用非熟练劳动力,以此增加低收入阶层的收入。②增加政府对低收入阶层投资领域(如家庭小农场和小开支零售业等)的投资,创造更多使低收入阶层增加收入的机会。③采用有利于低收入阶层的累进税制,以此减缓由市场机制决定的收入分配差距。④加强教育和培训,加快低收入阶层的人力资本积累,使之有资格进入高收入部门。⑤增加公共消费品的供给和转移支出。⑥利用税收、补贴和数量限制措施对商品市场实施干预,为低收入阶层提供更多帮助。在上述措施中,增加贫困者收入最直接的方式是财政转移支付。但发展中国家的财政状况普遍不佳,累进税制操作难度较大,税源有限,政府只能把很少的财力用于收入再分配。因此,最为实际、可行的办法是通过财政支出影响收入分配,比如在贫困地区兴建生产性基础设施等。

第二次世界大战后,东亚一些国家和地区特别是亚洲"四小龙"推行的就是这种"边增长边分配"的战略。东亚国家和地区这种战略的推行,导致了经济的高速增长,其收入分配结构也较为公平和合理。

2. 反贫困的战略选择

(1)"满足基本需要"战略。

早在 20 世纪 60 年代末、70 年代初,有些发展经济学家已经意识到经济增长并不能自动解决贫困问题。鉴于有些发展中国家分配不平等和大量贫困人口并存的现实,有些发展经济学家呼吁说,真正的发展应首先满足人类对食物、健康、居住和教育等的基本需要,特别是改善低收入阶层的生活条件。"满足基本需要"战略就是在这种背景下制定出来的。

从本质上讲,"满足基本需要"战略仍属于"边增长边分配"战略,不同的是,"边增长边分配"战略试图通过提高低收入阶层的购买力来实现这一目标,而"满足基本需要"战略则主张通过发展满足基本需要的公共服务设施,如医院、学校、饮用水供给系统等向穷人提供一些基本生活品和服务,包括食物、住房、自来水、初等教育、卫生保健等,以使低收入阶层摆脱贫困。这一发展战略的核心是强调穷人有获得基本需要的权利，政府应努力保障穷人的这些权利。

从反贫困的角度看，“满足基本需要”战略是比增长中的再分配战略更激进的一种战略。增长中的再分配是一种逐步实现的增量方式，力图通过提高低收入者的生产率和收入，使他们能在市场上购买所需的商品和服务。“满足基本需要”则是一种直接而且较迅速地消除贫困的方式，它强调资产再分配、社会变革和资源分配渠道的转变。而且，基本需要不仅包括物质需要，还包括非物质需要，如自立、参与、民族自决和文化特性等，这使其在反贫困中具有更深刻的内涵。

(2)发展中国家解决贫困的战略。①

由于发展中国家普遍存在着严重的贫困问题，而增长的果实也没有“滴流”到底层人群，加上收入分配的严重不平等，发展中国家的绝对贫困问题有恶化的趋势。随着对经济发展复杂性认识的逐渐加深，人们对解决发展中国家贫困问题的战略考虑也发生了很大的变化。认识最深刻的一点是，解决贫困问题是一个十分复杂、长期而又艰巨的任务，因此，解决贫困的办法不能是一两项支离破碎的政策，而应当建立和制定一揽子相辅相成、连续的、配套的政策。

每个国家(地区)解决贫困问题的政策不可能完全相同，但是可以提出一些政策方面的考虑，比如：

制定一套有益于市场经济运作的制度结构。发展中国家和贫困地区往往缺乏市场经济制度，一些不利于生产力发展的制度和结构阻碍着经济的发展。面对这种局面，只是给贫困落后地区“输血”是不够的，应当为它们创造“造血”机制，把当地经济发展的积极性调动起来，把阻碍经济发展的制度和结构因素除去，这对于经济发展可能是最基本的。其具体措施包括发展市场经济和制定一套理顺生产要素价格的政策。通常，在任何经济中，生产要素价格起着最终信号和激励的作用，理顺这些价格会提高生产率，同时，可以向失业工人提供更多的就业机会，因而有助于减少和降低收入的不均等，为较快的经济增长创造条件。

制定一套能够使发展中国家的资产、教育机会和就业机会分配发生良性转变的机制和长远政策。发展中国家的贫困是与发展中国家的产权高度集中密切联系在一起的。不到20%的人口之所以得到近50%的国民收入的主要原因是：这20%的人口控制了超过80%的生产资源。由于资产分配的不平衡，导致收入分配的不平衡。

许多国家的经济发展经验都说明，治理贫困需要首先进行土地改革，改变贫苦农民不能支配任何生产资料的局面。与资产占有具有同样重要地位的是广大城乡居民机会上的均等。这里的机会包括得到信贷资源的机会、受教育的机会、就业的机会等。如果没有就业机会，当然不能有收入分配状况的改善；没有教育机会，经济发展和摆脱贫困落后的事业就丧失了一个最重要的因素；没有得到信贷资源的机会，贫困人群摆脱贫困的努力就往往不能实现。所以，如果没有国家在资产、教育机会和就业机会方面分配政策的转变，广大城乡居民的生活水平要发生意义重大的改善是不大可能的。

全面的经济增长对产生各种机会是至关重要的。但是，经济增长的模式及经济增长的质量也同样重要。特别是根据当地制度和结构情况推行的改革，对扩大贫困人口的各种机会是非常重要的。为此，政府应当努力为建设人力资产、金融资产、土地资产和经济基础设施资产提供支持，并使这些资产能为广大贫困群众所得到和利用。

建立各种政治的、社会的和制度上的机制，帮助贫困人口得到各种服务和机会。例如，取

① 于同申.发展经济学[M].北京：中国人民大学出版社，2002.

得市场经济的机会、利用各种经济基础设施往往受到政府、社会制度和规则的限制，所以，政府的各种规章制度应当能够适应穷人的需要、满足穷人脱贫致富的要求。各种公共机关、社会机构都应当廉政、高效，加强人民群众在各方面的参与程度，包括提高对影响他们生产和生活的重大决策的参与程度。这不仅对贫困人口是重要的，对经济发展的质量也有重大影响。

改善和提高贫困人口的保障体制，减弱贫困人口对风险的脆弱性。通过国家财政和其他方式，建立一套再分配制度以给穷人设立一张安全网，保证最低收入水平，改善收入不均等的程度，这是使穷人脱贫致富的一个很重要的方面。许多发展中国家的脱贫人口出现返贫现象，其重要原因之一，是他们的脱贫还很不稳定，容易受到各种突发事件的打击而重新陷入贫困。通过国家财政等措施建立再分配制度和社会保障体制，可以使脱贫人口免于受到突发事件的影响，巩固脱贫成果。不论从道义方面或对经济发展的功能性影响方面，经济不平等都是值得关注的。

本章小结

经济增长是指一国或地区在一定时期实际的货物和劳务产出的增长。而经济发展除了产出增长和人均产出的增长以外，还伴随着经济结构、政治体制、文化法律，甚至观念、习俗的变革，具有广泛的内涵。

经济增长是经济发展的动因和手段，经济发展则是经济增长的结果和目的。没有经济增长，不可能有经济发展，但经济增长并不必然带来经济发展，即经济中可能出现“有增长，无发展”或“有发展，无增长”的情况。由于经济增长与结构失调相伴随，或者经济增长与经济依附相伴随，使经济增长未表现为经济发展。

衡量经济增长的常用指标包括：GNP 或 GDP、人均 GNP 或 GDP 及其增长速度。

衡量经济发展的指标大致可分为两类：一类是生活质量，另一类则是采用社会、经济和政治因素相互作用的标准。目前常用的经济发展衡量指标有：联合国社会发展研究所设计的综合指标、世界银行设计的世界发展指标体系、物质生活质量指数以及联合国发展计划署提出的人类发展指数。

收入差距是任何经济都无法避免的问题，但是如果随着经济的发展，一国国民的贫富差距程度持续扩大，则会影响社会的稳定。

贫困以贫困人口数、贫困人口比率、贫困差距比率、收入差距比率等指标来衡量。产生贫困的原因也很复杂，既有历史原因，也有现实障碍，消除贫困应该是经济发展中的重点问题。

复习思考题

1. 什么是经济增长和经济发展？两者有何区别和联系？
2. 衡量经济增长和经济发展的指标有哪些？它们分别有何优缺点？
3. 什么是洛伦兹曲线？如何根据洛伦兹曲线判断一国收入分配的不平等程度？
4. 基尼系数是如何计算的？近年来，中国的基尼系数变动有何特点？为什么？
5. 应该怎样看待库兹涅茨的倒 U 形理论假说？
6. 什么是各国贫困线？什么是国际贫困线？贫困线的制定标准是什么？
7. 如何看待我国的贫困线？请对我国政府的扶贫减贫政策效果进行评述。
8. 衡量贫困主要有哪些指标？试述这些指标各自的优缺点。
9. 各国使用的收入分配战略有哪些？中国目前使用的是哪一类战略？
10. 简述“满足基本需要”反贫困战略的主要内容。

第三章

经济增长的理论与模型

第一节　现代经济增长理论的产生和发展

一、现代经济增长理论的产生

把经济增长作为一个独立的、专门的研究领域，是从英国经济学家哈罗德和美国经济学家多马开始的。在此之前，经济学家还没有给经济增长理论另立门户。事实上，从 19 世纪下半叶到第二次世界大战这一时期，西方经济学家致力于研究微观经济学。微观经济学主要是研究生产资源的配置问题，即在土地、劳动和资本这些生产资源的供应量有限的条件下，如何将它们最有效地分配于各种用途。当时的西方微观经济学是建立在萨伊定律之上的。萨伊(J. B. Say)认为："供给能够创造其自身的需求。"资本主义社会永远不会出现普遍生产过剩的危机。

1929～1933 年，资本主义世界发生了最严重的一次经济危机，西方经济学家不得不放弃萨伊的教条。高失业率和经济衰退迫使他们去探索新的经济理论，宏观经济学应运而生。英国经济学家凯恩斯(J. M. Keynes)的《就业、利息和货币通论》一书在 1936 年的出版，标志着西方经济学家研究重点的转移。

凯恩斯在《就业、利息和货币通论》一书中提出了一套减少失业的就业理论和政策措施。他提出的就业理论和政策措施对西方经济学界和经济生活产生了重大影响。西方经济学家甚至称之为"凯恩斯革命"。但是另一方面，西方经济学家认为，凯恩斯理论仍然有缺陷。首先，凯恩斯的分析方法是短期的分析方法，这种分析方法的假设条件是人口数量、资本数量和技术条件都不变。事实上，从长期来看，这些因素都是变动的。其次，凯恩斯的分析方法是静态的分析方法，没有考虑时间因素，或者说，这种分析方法把连续的各个时期分裂开来，单独考察某一时期各种因素的影响和作用。

为了克服凯恩斯理论的上述缺陷，哈罗德在凯恩斯就业理论的基础上，于 1939 年发表了《论动态理论》一文，考察资本主义国家长期的经济发展问题；又于 1948 年出版了《动态经济学导论》一书，在理论上对其观点进一步加以系统化。哈罗德运用了动态分析方法。所谓动态分析方法是相对于静态分析方法而言的，这种分析方法就是引入时间因素，从连续的各个时期来分析各种因素的作用。在同一时期，美国经济学家多马也进行了类似的研究，先后发表了《资本扩大、增长率和就业》以及《扩张和就业》等论文。和哈罗德一样，多马也运用长期的、动态的分析方法。

哈罗德和多马两人不仅分析方法一样，而且他们的研究课题也一样，都是研究资本主义社会的经济增长问题，并得出了非常一致的结论。所以，尽管他们各自建立了一个经济增长模型，但西方经济学家一般将其合称为哈罗德—多马经济增长模型。

从此，西方经济学中增加了一块经济增长理论的内容。

二、有代表性的经济增长理论与模式

(一)哈罗德—多马经济增长理论

1. 哈罗德—多马经济增长模型的基本公式

在现代西方经济学中，“经济增长”是指GNP的增加或人均GNP的增加。增长有绝对量和相对量之分，经济增长的绝对量是指本期GNP与上期GNP的差额，经济增长的相对量是指经济增长的绝对量与上期GNP的比率，即经济增长率。如果用Y_t表示本期的GNP，用Y_{t-1}表示上期的GNP，用ΔY表示经济增长的绝对量，则：

$$\Delta Y=Y_t-Y_{t-1}$$

若用G表示经济增长率，则：

$$G=\Delta Y/Y_{t-1}=(Y_t-Y_{t-1})/Y_{t-1}$$

这里，我们要注意以下三点：

第一，经济增长与经济发展是两个不同的概念。经济发展不但包括了经济增长（即GNP增加）的问题，而且还包括社会制度和经济结构等变化和完善的问题。

第二，在计算经济增长率时，必须用不变价格进行计算，只有这样，才能消除物价变动的影响；否则，计算出来的数值将会偏高或偏低。

第三，在计算年平均增长率时，选择开始的年度和终了的年度必须处于经济周期中的同一阶段。如果从萧条年度开始、以高涨年度结束，则计算出来的年平均增长率就会偏高；反之，如果从高涨年度开始、以萧条年度结束，则计算出来的结果就会偏低。

在哈罗德的经济增长模型中，有三个基本概念：

第一，平均储蓄倾向，又称储蓄收入比率，它等于储蓄量与收入量之比。如果用S表示储蓄量，用Y表示收入量，用s表示平均储蓄倾向，则：

$$s=\frac{S}{Y}$$

第二，加速系数，又称投资—产量增量比率。如果用I表示投资，用ΔY表示产量增量或收入增量，用V表示加速系数，则：

$$V=\frac{I}{\Delta Y}$$

第三，经济增长率，又称收入增长率或产量增长率，它等于本期产量增量与上期产量（或收入）之间的比率。若用ΔY表示产量或收入增量，用Y表示产量或收入，用G表示经济增长率，则：

$G=\frac{\Delta Y}{Y}$

哈罗德还假定，储蓄全部转化为投资，即：

$I=S$

这样，就有下列方程组：

$$\begin{cases} s=S/Y \\ V=I/\Delta Y \\ G=\Delta Y/Y \\ I=S \end{cases}$$

从方程组中消除 I、S、ΔY、Y 四项，就得到了哈罗德经济增长模型的基本公式：

$G \cdot V=s$

或

$G=\frac{s}{V}$

在多马的经济增长模型中，也有三个与哈罗德模型中类似的概念：

第一，边际储蓄倾向，是指储蓄增量在收入增量中所占的比率。如果用 ΔS 表示本期相对于上期的储蓄增量，用 ΔY 表示本期相对于上期的收入增量，用 s 表示边际储蓄倾向，则：

$s=\frac{\Delta S}{\Delta Y}$

由于在哈罗德和多马的经济增长模型中，都假定储蓄倾向固定不变，所以，这里的边际储蓄倾向与哈罗德模型中的平均储蓄倾向是相等的。

第二，资本生产率，是指产量或收入与资本总投入的比率。如果用 Y 表示收入，用 K 表示资本投入，用 σ 表示资本生产率，则：

$\sigma=\frac{Y}{K}$

由于在哈罗德和多马的增长模型中，都假定资本产量比率不变，即资本增加百分之几，收入也增加百分之几，所以，原有资本的生产率必然等于新投入资本的生产率。即：

$\sigma=\frac{Y}{K}=\frac{\Delta Y}{\Delta K}=\frac{\Delta Y}{I}$

比如，资本生产率为 1/3，意味着 3 单位资本生产 1 单位产品或收入，即 $Y/K=1/3$，如果原有资本为 300 个单位，则这时的产量就是 100 个单位。现在，资本增加到 330 个单位，由于资本生产率不变(规模收益不变)，所以，相对应的产量必然是 110 个单位。很显然，收入增加了 10 个单位，资本增加了 30 个单位，因而 $\Delta Y/I$ 等于 1/3，即 $\Delta Y/I=\Delta Y/K$。

第三，投资增长率，是本期投资相对于上期投资的增量跟上期投资的比率。如果用 ΔI 表示投资增量，用 I 表示投资，用 F 表示投资增长率，则：

$F=\frac{\Delta I}{I}$

同样，多马也假定储蓄全部转化为投资，进而储蓄增长率必然与投资增长率相等，储蓄增量与投资增量相等，即：

$\Delta I=\Delta S$

综上所述，我们得出下列方程组：

$$\begin{cases} s=\dfrac{\Delta S}{\Delta Y} \\ \sigma=\dfrac{\Delta Y}{I} \\ F=\dfrac{\Delta I}{I} \\ \Delta I=\Delta S \end{cases}$$

消除其中的 ΔS、ΔI、ΔY 和 I 四项，就得到了多马经济增长模型的基本公式：

$F=s\cdot\sigma$

至此，我们已经知道，哈罗德的增长模型和多马的增长模型分别如下：

$G=s\cdot\dfrac{1}{V}$

$F=s\cdot\sigma$

前面已经说过，由于假定储蓄倾向不变，平均储蓄倾向与边际储蓄倾向相等，因此，上述两公式中右端的第一项是相等的；并且由于假定资本生产率不变，因此，两公式中右端的第二项也是相等的。由此可知，哈罗德的收入增长率也必然与多马的投资增长率相等。实际上，两者都可叫做经济增长率，它们是一致的。因此，西方经济学家将其统称为哈罗德—多马经济增长模型。

2. 均衡增长率及其经济含义

均衡增长率是哈罗德提出的有保证的增长率。其公式如下：

$G_w=\dfrac{S_w}{V_w}$

式中：G_w——均衡增长率或有保证的增长率；

S_w——合意的储蓄率；

V_w——合意的资本产量比率。

表 3—1　　**均衡增长过程表**　　单位：亿美元

年度	资本存量 (K)	产量或收入 (Y)	投资或储蓄 ($I=S$)	收入增量 (ΔY)	投资增量 (ΔI)	资本存量增长率 (I/K)	收入增长率 ($\Delta Y/Y$)	投资增长率 ($\Delta I/I$)	消费增长率 ($\Delta C/C$)
1980	400.00	100.00	20.00	—	—	—	—	—	—
1981	420.00	105.00	21.00	5.00	1.00	5%	5%	5%	5%
1982	441.00	110.25	22.05	5.25	1.05	5%	5%	5%	5%
1983	463.05	115.76	23.152	5.51	1.102	5%	5%	5%	5%
…	…	…	…	…	…	…	…	…	…

表 3—1 可帮助我们理解均衡增长率的概念，该表假设条件如下：

第一，资本产量比率不变。表中该比率为 4∶1，即 4 单位的资本能生产 1 单位的产量或收入。

第二，储蓄率不变。表中该比率为 20%，即储蓄在收入中所占的比率始终为 20%。

第三，储蓄全部转化为投资。

第四，形成的生产能力必须充分利用。这一假设条件在技术不变的情况下可以归纳到第一条中去。事实上,如果生产能力没有充分利用,就会降低资本生产力或扩大资本产量比率的数值,违背了第一条假设。但是,在计算资本产量比率时,如果扣除闲置的资本存量,那么这一假设仍是必要的。

第五,在考察的第一年(表中是1980年),假定生产能力已被充分利用,表中1980年的资本存量与收入的比率(400∶100)等于所假定的固定的资本产量比率(4∶1),这就说明该年没有闲置的资本存量存在。

在以上五个假设条件下,我们就可以推算出表中的各项数据。

假定1980年有400亿美元资本存量。根据资本产量比率即4∶1,可推出收入为100亿美元。再根据储蓄率为20%的假设,可算出储蓄为20亿美元,因为储蓄等于投资,所以投资也是20亿美元。

再看1981年的情况。由于1980年投资了20亿美元,因此1981年的资本存量由1980年的400亿美元增加到420亿美元。资本产量比率仍然是4∶1,因而其产量或收入为105亿美元。105亿美元的20%用于储蓄,因而储蓄量为21亿美元,所以投资也是21亿美元。与1980年相比,收入增加了5亿美元,投资增加了1亿美元,所以收入增长率为5%,投资增长率也为5%……往后各年的情况以此类推。最终我们可以发现,各年的收入增长率和投资增长率都是同一个数值,即5%。这个数值就是在既定的储蓄率(20%)和既定的资本产量比率(4∶1)条件下的均衡增长率。

均衡增长率也可以用公式计算出来。

因为:

$S_w=0.2 \qquad V_w=4$

所以:

$$G_w=\frac{S_w}{V_w}=\frac{0.2}{4}=5\%$$

我们知道,均衡增长率的公式是:$G_w=\frac{S_w}{V_w}$,这一公式实际上暗含如下假设:

第一,合意的储蓄率(S_w)实际上是经济均衡增长所要求的储蓄率,由于储蓄等于投资,所以它也是经济均衡增长所要求的投资率。由于投资后可以提高生产能力,所以投资率越高,增加的生产能力越大,社会总供给越大,进而与之相等的社会总需求越大,即有效需求越大;相反,投资率越低,增加的生产能力越少,社会总供给的增量越小,进而与之相等的社会总需求的增量越小,即有效需求的增长幅度越小。因此,储蓄率过小会造成有效需求不足。哈罗德的合意的储蓄率正是使有效需求达到充分就业的有效需求的储蓄率。

第二,合意的资本产量比率(V_w)是固定不变的,这在技术条件不变的前提下,意味着形成的生产能力得到了充分利用。由此可见,在合意的储蓄率和合意的资本产量比率所决定的均衡增长率的条件下,由于实现了充分就业的有效需求水平,且形成的生产能力得到了充分的利用,因此,就各年的情况而言,产量或收入达到了最大值,这时社会上既无失业又无通货膨胀。

哈罗德之所以把均衡增长率称为有保证的增长率,就是因为在这种增长率情况下,可以确保社会经济在既无失业又无通货膨胀的环境中稳定增长。

(二)新古典经济增长理论

新古典经济增长理论的创立者是美国的经济学家索洛(R. M. Solow)以及英国的经济学

家斯旺(T. Swan)。早在1956年,他们就分别提出了他们的经济增长模型。后来,英国经济学家米德(J. E. Meade)又进一步发展了新古典经济增长理论,并对其作了系统的研究。美国的经济学家萨缪尔森(P. A. Samuelson)等在他们的经济增长理论中也提出了与索洛基本相同的论点。

新古典经济增长理论的一个显著特点是,在他们的理论中,既有凯恩斯经济学的成分,又有凯恩斯以前传统经济学的成分。因此,经济学家将这种理论称为新古典经济增长理论。新古典经济增长理论是以柯布—道格拉斯生产函数为基础建立起来的。

柯布—道格拉斯生产函数的表达式为:

$$Y=AL^{\alpha}K^{1-\alpha}$$

两边取对数,得:

$$\mathrm{In}Y=\mathrm{In}A+\alpha\mathrm{In}L+(1-\alpha)\mathrm{In}K$$

两边再对时间求导,并注意到 A 为常数,则:

$$\frac{\mathrm{d}Y/\mathrm{d}t}{Y}=\alpha\frac{\mathrm{d}L/\mathrm{d}t}{L}+(1-\alpha)\frac{\mathrm{d}K/\mathrm{d}t}{K}$$

两边同时乘以"dt",则有:

$$\frac{\mathrm{d}Y}{Y}=\alpha\frac{\mathrm{d}L}{L}+(1-\alpha)\frac{\mathrm{d}K}{K}$$

将 dY、dL、dK 分别用 ΔY、ΔL、ΔK 表示,则上式变为:

$$\frac{\Delta Y}{Y}=\alpha\frac{\Delta L}{L}+(1-\alpha)\frac{\Delta K}{K}$$

上式中,$\mathrm{d}Y/Y$ 或 $\Delta Y/Y$ 就是收入增长率(经济增长率),$\mathrm{d}L/L$ 或 $\Delta L/L$ 就是劳动力增长率(人口增长率),$\mathrm{d}K/K$ 或 $\Delta K/K$ 就是资本增长率。

如果用 G_Y 表示收入增长率,用 G_L 表示劳动力增长率,用 G_K 表示资本增长率,则有:

$$G_Y=\alpha G_L+(1-\alpha)G_K$$

这就是新古典经济增长模型的基本公式。在这个基本公式中,收入增长是由劳动力增长和资本增长两种因素引起的。α 表示在收入增量中,有多大份额是由劳动力增长带来的;$(1-\alpha)$表示在收入增量中,有多大份额是由资本增长带来的。例如,当 $\alpha=3/4$、$(1-\alpha)=1/4$ 时,表示收入增量中有3/4的份额是由劳动力增长带来的,有1/4的份额是由资本增长带来的[根据美国的统计资料,当 $\alpha=3/4$、$(1-\alpha)=1/4$ 时,工资收入与资本收入之比为3∶1,它与上述理论基本相符]。

另外,将上述基本公式 $G_Y=\alpha G_L+(1-\alpha)G_K$ 两端同时减去 G_L,则有:

$$G_Y-G_L=(1-\alpha)(G_K-G_L)$$

上式左端是收入增长率减去劳动力增长率,可以认为是人均收入增长率。右端中的"(G_K-G_L)"是资本增长率与劳动力增长率之差,可以认为是人均资本增长率。所以,上述公式意味着:

第一,人均资本增长率即平均每人所使用的资本的数量不变,则人均收入水平不变。

第二,在资本的边际产品大于0的条件下,提高人均资本增长率,可以提高人均收入水平。相反,如果劳动力增长率大于资本增长率,即人均资本增长率降低,那么人均收入水平将会下降。因此,要使人均国民收入逐年上升,就必须使资本增长率大于劳动力增长率,即平均每个工人使用的资本数量增加。

由于在新古典经济增长模型的基本公式 $G_Y=\alpha G_L+(1-\alpha)G_K$ 中的资本增长率为:

$G_K=\frac{\Delta K}{K}=\frac{I}{K}$

由均衡条件 $I=S$ 可以得到：

$G_K=\frac{I}{K}=\frac{S}{K}=\frac{S}{K}\cdot\frac{Y}{Y}=\frac{S}{Y}\cdot\frac{Y}{K}$

式中：S/Y——储蓄率，用 s 表示；

Y/K——资本生产率，用 σ 表示。

则，$G_K=s\sigma$

将上式代入新古典经济增长模型的基本公式中，可以得到：

$G_Y=\alpha G_L+(1-\alpha)s\sigma$

于是，我们得到在储蓄等于投资条件下的新古典增长模型：

$$\begin{cases}G_Y=\alpha G_L+(1-\alpha)s\sigma\\G_K=s\sigma\end{cases}$$

假定权数 σ、储蓄率 s 和劳动力增长率 G_L 都是既定的常数，因而收入增长率 G_Y 和资本增长率 G_K 仅与资本生产率 σ 有关。于是，分别对以上两式求导，可以得到：

$$\begin{cases}\frac{dG_Y}{d\sigma}=(1-\alpha)s\\\frac{dG_K}{d\sigma}=s\end{cases}$$

由于 $0<1-\sigma<1$，所以：

$\frac{dG_K}{d\sigma}>\frac{dG_Y}{d\sigma}$

上式表明，当 $G_K\neq G_Y$ 时，G_K 随 σ 变动而变动的速度大于 G_Y 随 σ 变动而变动的速度，也就是说，当 σ 增大时，G_K 和 G_Y 都随着增大，因为这时 $d\sigma>0$，$dG_K=sd\sigma>0$，$dG_Y=(1-\alpha)sd\sigma>0$，但 G_K 增大的速度大于 G_Y 增大的速度；当 σ 减小时，G_K 和 G_Y 都随着减小，因为这时 $d\sigma<0$，$dG_K=sd\sigma<0$，$dG_Y=(1-\alpha)sd\sigma<0$，但 G_K 减小的速度大于 G_Y 减小的速度。

现在假设由于某种原因，使得 $G_Y>G_K$，即 Y 的增大大于 K 的增大，于是 $\sigma=Y/K$ 增大（$d\sigma>0$）。这时，G_K 和 G_Y 都增大，但是 G_K 增大的速度大于 G_Y 增大的速度。因此，最终 G_K 会追上 G_Y，使得 $G_K=G_Y$。

相反，如果 $G_Y<G_K$，即 Y 的增大小于 K 的增大，于是 $\sigma=Y/K$ 减小（$d\sigma<0$）。这时，G_K 和 G_Y 都随着减小，但 G_K 减小的速度大于 G_Y 减小的速度，因此，最终会达到 $G_Y=G_K$。

因此，索洛得出结论，不论是收入增长率大于资本增长率的状态，还是收入增长率小于资本增长率的状态，都不会长期维持下去，只有当收入增长率等于资本增长率时，才达到了均衡增长。

由于在均衡增长时，$G_Y=G_K$，将其代入基本公式 $G_Y=\alpha G_L+(1-\alpha)G_K$ 中，可以得到：

$G_K=\alpha G_L+(1-\alpha)G_K$

所以：

$G_L=G_K$，即在均衡增长时，$G_Y=G_K=G_L$。

由于劳动力增长率是既定的，所以，要实现均衡增长，就必然要使资本增长率与既定的劳动力增长率相等，进而使收入增长率也与之相等，并且增长率的大小取决于既定的劳动力增长率水平。一旦收入增长率和资本增长率偏离了这个水平，它们会自动地恢复到这个水平。

于是，索洛认为，在技术水平不变的条件下，社会上既定的劳动力增长率或人口增长率决定了均衡的收入增长率水平。尽管实际收入增长率的大小可能偏离这个水平，但绝不会长久偏离及偏离太远，而只可能在这个水平附近波动。

三、经济增长因素分析的理论

经济增长是一个复杂的经济和社会现象，影响经济增长的因素很多，正确地认识和估计这些因素对经济增长的贡献，对于理解和认识现代经济增长是至关重要的。因此，经济增长因素分析就成为现代经济增长理论的重要研究分支。

(一)丹尼森对经济增长因素的分析

美国著名经济增长理论研究专家丹尼森(D. F. Denison)是美国布鲁金斯研究所的研究员，在经济增长因素的研究方面是“最有卓见分析”的经济学家之一。

在经济增长因素分析中首先遇到的问题是经济增长因素的分类。丹尼森把经济增长因素分为两大类：生产要素投入量和生产要素生产率。关于要素投入量，丹尼森和亚当·斯密、大卫·李嘉图一样，把经济增长看成是劳动、资本、土地投入的结果。由于土地是有限的不可再生资源，它可以看成是不变的，而其他两类是可变的。关于要素生产率，丹尼森把它看成是产量和投入量之比，它可以分解为资源配置的改善、规模经济和知识进展。具体来说，丹尼森把影响经济长期增长的因素归结为八个方面：使用的劳动者数量和他们的构成；工作小时，包括劳动者工作部分的时间比重；使用的劳动者的受教育程度；资本存量的规模；知识的状态；分配到无效使用中的劳动比重；市场规模；短期需求压力的格局和强度。

在这些因素中，每个因素在经济增长的总体中处于什么样的地位？每个因素对总体经济增长的贡献有多大？准确地解答这些问题对加快未来经济增长有重要的现实意义。

根据丹尼森的计算，按各个因素对总体经济增长贡献的大小可以顺序排列出如下五个因素(根据1948～1969年美国实际年增长率计算)：

第一，美国经济增长最主要的因素是“知识进展”(指技术创新和管理、组织的改进)，占美国经济总增长的31%。

第二，“完成的工作量”(工作小时、劳动力构成、就业率等)占总增长的29%。

第三，资本存量的增长占总增长的15.8%。

第四，教育占总增长的14%。

第五，资源配置的改进占总增长的5.8%。

丹尼森发现，知识对经济增长的贡献最大。根据丹尼森的估算，把教育和知识进展两种贡献因素相加，占总增长的39%，这是任何其他因素都无法与之相比的。因此，丹尼森认为，“由于知识成比例于生产的进展，它能从既定资源数量的提高获取产出量。对于单位投入产出量的持续长期增长来说，知识进展是最大的和最基本的原因”。

知识进展对经济增长有如此重要的作用，自然成为丹尼森研究的重点。丹尼森认为，知识进展不是单一的因素，对它要综合地理解。它通常包括技术知识，如涉及物理性东西的知识，即如何制造、组合和在物理意义上使用它们；管理知识，如企业组织知识和在广义上解释的管理技术。知识的进展也包括了来自本国或国外的知识和以各种方式获取的知识，如组织研究方法、劳动者和发明者个人的研究方法、一般的观察和经验方法等。

丹尼森认为，技术进步通过提高劳动生产率对经济增长有重要的贡献，但技术进步不是唯一的因素，因为生产率的增长还包括管理的因素，广义管理技术和有关企业组织的知识所涉及的诸如零件互换、装配线、测时和操作动作研究所产生的效果，并不比技术革新小。知识进展所包含的技术、管理、组织对劳动生产率的提高都有影响。丹尼森在《为什么增长率不同:战后9个西方国家的经验》一书中，对1955～1962年美国提高的生产率作了估计。在1955～1962年美国实际国民收入年增长率中，总增长率的44%由生产率的增加提供，而1929～1957年这方面只占32%，1909～1929年只占20%。在生产率的增加中，知识进展又是主要的因素。在1929～1957年，知识进展占生产率提高的20%，1955～1962年增加到25%。知识的进展是长期以来真实生产率提高的基本因素。

丹尼森以美国为样本所进行的经济增长因素分析，开创了以因素分析寻求经济增长对策的先河，对现代经济增长理论作出了重要贡献。丹尼森把知识进展作为现代经济增长最重要的因素，也符合当代世界经济增长的新趋势。在当代世界经济增长中，科学、技术、教育和知识因素在经济增长中的作用越来越重要。柯布—道格拉斯生产函数提出，在劳动力不变的条件下，资本每增加3%，产出就增加1%。在1909～1949年，美国非农业部门按人—时计算的资本增长率为31.5%，根据生产函数计算的产出增长率为10%。然而惊人的事实是，在这个时期内，31.5%的资本投入使人—时产出不是增长10%，而是增长104.6%，其中94.6%是生产率提高的结果。据肯德里克《美国生产率的趋势》一书的研究，1920～1957年，美国平均人—时产出增长速度为每年2.3%。这是由于科学管理的发展，企业管理中从事工作的大学生、研究生增多，有组织的研究与开发活动的推广的结果。这些都属于丹尼森所说的知识进展。第二次世界大战后，世界科学技术加速发展。德·里克普赖斯(De Rick Price)认为，科学研究的总量自牛顿(I. Newton)以来每年翻一番。美国用于知识方面的花费大约占国民生产总值的29%，自1879年以来，美国大学人数每20年翻一番，1930～1965年，劳动力大约增加50%，工程师的数目增加370%，科学家的数目增加930%。1919～1960年，美国国内私人经济总生产率的平均增长速度为2.08%，1948～1960年则为2.14%。

丹尼森的经济增长因素分析虽然再现了资本主义经济增长的历史过程，揭示了经济增长因素之间的种种数量关系，对经济增长理论作出了重大贡献，但是，丹尼森没有，也不可能研究在资本主义条件下这些增长因素能否长期得到保持、经济增长率与资本主义经济周期的关系和资本主义制度对这些增长因素的制约。20世纪70年代美国经济增长趋向于减慢正说明了这一问题。

丹尼森的经济增长因素分析给后进的发展中国家设计经济增长与发展模式提供了很多有益的启示。

发展中国家一般底子薄，技术和资金都很缺乏，劳动力资源和自然资源比较丰富。根据经济增长的因素分析，实现经济增长靠大量的投资刺激显然是不可取的。充分利用现有的科技成果，注重依靠技术进步、知识进展和劳动投入来促进经济增长是切实可行的。

与知识进展相联系的是教育的发展。劳动力投入对经济增长的效果如何，主要看劳动力投入的质量如何，劳动质量的提高主要通过各种形式的教育来获取，教育决定了一个劳动者是否该做某项工作和是否能有效地做某项工作。具体来说，教育对经济增长的主要影响是：

第一，一个人工作的价值在很大程度上受其教育背景的影响。劳动力质量的提高已经成为国民收入增长的来源。从1950～1962年，教育每年把劳动力的平均质量提高9%，对国民收入增长率的贡献为1.5%。

第二，劳动力的整体受教育水平影响着发明创造的步伐、组织生产的新方法、降低单位成本和增加产出的经营实践。

第三，受过良好教育的人能够更好地掌握和应用最有效的生产实践知识。

第四，教育可以影响知识进展的步伐，反过来，知识的进展也改变着教育的内容。

第五，在学人口中的大多数人不工作，因此教育对就业的直接影响有三点：降低就业量；降低平均工作时数；由于劳动力中青年人口比重下降，劳动人口中年龄构成改变。这三个变化的净效果是降低总的劳动投入，同时提高劳动力的平均质量。

第六，额外的教育，特别是全面的教育能够增加多面性、流动性和就业机会的意识。

发展中国家资源丰富，但往往配置失调，要获取较高的经济增长还要改进资源配置，发挥其资源优势，参与到国际竞争中去，以优势带动劣势。

（二）库兹涅茨对经济增长因素的分析

库兹涅茨是美国当代著名经济学家，他在经济增长理论方面的贡献受到国际经济学界很高的评价。他在 GNP、国民收入计量和经济增长方面的创造性研究获得了 1971 年的诺贝尔经济学奖。他运用统计分析的方法，通过对国民产值及其组成部分的长期估量、分析与研究进行各国经济增长的比较，从各国经济增长的差异中探索影响经济增长的因素。库兹涅茨在一系列关于经济增长的著作中提出的经济增长因素主要是知识存量的增加、劳动生产率的提高和结构方面的变化。

现代经济增长的重要因素之一是知识存量的增长。库兹涅茨认为，现代经济增长受到时代革新的推动，迅速增加了世界上技术知识和社会知识的存量，当这种存量被利用的时候，就成为现代经济高比率的总量增长和迅速的结构变化的源泉。但知识本身不是直接生产力，由知识转化为现实的生产力要经过一系列中间环节，它要经历：科学发现——知识增加；发明——对现有知识实际运用的检验；革新——把发明初步应用于生产；改良——在发明及其应用过程中进行有益的改进。在知识的转化过程中需要有一系列中介因素，这些中介因素是：对物质资本和劳动力的训练进行大量的投资，企业家要有能力克服一系列从未遇到的障碍，知识的使用者要对技术是否适宜运用作出准确的判断。在这些中介因素的作用下，经过一系列转化过程，知识最终会变成现实的生产力。

现代经济增长的第二个重要因素是生产率的提高。库兹涅茨认为，现代经济增长的特征是人均产值的高增长率。人均产值的高增长率是来自于按人口平均的生产要素（劳动与资本投入）的高增长率，还是来自于生产率的高增长率？在生产率增长的度量中，除了产出量增长外，还要估算劳动投入和资本投入的增长率，并估算为求得结合投入的增长率所需的权数，然后，将结合投入增长率与产出增长率相比较，就可得出生产率的增长率。通过对劳动投入、资本投入对经济增长贡献的长期分析，可得出结论：以人均产值高增长率为特征的现代经济增长的主要贡献因素是劳动生产率的提高，亦即单位投入产出的高增长率。

现代经济增长的第三个重要因素是结构变化。库兹涅茨对结构变化趋势的研究分两个方面进行：总产值中各部门份额的截面考察和长期趋势考察，劳动力各部门份额的截面考察和长期趋势考察。

库兹涅茨和丹尼森的经济增长因素分析相互补充，构成了比较完整的经济增长因素分析的理论和方法。丹尼森的经济增长因素分析主要以美国为例进行短期分析；库兹涅茨以世界上几十个甚至上百个国家为对象进行长期分析，并以截面分析作补充，其结论更带有普遍性。库兹涅茨与丹尼森不同的另一方面是重视结构因素对经济增长的贡献。忽视结构因素对总量增长的贡献是多数发展中国家突出的弱点。

第二节 现代经济增长的历史考察

一、现代经济增长的定义与特征

经济增长是指后期的国民经济产出量在规模上比前期增加，以价值衡量，就是后期的GNP或者国民收入从数量上比前期增加。美国经济学家库兹涅茨给经济增长下了一个经典的定义，即"一个国家的经济增长，可以定义为给居民提供种类繁多的经济产品的能力长期上升，这种不断增长的能力是建立在先进技术以及所需要的制度和思想意识之相应的基础上的。"库氏定义包含了三层含义：第一，经济增长集中表现在经济实力的增长上。这种经济实力的增长就是商品和劳务总量的增加。第二，技术进步是实现经济增长的必要条件。只有依靠技术进步，经济的长期增长才是可能的。第三，经济增长的充分条件是制度与意识形态的相应调整。只有社会制度与意识形态适合于经济增长的需要，技术进步才能充分发挥作用，长期的经济增长才是可能的。

在经济学家看来，经济增长事实的主要特征有两个：一是经济增长是一个长期、动态的过程。经济增长的动态性是显然的；至于长期性的理解，要注意与短期经济波动，也就是经济周期区别开来。经济周期多由总需求方面的因素引起，而经济增长则主要是总供给方面因素变动的结果。二是经济增长是一个"(移动的)均衡状态"。具体说来，它是经济活动参与人员优化决策及交互作用的结果。至此，经济增长事实可以被概括地表述为：它是经济活动参与人最优化决策行为及其交互作用而达成的长期结果，这一结果被称为均衡状态。

二、经济增长阶段

在20世纪50年代和60年代初，罗斯托的经济增长阶段论对发展经济学的影响较大，以至于世界银行的出版物把罗斯托列为"发展理论的十大先驱"之一。罗斯托经济学说的形成主要是受到德国历史学派、美国老制度学派、凯恩斯经济学和熊彼特创新理论的影响，由此所提出的经济增长阶段论被称为"独树一帜"，他所提出的"起飞"等概念在经济学中已成为流行术语。

罗斯托的"经济增长阶段论"把经济发展过程看作是所有国家都必须经历的一系列阶段。这种理论认为，只要有适当数量和适当结合的储蓄、投资及外援，就可以使发展中国家沿着当今发达国家已经走过的道路向前发展。这种理论首先在罗斯托1960年出版的《经济增长阶段：非共产党宣言》中提出，他把人类社会的发展分为五个阶段：传统社会阶段、为起飞创造前提条件的阶段、起飞阶段、向成熟推进阶段(后又称为自我持续增长阶段)和高额群众消费阶段。后来，他在1971年出版的《政治和增长阶段》一书中又在高额群众消费阶段之后增加了一个追求生活质量的阶段。下面简要介绍罗斯托所提出的经济增长六个阶段。

(一)传统社会阶段

这是社会发展的最初形式。在此时期的经济主要是原始的，其主要特点是：第一，没有现代的科学技术；第二，资源配置在农业中过多，在工业中不足；第三，存在着一种僵化的社会结构，阻碍了经济的变革。其结果是生产率低下，人均实际收入或产值仅维持生存。

(二)为起飞创造前提条件阶段

这是一个过渡阶段，上升运动所需要的条件正在形成，其主要特点是：第一，新的科学技术正在应用于农业和工业；第二，金融机构正在出现，它动员资金并为新投资提供资金；第三，运输和交通正在改进，商业在扩大。与此同时，正在产生一种根本的政治变革——建立民族国家。在一些场合，传统的经济活动和现代经济活动可能并存，发展的障碍正在被克服，但人均实际收入或产值增长缓慢。

（三）起飞阶段

这一阶段是经济增长的巨大分水岭。当古老的障碍和阻力最后被克服时，它才出现。这一阶段的重要特征是：第一，农业和工业中正在采用现代技术和组织方法；第二，净投资正在上升，通常达到国民收入的10%；第三，产生了主要的新工业部门，它们又激起了许多辅助性工业部门的发展。与此同时，农业生产率正在经历着革命性的改进，劳动力从农业向工业转移，人均实际收入或产值开始大大上升。

（四）向成熟推进阶段

这是起飞以后的新阶段，是一个向自我持续增长推进的阶段。在这个阶段，现代技术得到了大范围的推广。它有三个重要特征：第一，设备投资维持在相当高的速度上；第二，投资的高速度使生产的增长超过人口的增长；第三，世界贸易在经济中起着重大作用。

（五）高额群众消费阶段

当一个社会获得了这种成熟水平时，有几件事情要发生：第一，有日益增加的资源用来生产耐用消费品和服务；第二，技术工人在劳动中的百分比、城市居民在总人口中的百分比均上升；第三，有逐渐增加的一部分资源用于社会福利保障，这是一个富裕的群众消费时代。

（六）追求生活质量阶段

这个阶段是人类社会第一次不再用有形产品数量的多少来衡量社会的成就，而是以服务形式反映"生活质量"的程度作为衡量成就的新标志。因为在追求生活质量阶段，主导部门已不是生产有形产品的工业部门，而是以提供服务和增进"生活质量"的服务业（包括文教卫生部门）为主了，就此而言，这是新阶段不同于以往任何社会阶段的特征。

三、经济起飞的性质和条件

（一）经济起飞的性质

罗斯托认为，在以上六个阶段中，起飞阶段最为关键。罗斯托把突破传统经济的停滞状态，实现一个社会由传统类型向现代类型的根本转变称为"起飞"。"起飞"被定义为一场"工业革命"，它是指在工业化初期的较短时间（20～30年）内实现基本经济结构和生产方法上的剧烈转变。"起飞"的关键在于为起飞创造前提条件的阶段。英国工业革命是长期制度变迁的结果，工业革命只需对这些已准备好的制度安排稍加改造，就能支撑并完成这一气势磅礴的技术革命。罗斯托写道："标志着起飞的工业增长的高涨当然不是蓦地从天而降的。在我看来，起飞是人家都能理解的历史河流的中断，但绝不是一个没有历史的过程。"罗斯托的"历史河流的中断"，就是熊彼特的"新组合的间断出现"，他们探讨的都是以制度条件变化为基础的非均衡增长过程。

（二）罗斯托提出了"起飞"的三个基本条件

实际上，这三个条件反映的是新质分工所需要的制度创新。

第一，要有反映新质分工的生产函数，最重要的也许是新技术以及物化新技术于其中的机器设备。根据斯密—杨格的思想，新技术是分工的结果，反映了新质分工。这种新质分工形式（在这里是新技术）的诞生是社会鼓励技术创新而采用的制度安排，修正创新活动的外部性，使私人收益率接近社会收益率的产权结构变迁的结果。这种新质分工的生产函数可能是经济体系内生的，也可能是从外部引入的，如发展中国家从发达国家引进的先进技术。新质分工生产函数的作用不仅在于其产生过程，更重要的是它在经济体系中的扩散过程，这引起了广泛 的制度变化的要求。

第二，要有社会先行资本的建设。“起飞的初始条件要求有最低限度的社会基础资本的先行建设，以便为必不可少的扩散效应准备技术条件。”这基本上就是具有广泛外部经济的基础设施和人力资本的提供。虽然罗斯托关于政府在这些社会基础活动中具有不可避免的作用的认识有其合理性，但其未能揭示政府在提供社会先行资本方面政策变化的理论基础。

第三，“起飞”是社会有规则地吸收新的生产函数，它要求行为规则的变化。罗斯托着重强调了企业家群的出现，这些企业家无论是私人企业家还是政府工作人员（制度企业家），其“根本特点在于他们有能力采用新的生产函数”，即执行熊彼特的创新职能。罗斯托所指行为规则的变化就是制度变迁，即创建一种能保证“起飞”的制度安排。“起飞”最重要和最根本的前提是制度创新，不然根本就不可能出现“起飞”的迹象，正如罗斯托写道的，起飞“……在很大程度上要依赖于制度和对它们的反应”。

四、中国转变经济增长方式

世界经济发展史证明，按照内外环境变化而适度调整发展战略和路径是任何一个经济体保持活力和竞争力的基本条件。成功转型就能继续升级发展；反之，则会陷入停滞和倒退。实际上，即便美国这样的发达国家也在不断转型与创新之中，正是依托强劲的转型与创新能力，才保持着持续领先发展的动力。“金砖国家”正处于经济发展的十字路口。这个有着将近30亿中低收入人口的新兴经济体的崛起对全球资源、环境的冲击是难以想象的。如果继续沿用工业化时代大国崛起的资源高消耗模式，则再增加几个地球的资源也难以为继。因此，客观上不允许这些国家用粗放式的增长模式实现赶超发展。如果能审时度势，及时调整发展战略和转变增长方式，则“金砖国家”可以保持持续快速增长；相反，则可能陷入“中等收入陷阱”。国际上认为，人均收入超过11 000美元的为高收入国家，2008年的“金砖国家”均为中等收入国家（介于976～11 000美元之间）。一些中等收入国家由于转型缓慢，发展受阻，持续数十年无法突破中等收入界限，如拉美的阿根廷、智利等一些国家近半个世纪以来一直在原地打转，而同期处于同一发展水平的日本、韩国、新加坡等早已跻身高收入经济体行列。因此，在追求经济高速增长的同时，加快转型步伐是“金砖国家”成功赶超的基本条件。

中国转变增长方式的路径选择具体如下：

第一，调整过分强调速度的赶超发展战略，转向以增长质量和适当速度为导向的增长模式。对增长速度的过高要求往往违背增长规律，并陷入低质量粗放增长而难以自拔。因此，转变增长方式需要重新界定经济增长与发展标准，妥善处理增长与可持续发展的关系，不能单纯依赖钢筋水泥的快速堆积来衡量经济体的可持续发展，需要适度、合理、更好的增长，要在可承受的最低经济增速下，加大结构调整的力度，不能因为经济增速回调的出现而动摇经济结构调整、经济增长方式转变的政策取向。同时，不能片面强调总量的意义，应更多注重人均水平的提高。在收入分配比较均衡、合理的前提下，人均水平是经济发展质量和国民福利水平更加综合和重要的标志。对于创造了30年高速增长奇迹、经济规模跻身世界第二的中国来说，尤其要提高对经济增速放缓的容忍度，更加重视对转向良性、可持续发展轨道和提高增长质量、结构、效益与可持续性的追求，提高增长成果的社会普遍分享水平（即注重人均水平的提高）。

第二，加快技术进步，提高技术创新对增长的贡献率。新增长理论认为，在推动经济增长的诸多因素中，技术进步通过提高生产率而决定经济的集约增长。克鲁格曼(P. R. Krugman)认为，从长期看，生产率几乎等于一切。技术进步依赖知识积累和人力资本投资，技术、知识的创新和人力资本投资都具有很强的外部性，能够使生产呈现出规模收益递增的趋势。一切有利于创新活动的努力都有利于保持经济增长的可持续性。与单纯依靠要素投入的经济增长相比，知识积累和技术创新所导致的经济增长可以创造更大的增长机会。提高创新水平，需要从大力培养创新型人才队伍(改变我国目前产业工人中的高级技工只占35%，而发达国家为40%的状况)、建立自主技术创新和推广运用激励机制、加强对知识产权的保护、加大落后技术和产能的淘汰和升级、在强化国际技术合作的基础上加强自主技术和品牌创新、打破技术封锁等多方面着手。

第三，深化体制、机制创新，为转变增长方式扫清障碍。经济体制及其运行机制对经济发展方式有强大的制约作用。纳尔逊指出，制度与技术之间的协同演化是经济增长背后的主要推动力。只有进行经济体制和运行机制的改革，才能扫清转变经济发展方式的许多障碍。转变经济增长方式必将导致新的增长方式与原有制度体系之间的紧张状态，要消除这种紧张状态需要相应的制度创新以适应新的增长方式；否则，增长方式的转变将受到阻碍。经济发展方式的转变离不开相应的制度变迁，而政府在制度变迁过程中的作用不可替代。中国提出经济增长方式转变近30年，但尚未修成正果，关键原因在于制度创新不足，制度创新滞后对增长方式转变产生逆向作用。

第四，消除各种阻力，建立转变增长方式的激励与保障机制。实践表明，发展中国家转变增长方式的最大阻力来自传统增长模式下的既得利益集团。随着新兴与转型经济体的快速发展，既得利益集团也在迅速壮大实力和影响力。这些国家在推进改革开放、加速与国际接轨和发展模式转换的过程中步履沉重，往往与阻挠势力的博弈及对阻碍力克服不力有关，导致体制、机制创新延迟与调整政策滞后。

第三节　后发障碍与后发优势

一、后发障碍

当今的发展中国家与工业化国家相比都是经济上比较落后的国家。美国发展经济学家罗斯托在《经济增长阶段》一书中，把整个社会发展史划分为传统社会、起飞准备、起飞、成熟和高消费五个阶段。他认为，所有国家都必须经历这些阶段，只是先进国家在时间上先行一步，后进国家在时间上晚行一步。发展中国家应该根据自己所处的历史阶段采取相应的战略与政策。这个观点实际上暗含着一个假定，即当今发展中国家所处的环境与发达国家在发展过程中所处的环境是相同的。这个假定是完全不符合事实的，因此遭到许多经济学家的批驳。正如发展经济学家迈耶指出的那样："不要让过去起飞的成功故事诱使我们对发展的任务作出过于轻率的解释。我们也不应该把欠发达国家同现今发达国家的早期各阶段等同起来。世界经济中不发达现象的持续存在提出了一些棘手的问题，这些问题在发展成功的早先事例中是不存在的。"

那么，当今后进国家所处的环境和条件与先进国家当时的环境和条件相比有哪些不同呢？这些不同的环境和条件对当今后进国家的经济发展是有利还是不利呢？应该说，既有不利的一面，也有有利的一面。有些国家善于利用有利条件和克服不利因素而赶上了先进国家，但大多数国家却因未能做到这一点而仍然贫穷落后，与先进国家的差距反而拉大了。这些不利的因素也可以说是发展的障碍。这些障碍主要表现为：

(一)收入水平悬殊巨大

当今大多数发展中国家的人均收入水平比西方工业化国家在工业革命前的人均收入水平低得多。据估计，当今最穷的发展中国家的平均人均收入大约只相当于美国、英国等老牌资本主义国家两个多世纪以前工业化开始时的一半。这一事实表明，当今落后国家的经济基础比先进国家“起飞”前的经济基础要差得多，这就使得当今后发展者的“起飞”变得更加困难。就像家庭一样，一个非常穷的家庭比一个不太穷的家庭在改善家庭经济状况方面要付出大得多的努力。此外，先进国家在它们开始工业化时在世界上的收入水平就是最高的。这意味着发达国家是以先进经济体(相对于其他国家而言)的身份进入工业化的。这一先进性使它们在经济发展过程中一开始就具有多方面的绝对优势。就收入和生活水平而言，它们无需攀比别国的消费习惯，因为自己的消费水平本来就是最高的。此外，它们由于经济上先进而没有加快经济发展的紧迫感。与之相比，当今发展中国家的收入水平比发达国家低得多，最高与最低的相比，人均收入要相差上百倍之多。而且，这种经济差距具有不断扩大的趋势。这么大的贫富差距给后进国家造成了极大的困难和压力。

首先是追赶所需要的时间更长。即使一个低收入国家的人均收入增长率比高收入国家高一倍，但在很长的时间内，绝对收入的差距仍然在扩大。假设一个人均年收入为300美元的国家，其人均收入增长率达到5%；而一个人均年收入达到20 000美元的国家，其人均收入增长率只有2.5%，那么，目前两国收入水平的绝对差额是19 700美元，10年后的收入差额将扩大到25 122美元，比目前的收入差额还要多5 400多美元。可见，收入水平的巨大差异加大了后进国家赶上发达国家的难度。

其次是对国内储蓄与国际收支平衡造成了压力。由于通信媒体的日益发达和国际交往的日益扩大，发达国家居民的高档消费习惯不断地传到发展中国家，发挥着示范效应，引起了发展中国家居民的模仿和超前消费，结果对储蓄和投资产生了消极影响，同时也产生了对进口高档消费品的持续过度需求，造成国际收支状况难以平衡和生产所需的资本品难以通过进口来满足。

再次是对心理上造成了压力。收入和生活水平的差别如此悬殊使发展中国家感到自己太穷，自尊心受到伤害，而且有一种落后遭人欺负的恐惧，从而产生了一股急于赶超的紧迫感。在这种情绪的支配下，发展中国家的领导人急于缩小与发达国家的差距，头脑容易发热而不顾客观条件和客观规律，往往会采取一些过激的甚至是不惜一切代价的政策，如严格的国家计划、私有财产国有化、雄心勃勃的工业化目标、严厉的进口替代措施等，以图经济快速增长，在最短的时间内赶上发达国家。结果是“欲速则不达”，造成经济停滞甚至倒退，中国20世纪50年代末的“大跃进”就是其中一例。

(二)人口增长更为迅速

在西方国家工业化之前和之中，人口增长虽然比现在要快得多，但每年的人口自然增长率也从未超过2%。与之相比，当今大多数发展中国家的人口在过去几十年中一直以2.5%左右的年增长速率增长，近几年有所下降，但除了几个发展中国家如中国之外，其他发展中国家的人口增长率并没有显著下降。当今工业化国家在经济发展过程中的人口增长是由高速经济增长引起的，或者始终伴随着经济增长。当今发展中国家的情况则不同，它们的人口增长与经济增长几乎没有关系,它是由先进国家的医学进步向发展中国家的迅速传播和扩散引起的。医学的进步使得婴儿死亡率下降和人均寿命延长,而出生率仍然保持在高水平上,这样就导致了发展中国家的人口以前所未有的速度增长。

高人口增长率与经济发展之间的不平衡产生的一个直接的后果就是,要达到一个既定的人均收入增长目标比发达国家在发展初期更难了。高人口增长率的其他后果包括:储蓄水平和储蓄率较低,不容易打破贫困的恶性循环;人均资源占有量越来越少,特别是人均耕地占有面积越来越少,导致粮食供给紧张;人力资源的大量闲置和质量低下,失业问题十分严重;等等。"事实上,许多评论家甚至怀疑,如果当代发达国家的人口也这样迅速膨胀的话,其工业革命和初期的高增长率是否能够实现,或者能否以如此小的挫折和动乱进行得这样迅速,尤其是很穷的国家更是如此。"

(三)国际移民环境发生重大变化

在发达国家的工业化初期,世界上还有大片的"处女地"等待人们去开发和利用。欧洲那些先发展的国家虽然人口增长也比较快,但却未出现剩余劳动和严重的失业问题,因为向北美洲和澳大利亚的大规模移民已变成剩余人口的安全阀。从 19 世纪 40 年代到 20 世纪 30 年代的 100 年中,欧洲向海外移民总共超过了 1 亿人。在 20 世纪初,移民运动达到了高潮,然后开始下降。但是,第二次世界大战以后,对于发展中国家来说,这种通过向国外移民来转移剩余劳动和寻找就业机会的途径也被发达国家严厉的移民法堵死了。更有甚者,发达国家一方面限制无技术劳动者进入,另一方面却在利用收入水平高的优势鼓励发展中国家的专门技术人才迁入。这些受过高等教育的专门人才恰恰是发展中国家不应流出的,他们的迁移不但没有解决剩余人口问题,反而对它们的经济发展是极为有害的。

(四)农业生产率相对更低

发达国家在工业革命之前就出现了农业革命,因此在工业化开始时,农业生产率就比较高。农业是工业化的基础和前提,老牌工业国家能够维持长期的经济增长和实现工业化,在很大程度上是与农业革命带来的较高农业生产率密不可分的。相反,当今发展中国家的农业生产方法和技术原始,加上人口增长所带来的人均耕地占有数量的显著下降,农业生产率普遍低下。低农业生产率是当今发展中国家发动工业化的重大障碍。许多国家的经济发展速度缓慢,其中的主要原因便是农业停滞。

(五)社会政治制度和文化传统存在很大差异

当今发达国家在工业革命以前和工业化过程中基本上是统一的民族国家;经济上实行私人财产制度和市场制度,促进了企业和个人的自由竞争与优胜劣汰;意识形态上以个人主义、理性主义、功利主义为基础,崇尚创新和变革,以追求物质利益为目的,那些限制个人奋斗、自由竞争的思想观念在这些国家中没有存在的余地,至少不占主流地位。这种制度是"起飞"和经济发展的必要前提,它保护了个人和企业的创造性和进取精神,保证了资源的有效配置,特别是保证了国家政权的稳定性、目标的一致性和政策的连续性。与之相比,当今发展中国家是一个混杂的群体,存在着各种各样的政治制度,而且它们中大部分是几十年前才获得政治独立的,政权基础不是很稳固;缺乏民主传统,官僚主义和腐败现象盛行,办事效率低下;不少国家政权更迭频繁,政权往往控制在军人手里;这些当政者以维护专制统治为目的,并不真正地把经济发展作为首要目标;经济上倾向于压制私人企业活动和自由竞争,强调国家计划。在思想观念上,发展中国家的民众尊崇传统习惯和价值观,安于现状,缺乏创新和变革的动力,且对别人的创新加以压制。可以说,这些制度和文化传统是当今后进国家经济发展的重大障碍，如不进行变革，经济就不可能“起飞”。

（六）国际经济环境对后进国家不利

先进国家在工业化初期在世界上就处于领先地位，它们在世界其他落后地区扩张领土，掠夺自然资源，开展不平等的国际贸易，剥削落后地区的经济财富。可以说，如果不扩张领土和掠夺其他国家的资源，西方国家的工业化不会进行得那么顺利，经济增长不会这样迅速。但是，当今欠发达国家所处的国际环境截然不同。当它们开始发展经济时，面临的是经济强大的发达国家，就像一个婴孩面对一个强壮的大人，天生就处于劣势地位。无论在经济、政治还是文化方面，发达国家对发展中国家的不利影响是无处不在的。很多学者提出的有关南北关系的各种理论，如依附论、新殖民主义论、中心—外围论等，大多是分析这种不利的影响。以贸易条件恶化论为例，这个理论是在20世纪50年代初提出来的，它论证了发展中国家（外围国家）在国际贸易中由于不平等的交换关系而不可避免地遭受发达国家（中心国家）的剥削。激进学者甚至认为，发达国家的发达是建立在欠发达国家不发达的基础之上的，贫困与富裕是一枚硬币的两面。

二、后发优势

作为发展的后来者，发展中国家也有许多得天独厚的优势，即后发优势。这些优势具体表现如下：

（一）有大量的先进科学技术可供利用

在地球上可得的物质资源存量越来越少的情况下，经济增长越来越依靠科学技术的进步和人力资源质量的提高。当今发达国家经济增长的主要源泉来自技术进步，而技术进步的取得主要来自于对科学技术的研究与开发。发达国家在科技研究方面的投资是巨大的，科学家和工程技术人员做出了一个又一个新的发现和发明，并且被迅速地转化为生产力，使它们在科技领域遥遥领先。有的学者对这种状况持悲观主义态度，认为发达国家的技术优势是造成富国与穷国经济差距拉大的主要原因，因此对发展中国家是非常不利的。但是，更多的学者认为，发达国家的先进科技正是后进国家赶上先进国家的一大优势。由于有很多现成的科学技术知识可以利用，作为后来者，发展中国家不需要花费巨资来从事研究与开发。

（二）有其他知识和经验可供借鉴

除了发达国家的先进科技可以利用之外，其他知识和经验对后发展者来说也是值得学习和借鉴的。现在一般都承认，发展经济不仅仅是一个科技进步问题，有的经济学家甚至不把它作为主要因素，而把制度的创新作为推动经济增长的源泉。世界上曾经有很多国家采用国家直接管理企业的计划经济制度，并认为这种制度比市场制度优越。但经过几十年的实践证明，这种制度在配置资源方面没有市场制度那样有效率，结果，这些国家纷纷放弃高度集权的计划制度而采用市场制度，经济恢复了活力，经济增长步伐加快了。从计划制度到市场制度的转变就是发展的后来者向先进的市场经济国家学习的结果。

（三）结构变化有利于资源的有效配置

后进国家是工业化程度较低的国家，往往呈现出二元经济的特征，即先进的工业部门和传统的农业部门，先进部门的生产率要比传统部门的生产率高。这些国家的经济增长一般都伴随着产业结构的转变，即劳动和资本从农业部门向工业部门流动，这意味着资源从低生产率部门向高生产率部门配置，从而促进了整个经济生产率的提高和经济增长。这种情况在发达国家中是不存在的，因为这些国家中所有的部门都现代化了，各个部门的生产率差别很小，因此，资源从一个部门转移到另一个部门不会带来生产率的明显改善或促进增长。这一点是经济落后国家的一个特有的发展优势。仅就此而言，后进国家在工业化过程中工业和整个经济的增长率一般应该快于先进的工业化国家。

（四）世界经济今天比以往任何时候都更加开放

国际贸易对后进国家有利还是有害，在发展经济学家中间还存在着争论。前面指出，由于贸易条件恶化，以出口初级产品为主的后进国家在国际贸易中处于不利地位。但是，也有人认为，国际贸易通过商品和要素流动使发展中国家获得的好处远大于损失。我们赞成后一种观点。过去几十年的发展实践证明，实行较开放型政策的国家比实行较封闭型政策的国家在经济发展方面获得了更大的成功。国际贸易不仅使后进国家扩大了销售市场，促进了国内生产规模的扩大和生产效率的提高，而且还引进了国外的先进技术、资金和科学的管理方法。我们相信，WTO的成立将会大大地推动全球经济的一体化和世界贸易的自由化，这必将加快后进国家的工业化和现代化步伐。

本章小结

把经济增长作为一个独立的、专门的研究领域，是从英国的经济学家哈罗德和美国的经济学家多马开始的。在此之前，经济学家还没有给经济增长理论另立门户。哈罗德和多马两人不仅分析方法一样，并得出了非常一致的结论。新古典经济增长理论的创立者是美国的经济学家索洛以及英国的经济学家斯旺，理论基础是柯布—道格拉斯生产函数。经济增长因素分析是现代经济增长理论的重要研究分支。美国著名经济增长理论研究专家丹尼森是经济增长因素研究方面"最有卓见分析"的经济学家之一。库兹涅茨是美国当代著名经济学家，他在一系列关于经济增长的著作中提出的经济增长因素主要是知识存量的增加、劳动生产率的提高和结构方面的变化。罗斯托关于"经济增长阶段论"的理论把人类社会的发展分为五个阶段。

目前，中国必须转变经济增长方式。路径选择具体如下：第一，调整过分强调速度的赶超发展战略，转向以增长质量和适当速度为导向的增长模式；第二，加快技术进步，提高技术创新对增长的贡献率；第三，深化体制、机制创新，为转变增长方式扫清障碍；第四，消除各种阻力，建立转变增长方式的激励与保障机制。

复习思考题

1. 简述经济增长的意义。
2. 如何理解知识在经济增长中的作用？
3. 如何根据罗斯托的"经济增长阶段论"来认识中国经济的发展阶段？
4. 中国经济的后发障碍有哪些？
5. 如何认识中国经济发展中的后发优势？

第四章

农业的发展

第一节 农业在经济发展中的作用

早期的发展经济学家在他们的理论中轻视农业的地位和作用，将工业化看得很重要，认为现代化就是从农业社会向工业社会的转化。后来，许多国家因轻视农业而发生了粮食缺乏、价格上升等问题，因此，从20世纪60年代起，农业问题重新引起了发展经济学家的重视。20世纪70年代之后，对农业的观念发生了根本性转变，农业本身被看作经济发展的目标之一。实践证明，工业化过程需要农业的支撑，农业本身也有一个现代化的问题。工业化和农业现代化相互依赖，农业现代化是工业化的一部分。根据发展中国家农业的特点，实施适宜的农业发展政策必然能推进其经济发展、加快农业现代化的步伐。

农业不仅能通过支持工业化为经济发展作出贡献，具有工具价值；而且能够直接为经济发展作出多方面的贡献，具有内在价值。从类别上划分，农业对经济发展的贡献可以具体归纳为以下四个方面：

一、产品贡献

在经济发展过程中，非农部门的发展强烈依赖于农业部门的发展。非农部门不仅需要农业部门提供足够的粮食以支撑其发展，而且需要农业部门提供一些农产品作为非农部门发展的原料。前者被称为农业部门的食品贡献，后者被称为原料贡献，合称为农业的产品贡献。

（一）食品贡献

在经济发展中，农业部门是非农部门所需粮食的主要来源。很明显，非农部门生产规模的扩大依赖于农业部门生产出超过自己消费的粮食剩余。虽然从理论上讲可以进口获得所需要的粮食，但由于外汇短缺和粮食进口的高成本，对大多数发展中国家来说，粮食进口充其量只能作为粮食不足的一种补充。特别是对于一个大国来说，长期依赖粮食进口是不可想象的。在经济发展过程中，国民经济对粮食的需要主要由以下三个变量决定：人均收入增长率、对粮食的收入需求弹性和人口增长率。

(二)原料贡献

在工业化的早期阶段,以农产品作为主要原料的轻工业和其他原料加工业在工业生产中占主要地位。诸如食品加工业、烟草工业、纺织工业、制革工业等,由于原料丰富、技术要求较低、加工工艺相对简单,是工业化初期各国优先发展的项目,在整个工业生产中的地位举足轻重。这些工业的发展一方面有助于改善发展中国家的贫困状况,另一方面又为国家的进一步工业化提供了资金,而这些工业的发展有赖于农业部门提供大量、充足的加工原料。许多国家的经验证明,农业丰收不但有助于改善穷人的生活状况,还有助于工业的顺利发展。虽然就长期趋势而言,农业部门占 GDP 的比重会随着人均收入的增长而逐渐下降,但是如果考虑到以农产品为原料的加工工业产品的需求收入弹性比农产品大得多的情况,农业部门在整个国民经济当中相对重要性的下降速度就会慢很多。

农业对其他产业的这种支持作用可以用产业联系这一概念进行分析。农业作为一种初级产业,按照定义,似乎没有后向联系,同时因为许多农产品在发展中国家不经中间加工而被直接消费,因而前向联系也是微弱的。但是,应当看到,在农业发展过程中,诸如化肥、农药、杀虫剂、优良农畜品种以及各种农业机械会越来越多地应用于农业生产,所以农业生产的后向联系不是没有,而是越来越多。另一方面,即使是尚处于发展初期阶段的国家中,总有一定比例的农产品是以中间产品形式出售的(特别是经济作物),因此前向联系也绝不是无足轻重的。实际情况表明,以农产品加工为基础的纺织业、食品业等,常常是工业化进程当中的先行产业,显然它们的发展要求农业的相应发展。

二、市场贡献

在大多数发展中国家,由于农业部门的绝对规模,它必然是国内工业品的主要市场。农业用于工业品的支出既包括消费品,也包括生产用品。农业部门通过向工业生产提供市场支持了经济发展,可以称作农业的市场贡献。实际上,由于农民购买工业品的数量是与他们出售的农产品数量对应的,所以,农业通过向非农部门出售农产品也是农业市场贡献的一部分。当然,许多发展中国家存在一个较大的自给自足或半自给自足的农业部门,因而农业部门提供的商品化产品还不多,农民只有少量的现金用于购买非农产品。但随着工业化的发展,必然会对农业生产的现代化和商品化起到极大的推动作用,从而增加农业商品的数量。同时,农业商品数量的增加又使农业部门市场贡献的绝对规模不断扩大,形成工农业部门之间的良性循环。

不少发展中国家对国内制造业提供保护,其结果之一是农业部门的市场贡献下降,因为对“幼稚工业”的保护政策会使得贸易条件因工农业价格“剪刀差”而向不利于农产品的方向变化,导致农业生产、收入、储蓄及投资下降。

三、要素贡献

农业的产品贡献来源于农业生产,市场贡献来源于农业部门与其他部门的交换,而农业的要素贡献则来自于农业资源向其他部门的转移。农业向其他部门转移的资源是资本与劳动。

(一)资本转移

农业部门是现代经济增长所需资本的一个重要来源。在大多数发展中国家,农业生产总值在 GNP 中占有相当重要的地位。因而,农业在储蓄和投资中会起重大作用,特别是在发展的初级阶段,农业作为发展中国家经济中的主要部门,实际上是国内储蓄与投资的唯一来源。如果具有巨大规模的农业部门对资本形成作出贡献,就会对经济发展起到积极的促进作用。

农业向其他部门进行资本转移的方法有两种:一种是通过私人投资者的自愿决策实行资本转移;另一种则是利用行政力量,通过财政、价格、税收等各种经济杠杆强制实行资本转移。如果采用行政办法实行强制转移,也可以在间接控制和直接控制两种办法中进行选择。所谓间接控制,是指进行价格控制和征收间接税等,目的在于改变部门之间的交换比率,亦即农产品与非农产品之间的价格比率。采用这些措施的结果必然使得贸易条件朝着不利于农产品的方向发展,这会扩大城乡收入差距,与减轻和消灭贫困的总的发展目标背道而驰。苏联利用工农业价格"剪刀差""剥夺"农民的教训说明,不适当地过分扩大"剪刀差",不利于农业的健康发展,最终会拖了整个经济的后腿。直接控制的方法包括征收直接税,强制性的农产品国家收购,政府以垄断的农业投入(例如良种、化肥、燃料等)与农产品进行实物交换等。这种直接控制实行转移的方法会遇到许多困难,特别是增加了行政管理和制定政策的负担,甚至会出现贪污腐化现象。

(二)劳动贡献

由于发展中国家中大约2/3的人口是农业人口,所以,农业人口实际上是增加工业城市人口的唯一来源。在发展进程中,农业人口在提供劳动这种生产要素方面起着重要作用。在发展的初期,几乎全部人口都在农业部门中从事生产,即使有一些手工业和服务性活动,也是在农业内部进行的,如衣服的生产、农具的制造、住宅的建造、医疗、教育活动等。随着经济的发展,这些活动才逐渐脱离农业而独立。这种分工和就业的多样化促进了生产力水平的提高,增加了人们的收入和产量。

农业能在多大程度上向工业部门提供劳动力,取决于农业部门的生产率。农业部门的生产率越高,就能有越多超出农业部门自身消费的生产剩余,就允许有越多的农业劳动力转移到工业。当然,农业剩余劳动力向工业转移的速度还受到工业本身吸收剩余劳动的能力的局限。有一点需要指出,第二次世界大战后农业向工业提供剩余劳动资源这一点被片面夸大了。事实上,城市部门并没有制造出充分的就业机会来解决农村的过剩劳动力问题。其原因很简单,大多数发展中国家制造业中的就业人数只占全部劳动人口的10%~20%,如果总的劳动人口每年增长3%,那么,制造业部门每年只有增加15%的就业机会才能全部吸收这些劳动力(即$0.2\times0.15=0.03$)。实际上,没有任何一个国家的制造业能够以这样的速度扩大其规模。然而,无论如何,任何真正的经济发展或工业化必然伴随着农业人口向工业的转移,在这种情况下,农业人口可能是一个重要的来源。

四、外汇贡献

在工业化进程中,外汇短缺是一个长期问题。在这方面,农产品的出口可以为发展中国家获得十分宝贵的外汇。特别是在发展的初期阶段,由于工业很不发达,农产品和其他初级产品的出口是许多国家获得外汇的重要的甚至是唯一的来源。同样,在粮食短缺的国家中,农业增产能节约大量的外汇。随着经济的发展,农业外汇贡献的重要性不可避免地要下降。但可以说,在相当长的一段时期内,农业在为国家赚取外汇方面的作用仍是不可忽视的。

第二节 传统农业的转变与技术进步

一、传统农业的定义与特征

传统农业是在自然经济条件下,采用以人力、畜力、手工工具、铁器等为主的手工劳动方式，靠世代积累下来的传统经验发展。以自给自足的自然经济居主导地位的农业，是采用历史上沿袭下来的耕作方法和农业技术的农业。在多数发展中国家，农业的商品率很低，实际上是一个只能维持生存的部门。这一方面是农业生产率低下的结果；另一方面也是自然经济束缚农业从传统进入现代化，实现阶段转换的结果。这种自然经济的基本特点可以归为以下几点：

(一)农业技术的停滞

这种停滞在广大发展中国家普遍存在，突出地表现为人们世世代代耕种同样的土地、种植同样的作物、使用同样的生产要素和采用同样的生产技术。传统农业技术，一般来讲，对收成的保险系数较大(这一点对发展中国家的农民十分重要)，虽然生产率不同，但资源的配置和结合却是较优的(增加其中的一种要素投入将会引起边际生产率的递减)。然而，在农业中人们并不看重边际生产率，而是格外重视平均生产率，总是千方百计使之高于维持生存的水平，以避免饥饿的降临。

传统的农业中劳动力充裕、资本稀缺、生产规模小、农民素质较差，很难找到适宜的替代技术来促进技术从停滞转为进步。西方发达国家的农业技术与发展中国家的国情不相符合：一是这些技术无法在缺乏资本、缺少规模效益的条件下使用；二是这些技术很难与低素质的劳动力相结合；三是这些技术得以发挥作用的条件(如农业科技站、农业技术传媒、农业基础设施等)在多数发展中国家并不具备。因此，发展中国家克服技术停滞只能另辟蹊径，摒弃以资本投入代替劳动的老路，以适应国情。

(二)制度因素对农业的束缚很大

制度因素中首先是土地制度(将在本章第三节叙述)。土地所有制和土地占有关系是指人们拥有土地的方式和在不进行土地耕种时如何对土地进行处置。土地所有制不仅是生产制度的组成部分，也是农村生活中全部政治、经济和社会组织的基本特征。

除了土地所有制外，发展中国家的农业发展大多还受以下一些制度因素的制约：第一，价格制度。在为完成工业化所需经过的原始积累阶段，多数发展中国家人为地扩大了工农产品的“剪刀差”。第二，投资信贷倾斜。多数发展中国家存在着倾向工业化、城市化，重视发展工业，轻视农业和农村的情况。第三，教育和科研的目标、层次与实际需要有较大距离。教育的结果是使农村的人口脱离农业，科研成果无法在农村推广。第四，收入不平等。农民往往处于收入最少的底层，收入分配有严重的城市化“偏好”，这造成农村人口大量从农村流向城市，而脱离农村流入城市的人口大多是农业所必需的具有一定文化水平的青、壮年劳动力。

(三)发展中国家与发达国家的国情不同

由于发展中国家与发达国家的国情不同，因此，在发展农业的道路上，发展中国家所追求的目标与所采取的方法也必然与发达国家有根本的区别。从发达国家看，农业的目的是利润最大化，且农业从属于工业，在整个国民经济中所占的比重很小。从发展中国家看，农业目前只能追求产量最大化，以解决本国人民的温饱问题。

二、农业的发展阶段与发展道路

任何一个国家农业的发展都要经过从数量上保证人们生存需要的最初阶段，继而通过商品经济的桥梁进入农业结构的转移，最终进入农业现代化阶段。发展中国家农业的发展可以用自然农业向商业化农业的转型来概括，它包括三个阶段：

(一)自给自足的传统农业阶段

在这一阶段中，农民利用简陋的劳动工具，从事一两种主要农作物的生产，生产目的是维持自身的生存。这种农业生产的产量和劳动生产率低下，土地和劳动是主要的生产要素投入，资本投入极少。环境的严峻，技术上的局限，制度上的僵化以及农村地区由于交通、通信的不发达所造成的封闭状态，都在阻碍生产力的提高。由于生产力低下，农民对自然环境的变化基本上无能为力。因此，这种生产存在着极大的不确定性和风险，一旦降雨量不足，虫灾、风灾等自然灾害出现，或是土地在高利贷的盘剥中被兼并或被国家征用，农民的生存就成了问题。在风险和不确定性都很大的情况下，农民不会冒险去采用和推广先进的生产技术以取得收入最大化，这时，他们行动的目的不如说是维持生存的最大可能性。一些人把农民对科学技术的这种态度称为保守、反对改革或无知，实在是一种误解。

（二）多种经营阶段

这一阶段是向专业化农业过渡的阶段，是小农经济发展的最重要的阶段。在这一阶段中，农民生产的产品一部分供自己直接消费，一部分供市场销售。农民生产的已不仅是一两种主要农作物，他们开始生产水果、蔬菜以及其他经济作物。在开始时，生产经济作物可能只是利用暂时闲置的土地和剩余劳力的一种调剂，因而只是在种植主要农作物之外的小规模生产。这样，农民就在保障了主要农作物产量的同时，能向市场提供一些多余产品，取得收入，提高家庭消费水平或进一步向农业投入。所以，混合多种经营的发展减少了经营主要农作物的风险，同时又增加了农民的收入。更重要的是，混合多种经营的发展提高了农民的商品经济意识，为他们向现代化、专业化农业迈进起到了积极的推动作用。

多种经营能否顺利发展，不仅取决于是否存在可供利用的生产技术和农民的生产能力，而且取决于是否为农民提供有利的社会制度条件和经济条件。特别是如果农民能通过可靠途径获得贷款，能够得到种植和栽培经济作物所需的技术、化肥、农药等，并能从中受益的话，一定会抓住经济机会，勇敢面对变革。

（三）农业现代化阶段

农业现代化是指传统农业转变为现代农业的过程，也就是农业发展的过程。具体地说，就是用现代科学技术和现代工业来为农业提供生产的技术手段和物质手段，用现代经济管理方法为农业生产提供组织管理手段，把封闭的、自给自足的、停滞的农业转变为开放的、市场化的、不断增长的农业。与传统农业相比，现代农业增长迅速，生产率不断提高。现代农业增长的源泉不是传统生产要素即土地和劳动的增加，而是凝结了科技进步成果的现代投入品，如农业机械、肥料、杀虫剂、除草剂等的增加。农业现代化的内容包括：

第一，物质投入的现代化。传统农业的物质投入是手工工具、人畜力和自然肥料。现代农业则采用各种机械化的生产工具，以石油和电能为主要动力，并广泛采用各种化学肥料和农药，其大量的物质投入由工业部门提供。

第二，生产技术的现代化。传统农业采用的生产技术主要来自农民的直接经验和代代相传，长期停滞不变。现代农业则采用现代科学技术，技术进步迅速。

第三，生产的专业化、社会化和区域化。现代农业打破了传统农业自给自足的封闭式循环，实行专业化、社会化和区域化的生产。农业生产结构也发生了深刻的变化，种植业、林业、畜牧业、副业、渔业全面发展，农、工、贸密切结合，农业的商品化程度大大提高。

第四，生产组织管理方式的现代化。现代农业不仅采用工业化的技术装备，而且可以采用工业化的生产组织管理方式建立以利润最大化为目标的企业，在固定的生产车间（温室）、产品加工车间进行生产，每个生产单元都有生产计划、生产工艺、生产和产品技术标准，按工业化作业流程组织生产，并实行工业化的企业管理制度。

第五，农民生活方式的现代化。现代农业中农民的生产方式将发生巨大改变，收入水平也将有显著提高，生活方式也将发生质的变化。

在这一阶段中，农民逐步完成了从多种经营农业向现代化、专业化农业的转化。这时，农民向市场出售的已不是剩余农产品，他们的全部经营目的逐渐转变为通过对土地的经营使每亩土地的利润最大化。农民的行为方式本质上已经与在工业中进行经营的厂商完全相同。生产完全是为了满足市场需要，成本、价格等经济概念贯穿经营过程；生产要素的使用不仅限于土地和劳动，资本的形成、技术的创新、研究与开发在经营中占有重要地位。

三、发展中国家的技术进步

技术是推动经济发展的最重要的因素之一。随着世界经济全球化、一体化的发展，工业化进程的加快，技术进步在各国经济发展中发挥着越来越重要的作用，不仅成为发达国家经济发展的主要源泉，也成为发展中国家经济发展的重要动力。因此，研究技术进步的本质和规律，分析技术进步推动经济发展的内在机制，探讨适合发展中国家技术进步的战略选择成为发展经济学的重要内容。

（一）技术进步的含义

国际工业产权组织认为："技术是指制造一种产品或提供一项服务的系统的知识。"技术有三个显著特征：第一，无形性。技术是一种看不见、摸不着的知识，只能靠理解去把握。它既包括工程意义上的依赖于自然科学知识、原理和经验的"硬技术"，也包括管理科学、管理技术、决策方法等以自然科学与社会科学相交叉的学科为基础的"软技术"。第二，系统性。零星的技术知识不能称之为技术。只有关于产品的生产原理、设计，生产操作，设备安装、调试，管理、销售等各个环节的知识、经验和技艺的综合，才能称之为技术。第三，商品属性。技术是无形的特殊商品。正因为技术不仅有使用价值，而且也有交换价值，所以它才能充当技术贸易的交易标的。人们经常把科学和技术相提并论，其实两者是有区别的。科学属于认识世界的范畴，技术则是改造世界的手段。技术经常走在科学前面——人们常常知道怎样做最有效率，但还没有掌握为何这样做的原理，早期的手工业技术几乎全都属于这种类型。不过，现代技术越来越多地建立在科学的基础上，而且主要不再依靠面对面的经验传授，而是通过信息载体向被授权者传播。

技术进步泛指技术的各个构成因素及其结合方式的变化。技术进步能够导致生产能力的提高。技术进步包括两层含义：技术革新和技术革命。技术革新是指对原有技术和技术体系的渐进性改革、创新。当技术革新和科学研究的成果积累到一定程度，就会导致技术和技术体系发生飞跃性的变革，这种质的飞跃性变革就是技术革命。18世纪后期以来，人类社会已经经历了三次大规模的技术革命。技术进步能够引起生产要素，特别是劳动工具、机器设备、工艺等产生质的变化，提高各种生产要素的使用效率，改善生产的组织形式和方式，甚至导致社会性的革命。

（二）技术进步的类型

技术进步引起生产要素的变化。根据技术进步对资本和劳动等投入要素影响程度的不同，技术进步可分为三大类：劳动节约型或资本使用型、资本节约型或劳动使用型和中性型。不同的划分标准下各类型的定义也有差异。影响较大的有希克斯分类、哈罗德分类和索洛分类。

(三)技术进步的过程

1922年,著名经济学家熊彼特在其代表作《经济发展理论》中,认为技术进步包括技术发明、技术创新和技术扩散三个相互关联的环节。经合组织在1988年的《科技政策概要》中也指出,技术进步是一个包括发明、创新和扩散三要素相互重叠、相互作用的综合过程。因此,可以把技术进步过程理解为研究与开发、技术创新及技术扩散三个环节。

1. 研究与开发

联合国教科文组织将研究与开发定义为增加知识总量以及运用这些知识去创造新的应用而进行的系统的创造性工作,是技术进步的源泉,可以进一步分为基础研究、应用研究和实验开发三种类型或三个阶段。基础研究是指为获得关于现象和可观察事实的变化发展规律而进行的理论性或实验性工作。基础研究成果是技术进步的前提和基本,但在当时和可预见的将来往往不具有直接的应用价值或经济价值;然而,一旦发现并实现其潜在的实用价值和经济价值,往往就会产生深刻而全面的技术变革,导致划时代的技术进步。应用研究是指为探索科学原理在特定技术领域的应用,发现新的技术原理而进行的研究工作,它主要是对特定技术规律的认识和对技术开发进行理论指导。实验开发则是利用从研究过程中取得的新的技术原理和实际经验知识,为生产新材料、新产品和新设备或建立新的工艺、系统和服务而进行的系统性工作。

2. 技术创新

熊彼特于1912年在《经济发展理论》中认为,技术创新是发明在生产上的应用,是企业家对生产要素与生产条件的“新组合”。美国经济学家曼斯菲尔德(E. M. Mansfield)认为,当一项发明被首次应用时可以称之为技术创新。技术创新依据社会需求把技术发明应用于生产,把新知识转化为物质产品,把潜在的生产力转变为现实的生产力,实现了技术知识与经济的结合。根据创新形式的不同,技术创新可分为产品创新和过程创新。产品创新是指产品在技术上有变化;过程创新是产品在生产技术上的变革,包括新工艺、新设备和新的组织管理方式。根据创新中技术变化程度的不同,技术创新又可分为渐进性创新和根本性创新。

3. 技术扩散

技术扩散是指新的技术和知识通过一定的渠道向潜在的采用者转移并广泛应用的过程。技术扩散从转让方看,是技术转让;从采用方看,是技术引进和创新模仿。技术扩散实现了新技术的量的扩张。在技术扩散过程中包含着为适应各种具体条件而进行的技术创新。随着技术扩散过程的展开,新技术为更多的企业所采用,技术进步对经济增长和经济发展的促进作用才得以真正地发挥。因此,技术进步的力量不仅取决于研究与开发、技术创新的数量与质量,更取决于技术扩散的速度与范围。

发展中国家的技术基础薄弱,研究与开发能力较差,在经济发展过程中,没有能力也没有必要一切从头开始、完全自主开发和自主创新。在可能的情况下,积极引进国外先进而适用的技术,实施创新模仿,是发展中国家实现技术进步的一条快捷、有效的途径。

(四)技术进步在经济发展中的作用

一般而言,经济增长有两个根本途径或方式:一是增加生产要素的投入,称为粗放型或外延型经济增长方式;二是依靠技术进步,提高全要素生产率,称为集约型或内涵型经济增长方式。早期的发展经济学家认为,生产要素投入的增长,特别是资本积累的增长,是经济增长的主要源泉。因此,他们把资本积累或资本形成看作是经济增长的决定因素,其经济发展理论具有明显的“唯资本论”倾向。这种倾向的一个重要理论依据便是哈罗德—多马模型。1956年,美国经济学家索洛在不考虑技术进步的前提下，对哈罗德—多马模型进行了修正，提出新古典增长模型。该理论模型认为，在没有技术进步的条件下，给定储蓄率和人口增长率，经济体的人均资本积累和人均产出将趋于长期均衡点，而一旦达到长期均衡点，更进一步的资本积累就会停止，因而人均收入增长也会停止，也即经济停止。若储蓄率提高，虽然能使长期均衡收入提高，并且在向新的长期均衡点的运行过程中经济增长速度增加，但是，一旦达到新的均衡点，增长又会停止，要想再提高经济增长速度，除非更进一步地提高储蓄率。储蓄率不可能无限制地提高。因此，仅仅依靠资本投入而无技术进步，不可能维持长期的经济增长。单纯依靠增加生产要素投入的外延式扩大再生产迟早会受资源稀缺的约束而停滞下来，而且市场竞争也必将使这种经济增长方式在资源耗竭之前就早早地失去活力。

在既定的技术条件和知识水平下，随着有利的投资项目不断减少，投资的收益也会相应下降，因而资本的投资收益是递减的。资本边际收益递减使得即使在资本投资增加的情况下，总产出也会相对地减少，从而导致资本的平均效率及资本的生产率递减。也就是说，没有技术进步，资本的规模收益递减。资本的规模收益递减且其他要素不变时，不断增加的投资会用完所有的投资机会，自此投资将不会再增加经济产出总量，因而经济增长停止。

20 世纪 50 年代以来，一些经济学家利用世界各国的统计资料，从数量上测算了技术进步对经济增长的贡献。丹尼森研究 1929～1969 年美国国民收入的增长情况。这 40 年间，美国国民收入的年均增长率为 3.41%，其中，来自生产要素投入的部分为 1.82%，余下的部分则来自全要素生产率的提高，包括规模经济（0.36%）、知识进展（0.93%）和资源配置的改进（0.3%）。进一步的分析表明，1929～1948 年，美国的国民收入年均增长率为 2.75%，1948～1969 年，美国的国民收入年均增长率为 4.02%，后一个时期的经济增长快于前一个时期，而且全要素生产率对经济增长的贡献由 45.5%提高到 47.5%。在全要素生产率中，知识进展的贡献最大，占全要素生产率对国民收入贡献的 62.6%。可见，知识进展对经济增长的贡献十分显著，而且其作用呈现出上升趋势。库兹涅茨分析了 7 个较发达国家从 19 世纪下半叶到 20 世纪上半叶的统计资料，得出的结论是：要素总投入在国民收入增长中的贡献率下降，而要素生产率在国民收入增长中的贡献则上升。根据库兹涅茨的计算，发达国家人均收入的增加中有 50%～70%应归因于技术进步带来的要素生产率的提高。

可见，技术进步在经济增长中具有关键作用。不仅如此，技术进步还能促进产业结构和经济结构的变迁，并改变人们的文化观念、工作方式、生活方式、组织形式和管理方式，使人们的思想观念现代化，推动社会的发展。

（五）技术进步对发展中国家的意义

发展中国家的生产效率比较低下，一个重要原因就是没有掌握先进的生产技术。技术是否先进对于企业的生产和国民经济的增长都至关重要。

第一，技术进步极大地提高生产率。技术进步，不断采用更为先进的机器设备，劳动生产率迅速提高，单位劳动时间内所创造的价值或财富大幅度增长。随着电子技术与机械技术的紧密结合，自动化生产越来越普遍，经济增长越来越迅速。技术对于经济增长的贡献率逐渐超过了劳动和资本。

第二，技术进步可以提高市场竞争力。技术进步能够不断提高产品质量，降低生产成本。价廉物美的商品是消费者所喜爱的，谁的产品价廉物美，谁就会得到消费者的青睐，扩大市场占有率。

第三，技术进步能充分利用自然资源。各种矿产、水利、土壤等不可再生的自然资源越来越稀缺，不少可以再生的生物资源濒临灭绝，这都是过度开发和使用、经济粗放式增长导致的。技术进步能够提高资源的利用效率，并不断寻找替代资源。

第四，技术进步能降低劳动强度。机器设备的大量使用使劳动者的劳动强度大幅度降低，劳动者能够更加愉悦地参与劳动，提高了生产积极性；对于简单劳动的需求减少，对于复杂劳动的需求相应增加，还可以不断刺激劳动者提高自身素质。

（六）推进农业科技进步

从长远看，要实现农业的可持续发展，必须依靠农业科技进步。只有依靠科技进步，才能在保证粮食产量的同时较好地保护生态环境，提高农民的收入水平，实现农业的经济效益、生态效益和社会效益的统筹兼顾。保护生态环境的农业科学技术主要包括以下内容：第一，发展中国家的一般土地资源有限且农业生产规模小，为此需推广多熟种植技术，即一年内在同一块土地上种植两种或几种农作物。在强化种植的同时应注意对土壤有机肥料和无机肥料的双重投入，改善土壤的肥力条件。第二，为了减少农药的使用量，应采用轮作、害虫预测预报、气象卫星探测、播种期调节和害虫生物防治等方法进行综合防治。第三，为了保持农业的长期生产能力，应采取防治土壤侵蚀的综合措施，除了通过植树、种草来提高植被覆盖率以外，还应采用保护耕作的技术，并修建农田水土保持系统。第四，为了增强动植物健康，提高其抗病虫能力和营养效率，应加强遗传农业的可持续发展，还应利用科学技术提高农产品的市场竞争力和农民的收入水平。发达国家十分重视农作物的品质育种，正在利用常规育种手段和农用生物技术，不断培育优质的农作物良种。某些发展中国家也利用先进的农业科学技术，成功地培育出一些优质农产品，例如泰国二号大米、中南美洲香蕉、印度茶叶、马来西亚天然橡胶、阿根廷牛肉等，在国际市场上享有较高的信誉，具有较强的竞争力，在出口创汇的同时，也有效地提高了农民的收入。

第三节　政府在农业发展中的作用

在广大发展中国家，农业现代化主要应当完成以下任务：(1)农业总产量和农业劳动生产率在技术进步的基础上获得大幅度增长，成为经济发展的动力之一，同时，可以提供充足的剩余农产品以支持不断发展的城市和工业；(2)逐步将生产率低下的传统农业改造成现代化的高效率生产部门，完成农业从追求产量最大化向追求利润最大化的转变；(3)在农业发展的基础上改善农村生活，发展教育、医疗、卫生保健事业，发展道路、交通、通信事业，使整个农村发展起来。

既然大多数第三世界国家的农业目前仍处在第二个阶段(多种经营阶段)，那么，政府对农业的作用是要提高收入、产量和劳动生产率。农业生产率的提高取决于各种自然的、经济的、技术的、制度的、社会的以及政治因素的相互作用，农业发展是一个漫长而艰难的过程。要实现农业现代化，首先需要引入新的现代农业生产要素，对传统农业进行改造，打破这种长期停滞的均衡状态，这实际上就是进行制度创新和技术创新。

一、土地制度和土地改革

在发展中国家存在着多种多样的土地所有制，归纳起来主要有以下三种形式：

（一）庄园制

这种土地所有制在拉美的一些国家普遍存在。这种制度极不平等。据联合国粮农组织统计，在拉美，1.3%的土地所有者(庄园主)却占有71.6%的耕地。庄园制的特点是：庄园既是一个大地产，又是一个大农场，但庄园主并不直接管理农场，而是把庄园的管理委托给雇来的代理人，一般称为管家。庄园上的劳动者包括庄园主的佃农、外来无地定居者和朝不保夕的小农。庄园的耕作方式因地多人少而往往是粗放型的。庄园制带有农奴制的色彩。庄园制对农业劳动者来说是没有激励的，他们的努力程度与所得没有多大关系。因此，农业劳动者缺乏内在动力，劳动积极性很低。

(二)种植园制

这是一种带有殖民地性质的土地所有制形式。与庄园制一样，它既是大地产，也是大农场，但一般为外国资本所有，由外国专家管理。农业劳动由雇佣的工人进行，一般生产一种或几种经济作物，如橡胶、可可、咖啡、蔗糖或棉花等，农产品通常销往国外。与大庄园制一样，这种土地占有制同样缺乏激励。此外，由于农业生产的特殊性，监督成本极高，不可能实行完全的监督。因此，在种植园制下，农业生产潜力由于劳动者缺乏刺激而不可能充分发挥出来。种植园制在亚、非、拉各国特别是热带国家广泛存在。政治独立后的一些发展中国家如阿尔及利亚等没收外国资本后，有些种植园被收为国有，改为国营农场。

(三)租佃制

这种土地所有制形式在亚洲比较流行，它的特点是：土地的所有权与使用权分离，地主占有大量土地，但他们自己并不直接经营，而是把土地分成若干块出租给无地或少地的农民耕种，这种租地农民被叫做佃农。佃农按照事先签订的契约向地主缴纳一定数量的货币地租或实物地租。固定地租是指在租种的耕地上收获的农产品在地主与佃农之间根据签订的契约分成。这种租约形式使得地主和佃农的所得取决于收成的好坏。租佃制一般经营规模较小，属于劳动和土地集约型。

土地改革具有两种含义：一是指土地所有权的重新分配，二是指土地租佃权的变革。土地所有权的重新分配有两种形式：(1)土地有偿转移。政府通过一项法令，规定每个人能够拥有土地面积的最高限额，地主必须按照规定的价格出售超过限额的所有土地，或者规定只有耕者能有其田，其他人必须全部出售他们占有的土地。可以看出，这种改革方式使失去土地的地主能够得到全部或部分的补偿。(2)土地无偿转移。政府通过改革法令，把地主、庄园主和种植园主占有的土地全部转移给佃农或农工，而不给他们以物资或货币的补偿，这是土地改革中最激进的形式。

土地租佃权变革的主要形式是地租契约改革。这种改革只涉及租佃契约的法律规定，而不涉及土地所有权的重新分配。法律规定租佃契约签订的最低期限，例如不低于20年。在契约年限内，地主不得擅自毁约。这样，地主就不敢驱赶佃农和提高地租，佃农的生产利益可资的剩余就会增加，从而可提高采用新技术的意愿和能力。

土地改革除了促进农业新技术的采用和农业生产率的提高之外，还可推动财富平等分配；同时，在改善农村的贫困状况和增加农村就业两个方面也发挥了极其有益的作用。总之，土地改革具有很好的经济发展效果。

二、政府的农业政策

农业发展政策是国家各级政府为了促进农业发展，保证发展目标的顺利实现而制定的措施和策略。农业政策如何，关系到农业是不是稳定；而农业是不是稳定，则关系到整个国民经济能否健康、稳定地发展。国家实行的农业政策主要包括农业财政政策、农业信贷政策、农产品价格政策、农业科技教育政策等。这些政策往往相互结合、相互联系。如农业投资政策不仅需要财政的支持，而且要有一定的农业信贷政策相配合。同样，投资政策和信贷政策与科技政策也紧密联系，国家为了推广农业科学技术需要进行一定的投资和信贷扶持；为了稳定农产品价格，也需要投资政策和信贷政策的积极配合。

(一)农业财政政策

农业财政政策是指国家对水利工程、大规模造林、草原建设、农业科研和技术推广、文农、扶贫、农村优抚救济等方面的投资、扶持措施。

农业财政政策对于发展中国家的农村发展起着重要作用。首先，发展中国家的农业发展水平落后，低收入的农民没有进行较大规模农业工程建设的能力，而收入较高的地主阶级则将其大部分收入用于挥霍浪费。农业生产经营的分散性(生产资料、财力、劳动力的分散)和土地的分割性，使任何较大规模的农业建设工程难以通过个体的力量进行，就算在社会主义国家也不例外。在这种情况下，只有通过国家的财政投资，并由国家出面组织，才有可能进行较大规模的农田、水利、草原等建设工程。其次，由于农业科研投入大，又具有很强的正外部性，因此，在农业科研和技术推广方面，农民既无此财力也无此能力，只有通过国家财力的支持和帮助，建立国家农业科研和技术推广机构，才能有效地促进农业的技术进步。再次，发展中国家在工业化过程中往往采取剥夺农业的“价格剪刀差”政策，从而制约了农村发展的潜力。为了弥补这种不合理的价格政策后果，国家必须在财政上给予农业发展以积极的支持。最后，由于发展中国家社会经济制度上的原因，其乡村收入分配两极化有不断扩大的趋势。一部分农民的生活往往处于贫困线之下，如果国家不给予救济和扶持，这部分农民甚至不能维持起码的温饱，可能会产生严重的社会政治问题。

(二)农业信贷政策

发展中国家的农业信贷政策主要是发展和完善农村金融组织机构，制定合理的利率；同时，应引导民间资金市场的发育。农业信贷政策对于发展中国家的农村发展有着十分重要的作用：第一，完善和较发达的农村金融机构可以将分散于民间的大量储蓄转化为投资，促进资源更合理地分配。第二，实施有效的金融政策需要一个有效的农村资金市场。如果大部分农业经济都独立于有组织的金融体系之外，那么金融政策不可能是成功的。第三，发展中国家的农村金融市场是二元结构的，现代金融部门和传统金融部门并存。如果现代金融部门不够完善和发达，传统金融部门必然占据资金市场的统治地位，由于其利率很高，造成借贷者的资金成本很高，生产风险加大，不利于农业的发展，而且，传统金融部门的贷款规模有限，也不可能提供大规模农业建设工程所需要的资金。这些缺陷都必须由现代金融部门的信贷政策予以弥补。第四，农业信贷政策的完善也有助于发展中国家民间资金市场的发育。

(三)农产品价格政策

农业发展政策中最重要的是农产品价格政策。研究表明，发展中国家农产品交换价格的不合理是导致资源配置状况不利于农业发展的最重要的因素。而农产品本身的特点决定了其产量和价格的周期性剧烈波动也是制约农业发展的重要因素。因此，发展中国家要有效地利用市场机制促进农业发展，必须首先解除对农产品价格的行政管制，同时，采取措施保证农产品价格和供给量的稳定。农产品市场的竞争结构本身对于农民是不利的。由于农业生产者的数量大大超过市场中商人的数量，结果单个生产者的讨价还价能力很弱。在由国家控制农产品价格的情况下，农产品市场就形成买方独家垄断。此时，农民不得不按照购买者提出的价格出售。农业经济的发展状况使政府面临相互矛盾的困境：一方面，农业生产的基础地位使政策必须给农民较大的刺激，使其为市场生产更多的农产品；另一方面，政府为实现工业化，必须加速资源向其他非农经济部门转移。这两个相互冲突的目标使政府不得不面临对立的调节措施的选择。发展中国家的政府为了得到工业化的资源和降低工业发展成本，往往采取不利于农业部门的价格管制政策。如果国家不在其他方面采取促进农业产量的措施，无疑将严重地打击农民生产的积极性。但是解除价格管制又无疑将严重地阻碍工业部门和其他经济部门的发展。因此，对于发展中国家来说，没有两全其美的农业政策。农业政策的关键是绝对不应牺牲农业以致动摇农业的基础地位。因此，工、农业产品的定价不应存在过分的差距，应严格控制这种差距的扩大趋势；同时，政府应采取一系列行政、经济手段，尽量弥补价格政策造成的消极影响。

（四）科技教育政策

科技教育对于农业的长期发展是非常重要的。这是因为，科技教育不但可以提高农民的科学技术水平，而且有助于培养农民的现代商品经济观念和社会生活观念，使农民有可能以自觉、积极的行动成为农业创新主体，使用先进的农业技术和化学肥料、药剂，采用改良后的农产品良种。农业科技教育政策的具体措施包括加强农业科研教育投资，实施农业振兴计划，加强农村扫盲与职业教育工作，推广先进的农业生产技术等。

（五）可持续发展的农业政策

农业可持续发展的支柱是科技进步。发展中国家的农业科技政策主要应着力解决三个问题：第一，农业科学技术研究与经济效益相结合的问题。各国都有独特的资源、气候、地理和经济条件，一国内部不同地区的具体情况也不相同。政府应鼓励农业科研机构根据各地区的特点，研究、开发适用于不同地区的、经济效益好的农业技术。第二，农业技术的推广和实施问题。农业具有地域和生产上的分散性，要实现农业的可持续发展，必须有一个强大的技术推广体系，把研究出的新技术、新方法有效地转移到生产者手中。第三，农业科技研究与推广的资金支持问题。前者主要依靠公共投资；对后者，主要应促进农村金融体系的发展，通过国家财政和农民储蓄两个渠道筹集资金，向农民提供优惠贷款，鼓励农民扩大农业投资，促进新技术的推广。

（六）制定全面的农村经济社会发展目标

发展中国家的农业转型不仅包括农业产量的增长，还应包括更广泛的农村经济社会发展目标。发展中国家的大多数人口居住在农村，贫困人口也大多集中在农村。在大多数发展中国家，城乡之间的对立与差别严重存在。城乡差别的重要方面之一，是城乡之间在收入和经济机会上的不平等，许多农村地区缺乏基本的、必要的生活福利设施和服务。从长远来看，应不断缩小城乡之间在收入和经济机会上的不平等状况，促进农村部门自身的维持和改造能力的发展。要通过发展工副业生产创造更多的就业机会，增加在教育、卫生保健、住房及其他社会福利事业方面的服务，提高农村进行农业生产劳动和非农业生产劳动人口的实际收入水平和各种社会福利水平，从而进一步促进农业和农村地区的发展。只有农业和农村发展了，发展中国家才能取得真正意义上的全面发展。

第四节 中国农业的现代化道路

一、中国农业现代化的巨大成就

（一）农业综合生产能力显著提高，主要农产品由长期短缺转向总量平衡、年年有余

新中国成立初期，农业基础极其薄弱，生产力极不发达。经过60多年的发展，农业生产持

续增长，主要农产品产量和人均占有量大幅提高，中国依靠自己的力量稳定解决了13亿人口的吃饭问题。目前，中国粮食、油料、蔬菜、水果、肉类、禽蛋和水产品等产量连续多年居世界第一，也为世界粮食安全作出了重要贡献。

(二)农村经济结构不断优化，农村经济由以农业为主转向农业与非农产业协调发展

过去中国的农业生产以粮食为主，生产结构比较单一，农村经济以第一产业为主，结构严重失衡。随着农业、农村经济结构战略性调整的不断深入，农、林、牧、渔的全面发展，主要农产品的品种结构和区域布局不断优化，农村第二、第三产业日渐繁荣，乡镇企业异军突起，农民非农就业比重迅速提高，农民工成为产业工人的重要组成部分。

(三)农村改革不断深化，农业发展的体制、机制由计划经济转向市场经济

新中国成立后，农村土地改革和社会主义改造使中国农民实现了长久以来的“耕者有其田”的梦想。发端于农村的改革，确立了以家庭承包经营为基础、统分结合的双层经营体制，亿万农民成为生产的主人和市场的主体。农产品市场全面放开，建立起以市场为导向的农产品流通体制。2006年全面取消农业税，并对农民实行直接补贴，初步建立起与中国生产力发展水平和社会主义市场经济体制相适应的农业支持保护政策体系。

(四)农民收入稳步提高，农民生活由温饱不足到总体小康并向全面小康迈进

改革开放使农民收入从长期停滞不前发展为持续、较快增长。1978～2008年，农民人均纯收入由134元提高到4 761元，平均每年实际增长7.1%。农村消费大幅提升，农民生活明显改善，农村居民的恩格尔系数从67.7%下降到43.7%，下降了24个百分点。农村贫困人口大幅减少，按新调整后的全国标准1 196元计算，需要扶持的贫困人口还有4 007万人。

(五)城乡统筹步伐进一步加快，农村基础设施和社会事业由长期滞后转向加速发展

公共财政覆盖农村的范围不断扩大，农村的道路交通、电力通信、安全饮水、清洁能源等公共基础设施明显改善。农村文化教育、医疗卫生、社会保障等社会事业加速发展，农民的科学文化素质显著提高，农村社会保持稳定、和谐。

到2008年，中国粮食生产已实现连续五年增产，农民收入已实现连续五年较快增长。特别是2009年以来，中国政府努力克服国际金融危机和历史罕见特大旱情等不利影响，采取了一系列强有力的政策措施，夏季粮油再获丰收，农业各业平稳发展，农民收入继续增长，农村改革稳步推进，农业、农村经济总体保持良好发展势头，为中国保增长、保民生、保稳定的大局提供了重要支撑。

二、中国特色农业现代化的特征

(一)中国人多地少、人均资源紧缺，必须加强农业基础建设，促进农产品的有效供给

中国最大的国情是人多地少，水资源紧缺，环境承载能力较弱，同时，人增地减，农产品消费需求刚性增长。中国的人均耕地面积仅为世界平均水平的40%，人均水资源仅为世界平均水平的28%，农业每年缺水约300亿立方米。这是中国发展现代农业的现实条件和最大制约因素。在我们这样一个人口大国和人均资源紧缺的国家，推进农业现代化必须切实加强农业基础，始终坚持立足国内实现粮食等主要农产品基本自给的方针，提高农业综合生产能力，保障农产品的有效供给。

(二)中国农户规模小、经营分散，必须稳定和完善农村基本经营制度，推动农业经营方式创新，不断满足农业生产力发展的新要求

目前，中国有2亿多农户，户均土地经营规模约7亩，仅相当于美国的1/400左右。受资

源条件的制约，中国不可能靠大规模土地集中来实现现代化，小规模经营的状况将持续相当长的时间。推进农业现代化，必须始终坚持以家庭承包经营为基础、统分结合的双层经营体制不动摇，这是走中国特色农业现代化道路的制度基础。现有土地承包关系要保持稳定并长久不变；同时，要加快推进农业经营体制、机制创新，不断解放和发展农村生产力。

（三）中国农业的生产力水平低、生产方式较为粗放，必须加快推进农业科技进步，转变农业发展方式，提高农业、农村经济发展的质量

中国农业的物质装备落后，科技水平不高，经营方式比较粗放，农业科技贡献率为49%左右，而发达国家一般为70%～80%。中国农业的潜力在科技、出路在科技，必须加快农业科技进步，提高农业的物质装备水平，培育有文化、懂技术、会经营的新型农民，加快农业发展方式转变，提高农业、农村经济发展的质量。

（四）中国的农业效益低，必须稳定、完善、强化强农、惠农政策，着力构建农业支持、保护体系

在中国，农业劳动生产率只相当于第二产业的1/8、第三产业的1/4左右。推进农业现代化，必须坚持工业反哺农业、城市支持农村和多予少取的方针，稳定、完善、强化强农、惠农政策，建立完善的农业支持、保护体系，调动农民务农、种粮的积极性，构建支持农业发展、促进农民增收的长效机制。

（五）中国破解城乡二元体制的任务艰巨，必须统筹城乡经济社会发展，努力形成城乡发展一体化新格局

中国城乡分割的格局尚未打破，制约农业、农村发展的体制性障碍尚未消除，农村发展滞后的局面尚未根本改变。推进农业现代化，必须按照统筹城乡发展的要求，调整国民收入的分配结构，加快改革步伐，加快形成城乡发展规划、产业布局、基础设施、公共服务、劳动就业和社会管理一体化的新格局。

（六）中国的农产品市场与国际融合日益加深，必须扩大农业的对外开放，提高利用两种资源、两个市场的能力，保障国内产业和供给安全

中国已成为世界第四大农产品进口国、第五大农产品出口国，随着经济全球化进程的加快，中国农业与世界农业的联系日益密切，农业发展面临的内外环境日趋复杂。推进农业现代化必须进一步扩大农业的对外开放，充分利用两种资源、两个市场，努力搞好进出口余缺调剂，有效保护国内产业安全和农民利益，增强农业的国际竞争力。

（七）中国农村地域广、农业发展不平衡，必须因地制宜、循序渐进，积极探索发展现代农业的多元模式

中国各地的自然条件、资源禀赋、发展程度、文化习俗各不相同，农业发展呈现出多层次性和不平衡性。推进农业现代化，必须遵循自然规律和经济社会发展规律，立足各地实际，探索各具特色的农业发展模式。一些地区如大城市郊区、沿海发达地区、国有农场，一些行业如畜牧业、水产业完全可以也应该走在前列。

三、在工业化、城镇化进程中统筹推进农业现代化

中国总体上已到了“以工促农、以城带乡”的发展阶段，正在走中国特色新型工业化道路、中国特色城镇化道路和中国特色农业现代化道路，必须统筹工业化、城镇化、农业现代化建设。工业化、城镇化、农业现代化是当代中国现代化的大趋势，三者相互促进、相辅相成。发展工业化、城镇化可以有力地带动农业现代化，发展农业现代化又能为工业化、城镇化提供有力

的支撑。

当前，中国工业化在加速发展，城镇化水平在快速提高，但农业还比较薄弱，我们必须按照统筹城乡发展的要求，在工业化、城镇化进程中统筹推进农业现代化。统筹工业化、城镇化、农业现代化建设，核心是坚持"以工促农、以城带乡"，关键是调整国民收入分配关系，投入的重点向农业、农村倾斜，要防止在工业化、城镇化过程中忽视农业现代化，出现"非农化"和"非粮化"。没有农业现代化，工业化、城镇化就没有基础，就会失去支撑。这一点对中国这样一个有13亿人口的大国尤为重要。

发展工业化要充分发挥工业对农村劳动力非农就业、农村第二、第三产业发展和农业物质装备水平提高等方面的带动、促进作用，在工业化进程中加快农村劳动力转移就业，促进农村劳动力分工、分业，形成农村劳动力异地就业、本地就业和回乡创业相结合的有序转移局面。发展城镇化要推动大中小城市和小城镇协调发展，城镇化与新农村建设相互促进，把中小城市、县城、中心集镇作为农民就业、定居的重点，充分发挥城镇化对繁荣农村经济、促进农民向市民转变和加强农村公共事业等方面的辐射、带动作用。发展农业现代化要跳出农业看农业，借助工业化、城镇化的力量，用工业化成果武装农业，用城镇化文明改造农村，加强农业薄弱环节，改善农民生产、生活条件，全面提高农业现代化水平。

四、现代农业体系支撑中国特色现代农业道路

发展现代农业，关键是加快构建现代农业体系，从各个方面为发展中国特色农业现代化提供有力支撑。

（一）建立现代农业产业技术体系

中国农业发展的根本出路在科技。建立现代农业产业技术体系，就是要充分考虑中国农业的产业特点，立足产业发展进行农业科技创新，立足农民需求开展农业技术推广，强化农业科技上、中、下游之间的贯通，推动农业科研、农业教育、农技推广的紧密结合，形成大联合、大协作的新局面，探索建立务实、高效的农业科技进步模式，促进农业科技成果向现实生产力转化。

（二）建立现代农业产业工程体系

先进的设施、装备条件是农业现代化的重要基础和标志。建立现代农业产业工程体系就是以农田基础设施、种养业生产基地、农产品产地加工储藏、农产品流通、农产品生产环境保护、现代农业公共服务等领域为重点，通过工程措施强化农业基础设施和物质装备条件，提高农业土地产出率、资源利用率和劳动生产率。

（三）建立健全现代农业政策体系

加大对农业的支持、保护是世界各国的通行做法，也是中国促进农业稳定发展的重要保障。中国已初步建立强农、惠农政策体系的基本框架，还需要不断巩固、完善、强化，坚持补贴农民、投入农业、理顺价格、调控进出口的政策取向。补贴农民要加大补贴资金的规模，提高补贴标准，扩大补贴范围，完善补贴办法，调动农民的积极性。投入农业的重点是加强农业基础设施、支持保障能力和执法能力建设；同时，健全农村金融组织体系，改善农村金融服务。理顺价格要采取一系列调控措施，保持农产品价格的合理水平，合理分配农产品生产、加工、储运、销售各环节的利润。调控进出口要统筹国内外两个市场，加强农产品的进出口调控，在国际贸易中注意保护农业、农民。

(四)建立现代农业制度体系

深化农村改革是发展现代农业的强大动力。建立现代农业制度体系就是要坚持稳定和完善农村的基本经营制度,使现有土地承包关系保持稳定并长久不变。在不改变土地集体所有性质、不改变农地用途、不损害农民土地承包权益的前提下,按照依法自愿有偿的原则,引导土地承包经营权有序流转,建立健全土地流转市场,发展适度规模经营。推进农业经营体制、机制创新,支持产业化龙头企业、农民专业合作社、各类行业协会和中介服务组织开展农业社会化服务,提高农业的组织化程度。

(五)建立现代农业人才支撑体系

农业、农村人才是推动农业发展方式转变的重要支撑。建立现代农业人才支撑体系就是要实施“人才强农”战略,积极引进农业领域的海外高层次人才,依托农业重大科研和工程项目,抓好农业高层次创新型人才队伍建设,加强农村劳动力转移培训、新型农民培训和农村实用人才培养,提高农民的转移就业能力和科学种养能力,积极引导高校毕业生充实基层农技推广队伍,提高基层农技推广服务能力。

(六)建立现代农业市场体系

完善的市场体系是发展现代农业的重要保障。建立现代农业市场体系就是要努力构建开放统一、竞争有序的市场体系,加快农业信息化建设,强化市场运行监测与信息服务,增强农业防范市场风险的能力。在促进优势农产品出口的同时,切实保障满足国内的基本需求,在搞好进口余缺调剂的同时,有效保护国内产业的安全和农民利益。

本章小结

农业不仅能通过支持工业化为经济发展作出贡献,具有工具价值;而且能够直接为经济发展作出多方面的贡献,具有内在价值。从类别上划分,农业对经济发展的贡献可以具体归纳为以下四个方面:(1)产品贡献。其具体表现有食品贡献和原料贡献。(2)市场贡献。农业用于工业品的支出既包括消费品,也包括生产用品。农业部门通过向工业生产提供市场支持了经济发展,可以称作农业的市场贡献。(3)要素贡献。农业的要素贡献来自于农业资源向其他部门的转移。农业向其他部门转移的资源是资本与劳动。(4)外汇贡献。农产品的出口可以为发展中国家获得十分宝贵的外汇。传统农业是在自然经济条件下采用以人力、畜力、手工工具、铁器等为主的手工劳动方式,靠世代积累下来的传统经验发展。以自给自足的自然经济居主导地位的农业,是采用历史上沿袭下来的耕作方法和农业技术的农业。任何一个国家农业的发展,都要经过从数量上保证人们生存需要的最初阶段,继而通过商品经济的桥梁进入农业结构的转移,最终进入农业现代化阶段。技术是推动经济发展最重要的因素之一。政府在农业发展中的作用主要体现在:完成土地制度和土地改革,政府实施一系列支持农业的政策。中国的农业现代化取得了巨大成就,农业的综合生产能力显著提高,农村的经济结构不断优化,农村改革不断深化,农民收入稳步提高,农民生活由温饱不足到总体小康并向全面小康迈进。

复习思考题

1. 简述农业对经济发展的贡献。
2. 简述农业现代化的含义和内容。
3. 简述农业价格政策。
4. 如何理解技术进步的意义?
5. 如何理解政府在农业发展中的作用?

第五章

工业的发展

我们从产业的角度来比较发达国家和发展中国家的异同，就会发现，发达国家区别于发展中国家的产业根源在于发达国家建立起了强大的工业产业体系，并占据了整个世界工业体系的高端地位。工业生产自身的特性决定了工业产业的生产效率远远高于农业，这意味着高度发达的工业体系的社会财富创造能力远远高于农业，发达国家强大的工业体系的财富创造能力正是发达国家之所以发达的根本原因。建立强大的工业体系的过程就是一个国家或地区实现工业化的过程。西方先行工业化国家从18世纪中期的工业革命开始，用了大约两百年的时间先后进入了成熟的高度工业化阶段，不但建立起了强大的工业产业体系，而且整个社会的政治、经济、文化各个层面都演进到了工业社会阶段，社会高度都市化，生产高度工业化，生活高度现代化。发达国家的经验表明，工业化是推动整个国民经济从不发达到发达的重要动力。对于发展中国家来说，工业化是经济发展的必由之路。20世纪中叶以来，许多经济学家对于发展中国家的工业发展进行了深入的研究和探讨，提出了许多工业化的理论主张和政策建议，本章主要介绍发展经济学中的工业化理论。

第一节　工业化与经济发展

一、工业化的含义

工业化是经济发展的主题。当代所有经济发达国家都是高度工业化的国家，而经济不发达国家几乎都是没有完成工业化的国家。工业化是人类社会经济发展的一个必然过程，这个过程以18世纪英国的产业革命为开端。1943年，罗森斯坦·罗丹在其著名的《东欧和东南欧国家的工业化问题》一文中提出，实现工业化是经济落后国家从根本上解决贫困问题的关键。这之后，工业化被正式看作是与现代经济发展特别是发展中国家经济发展同义的一个基本概念。在国内外经济学文献中，“工业化”有各种不同的解释，大致可以分为以下两类：

一类是较窄的定义，认为工业化是指工业（特别是制造业）的发展。这一定义可见于许多有关工业化和经济发展的文献。例如，钱纳里等认为工业化就是指制造业产值份额的增加过程，工业化水平用制造业在国民收入中的份额来衡量；库兹涅茨将工业化定义为资源配置的主要领域由农业转向工业的过程，即“产品的来源和资源的去处从农业活动转向非农业生产活动”；巴格奇(A. K. Bagchi)为《新帕尔格雷夫经济学大辞典》撰写的“工业化”词条的定义是：“工业化是一个过程。下面是一种明确的工业化过程的一些基本特征。首先，一般来说，国民收入(或地区收入)中制造业活动和第三产业所占比例提高了；其次，在制造业和第三产业就业的劳动人口的比例一般也有增加的趋势。在两种比率增加的同时，除了暂时的中断以外，整个人口的人均收入也增加了。”

另一类定义较为宽泛。例如，帕提克(C. H. K. Patrick)认为，工业化是经济中各行业企业的生产组织运用技术、机械、电力来补充和代替人的劳动，其特征是专业化和劳动分工，它也是现代的、一体化的、以城市为基地建立的制造业。帕提克预见了工业化进程中“技术”、“机械”、“电力”等因素对人的劳动具有替代性，为工业化过程中失业问题的研究提供了依据。马克思认为工业革命及工业化的实质是社会生产方式的变革，主要体现在两个方面：一个是物质技术基础方面的变革，包括劳动过程中的劳动方式、工艺过程、劳动技术组织及生产资料运用的程度等内容，都发生了根本性的变化；另一个是生产的社会形式方面的变革，包括生产关系以及其他社会关系的变化。张培刚把工业化定义为“国民经济中一系列基要的生产函数(或生产要素组合方式)连续发生由低级到高级的突破性变化(或变革)的过程”。他所说的“基要生产函数”是指在整个经济发展中居于支配地位的生产函数，亦即“联系效应”很大的生产函数，它的变化能引起并决定其他生产函数的变化。这个定义所包含的内容十分广泛，因为它“不仅包括工业本身的机械化和现代化，而且也包括农业的机械化和现代化”。张培刚在作了此定义之后，接着又指出：“这种基要生产函数的变化，最好是用交通运输、动力工业、机械工业、钢铁工业部门来说明”，并且认为“基要生产函数”的变化更进一步加强了伴随现代化工厂制度、市场结构、银行制度的兴起而来的经济组织的变化。

上述各种定义说明，工业化作为人类经济社会中存在的一个宏观经济现象，人们可以从不同角度、不同层面进行研究。同时，各种定义的存在也说明，工业化是一个有着复杂而深刻内涵的综合性范畴，对其内涵的界定绝不能简单化。工业化应包括以下几层含义：

(一)工业化是产业结构转型的过程

工业化可以描述为人类社会由资本积累速度缓慢的前工业经济时代到资本快速积累和扩张的工业经济状态的转变过程。在这个过程中，工业生产力在一个国家或地区的国民经济中占主导地位，并带动农业和第三产业的发展。工业化的直接结果就是产业结构变动，农业在保持持续增长的前提下，其产值份额在国民经济中所占的比重持续下降，工业产值及其在国民经济中所占的份额高速增长；同时，农业从业人员在整个国民经济结构中所占的比重持续下降，而工业从业人员比重持续高速增长。此外，与产业结构变动相关联的贸易结构、消费结构和分配结构等都发生了质的转变。因此，工业化的基本表现就是工业产值比重和就业人口比重不断上升，农业产值、比重和就业人口比重不断下降。这是从经济层面来理解的工业化进程。

(二)工业化是社会变革的过程

工业化的实质是生产方式的变革过程，即从传统手工生产方式向大规模机器生产方式的转变过程。现实中工业化在生产方式上最鲜明的特征就是包括农业在内的各行业的机械化、自动化程度和管理水平的提高。因此，判断工业化程度不仅要看工农业产值和工农业就业人口的比重，还要看其技术水平和管理水平。例如，一个国家传统手工业在就业结构中占绝对的比重，但没有人会将其称为工业化。相反，如果在农业产业中采取现代化的生产和管理方式，我们不能否认其是工业化;尤其是在经济全球化的大背景下,那些拥有丰富农业资源的国家和地区,如果在国际分工和贸易中注重发挥农业的比较优势,农业生产中机械化、自动化的程度高,农民或农业工人的生活水平、生活质量高,不能否认这样的国家和地区的工业化程度高。

(三)工业化是文化变革的过程

机器大工业所创造的工业文明开始渗透并主导人们的社会生活,农耕文明所代表的社会生活理念和方式逐渐退出社会历史舞台,以工业文明为核心的生活理念和行为方式对整个社会生活进行解体和重构,形成并发展了与工业化大生产相适应的工业时代的生活方式。

当然,工业化是一个长期的、不断变化的社会经济变革过程。在这三个层次的变革过程之中,以资本的高速积累和技术创新为特征的经济结构的变化居于核心层次,意味着落后农业部门的改造和先进工业部门的产生和发展,而社会变革和文化变革则为这个工业化进程提供支撑。统一的工业化进程需要三方面的互动,实现工业化不仅仅表现为工业生产在国民经济中占据主导地位并引领第一和第三产业的发展,还需要相应的社会变革和文化转型,是三个层次的有机统一。因此,不能把工业化简单地理解为工业的高速增长和产业结构的转变,而应当从社会变革和文化转型着眼来进行全面把握。

二、工业化的理论基础

经济上比较落后的国家都把实现工业化作为首要目标,没有工业化,就不可能进入发达阶段,就不能实现现代化,这是不以人的意志为转移的必然趋势。这一趋势从理论上得到有力的证明。

(一)恩格尔定律

统计学家恩格尔(Engel)在对收入和消费的研究中发现,随着收入的增加,人们的总支出中用于食物等生活必需品的比例趋于下降,而用于耐用消费品、奢侈品的比例逐渐上升,这种情况被称为恩格尔定律。出现这种状况有几方面的原因:一方面,人们对食物的消费弹性较小,食物消费量在满足基本的生存所需之后不会随着收入的增加而大幅度地增长;另一方面,工业品的消费弹性较大,随着人们收入的增加,对工业品的需求将会有较大幅度的增长;再者,随着人们收入的增加,原来的奢侈品将会逐渐进入人们的消费领域并转化成必需品。所以,随着经济的发展和人们收入的提高,人们对于食物等农产品的需求呈现出稳定的趋势,而对于工业品的需求则表现出强劲的增长。食物等农产品一般是由农业和其他初级产业部门生产的,而耐用消费品和奢侈品等基本上是由工业部门生产的。所以,以工业部门为代表的现代部门的增长一方面带来了收入的提高,另一方面又从需求的角度扩大了人们对于工业品的消费需求,拉动了工业部门的增长。为了生产更多的耐用消费品和奢侈品来满足人们的消费需求,经济中的工业部门必然会高速增长,所占的份额在国民经济中上升成为必然的趋势。学术界通常用食物支出占总支出的比重来衡量一个国家或地区居民生活水平的高低,称之为恩格尔系数。恩格尔系数为工业化提供了基本的理论依据。我们必须看到,恩格尔系数所描述的是一般性的规律,对发达国家和发展中国家都是适用的,而且也可以较好地度量发达国家和发展中国家的生活水平差异。从恩格尔系数出发,发展中国家为了提高国民收入和人民的生活水平,应该大力推进工业化进程,一方面通过提高工业生产效率来提高人民的收入水平,另一方面为本国人民创造更多的耐用消费品和奢侈品。

(二)中心—外围理论

中心—外围理论是经济学家普雷维什(R. Prebish)提出的工业化理论。普雷维什把世界看成由中心国家和外围国家构成的结合体，认为西方工业化七国处于中心地位，经济增长是全面的、自主的，且处于技术创新的源头；而外围国家则是指那些没有实现工业化或者畸形工业化的国家，这些国家的经济有增长而无发展，严重依赖于出口初级产品换回工业制成品。中心国家往往实行帝国主义政策，“一旦外围有意无意地损害了这种政治经济利益时，中心，特别是主要中心往往会采取惩罚措施，在极端的情况下甚至会通过军事干预手段进行报复”。中心与外围之间存在着严重的不平等交换，中心的存在以外围的存在为前提，以损害外围的发展为代价。在这个相对稳定的经济体系中，中心国家长期大量地侵吞外围国家的利益，造成中心国家和外围国家的经济发展差距越拉越大。普雷维什认为，传统的国际贸易理论在逻辑上是正确的，但是其前提不符合当前的国际贸易现实，无法解释中心国家与外围国家之间的贸易关系。

普雷维什指出，“中心—外围”体系是一个统一的、动态的体系，具有整体性；“中心”和“外围”之间在生产结构上存在很大的差异性；“中心”和“外围”之间的关系是不平等的。普雷维什强调，无论是“中心”还是“外围”，它们都是整个资本主义世界经济体系的一部分，而不是两个不同的经济体系。现存的世界经济体系是资产阶级工业革命以后，伴随着资本主义生产技术和生产关系在整个世界的传播而形成的，维持这一体系运转的是在“19世纪获得了很大的重要性”的国际分工。根据这种国际分工，技术进步的国家就成为世界经济体系的“中心”，而处于落后地位的国家则沦落为这一体系的“外围”。“中心”和“外围”的形成具有一定的历史必然性，是技术进步及其成果在资本主义世界经济体系中发生和传播的不平衡性所导致的必然结果。对于“中心—外围”体系的差异性，普雷维什认为，技术进步首先发生在“中心”，并且迅速而均衡地传播到它的整个经济体系，因而“中心”的经济结构具有同质性和多样性；而“外围”国家和地区的经济结构是专业化的，绝大部分的生产资源被用来不断地扩大初级产品的生产，而对工业制成品和服务的需求大多依靠进口来满足，且生产技术落后、劳动生产率极低的经济部门（如生计型农业）与使用现代化生产技术、具有较高劳动生产率的部门同时存在。普雷维什认为，从资本主义“中心—外围”体系的起源、运转和发展趋势上看，“中心”与“外围”之间的关系是不对称的，是不平等的。从起源上说，资本主义世界经济的“中心—外围”体系从一开始就决定了“中心”和“外围”分别处在发展进程的不同起点上，“外围”地区从一开始就落后了。初级产品贸易条件的长期恶化趋势加深了“中心”与“外围”之间的不平等。资本主义世界经济体系的“动力中心”从英国向美国的转移，进一步加深了“中心”与“外围”之间的不平等。在世界经济体系的“动力中心”转移到了美国以后，“外围”国家和地区就处于更加不利的地位，“因为自然资源丰富和实施保护主义政策，美国历来就是一个进口系数较低的国家。而且，这一系数还在不断地下降。当然，在英国的贸易霸权时期，这种下降对世界贸易并没有明显的影响”。总之，在资本主义的“中心—外围”体系下，“中心”与“外围”之间必然会存在严重的不平等，“外围”国家始终会处于不利的地位。“外围”国家要摆脱这种不利的地位，必须实行工业化，从而独立自主地发展民族经济。因此，发展中国家应该将少量的资源用于出口初级产品上，而将更多的资源集中到建立和扩展其现代工业上，逐步实现进口工业品的本国生产替代。具体来说，一是加快工业资金的积累；二是建立或发展国内进口替代工业，扶持国内工业的发展；三是逐步建立和发展国内出口导向型工业，通过大量出口工业制成品而获取利益。

（三）不平衡增长理论

不平衡增长理论主张发展中国家应有选择地在某些部门进行投资，通过其外部经济使其他部门逐步得到发展的经济学说。经济学家赫希曼（A. O. Hirschman）从主要稀缺资源应得到充分利用的认识出发，提出了不平衡增长理论，金德伯格、罗斯托等人都主张这一理论。赫希曼认为，发展道路是一条“不均衡的链条”，从主导部门通向其他部门。首先选择具有战略意义的产业部门投资，可以带动整个经济的发展。对于社会基础设施或直接生产部门的投资具有不同的作用，前者为后者创造了外部经济。在决策时，应该优先选择社会成本低、外部经济好的投资项目。因此，政府应主动担负投资额大、建设周期长、对私人资本缺乏吸引力的社会基础设施的投资，并集中有限的资金扶持具有较强产业关联度的产业部门。例如，钢铁工业就是一个具有较大产业关联效应的应重点发展的产业，通过加快钢铁工业的发展，不仅可以带动与之前向关联的机械、电子产业，而且可以推动与之后向关联的矿山、交通、能源等产业的发展。

从发展中国家现有资源的稀缺和企业家的缺乏等方面来看，平衡增长理论是不可行的，发展中国家不能将有限的资源同时投放到所有经济部门和所有地区，而应当集中有限的资本和资源首先发展关联效应大的产业，以此为动力逐步扩大对其他产业的投资，带动其他产业的发展。根据投入—产出关系，工业部门特别是资本品工业部门的关联效应要比农业部门的关联效应大得多，所以，工业部门的发展可以有效地带动国民经济各部门的发展，因此，大力发展工业特别是制造业对于国民经济的发展有着重要的意义。发展中国家应该把资本集中投入到工业部门中去，同时，地区发展也必须有一定的次序，不同的地区按不同的速度不平衡增长，某些主导部门和有创新能力的行业集中于一些地区和大城市，并以较快的速度优先得到发展，以形成一种资本与技术高度集中、具有规模经济效益、自身增长迅速并能对其他地区产生强大辐射作用的“发展极”。“发展极”地区的优先发展最终将通过技术的创新与扩散、资本的集中与输出等方式带动其他部门和地区的发展。

（四）二元结构理论

刘易斯认为，在发展中国家存在着典型的传统部门和现代部门并存的二元经济结构。在这种二元经济结构中，传统部门的劳动生产率较低且存在着丰富的剩余劳动力，而现代部门的劳动生产率较高。由于现代部门的工资高于传统部门，所以对于传统部门的劳动力有着吸纳作用。在这种情况下，传统部门丰富的剩余劳动力在现代部门高工资率的吸引下就会向现代部门流动。随着现代部门的不断扩张，吸纳的传统部门的劳动力越来越多，资本积累越来越快，将会创造出更多的就业岗位。由于传统部门的劳动力处于无限供给状态，劳动力从传统部门转入现代部门并不会造成现代部门工资率的上涨，这样，现代部门可以用较低的工资率维持高速的资本积累和扩张，从而进一步创造出更多的就业岗位以吸纳更多的劳动力。这个过程会一直持续下去，直到传统部门的剩余劳动力被现代部门完全吸纳。在这个过程中，整个社会的劳动生产率得以提高。一般来说，传统部门可以用农业部门来代表，而现代部门可以用工业部门来代表。以二元结构理论为基础，发展中国家的政府应该制定一系列的政策来促进以工业部门为代表的现代部门的发展。在所有发展经济学家中，刘易斯最早研究了经济发展的完整过程。刘易斯认为，随着工业化的推进，传统单一农业的落后经济会转变到二元结构的发展经济，发展经济会随着工业部门的逐渐壮大而过渡到稳定增长的工业发达经济。刘易斯的理论简明扼要地概括了工业化与经济发展的过程，并大体符合发达国家和地区经济发展的历史经验。

三、工业化的历史证据

工业化不仅在理论上得到了解释，而且也被历史经验所证明。一个开创性的经验研究是由库兹涅茨作出的，他从两个方面对经济增长与产业结构变化之间的关系进行了考察。一方面，运用人均国民收入指标对不同收入的国家进行分组，然后观察各组之间劳动力就业结构和国民收入在各部门中份额的差异；另一方面，对一组既定国家较长时期的数据进行研究，考察这些国家在长期的经济增长过程中实际发生的劳动力就业结构和部门收入结构的变化。前一种研究叫做截面分析，后一种研究叫做历史分析。

(一)截面分析

利用截面分析方法，库兹涅茨按人均收入把国家分为7组，最高收入国家为第一组，最低收入国家为第七组；然后计算出每组国家农业、工业和服务业在劳动力和国民收入中各自所占的相对份额。根据这些分类和计算，库兹涅茨得出如下结论：

(1)当我们从高收入组移向低收入组时，农业部门在劳动力中的份额上升，而工业和服务业部门的份额下降。这就是说，在发达国家，农业部门在劳动力中所占的份额低，工业和服务业部门所占的份额高；而在不发达国家，情况刚好相反。

(2)农业部门在国民产品中的份额与人均收入呈负相关，即在高收入国家份额低，在低收入国家份额高。工业和服务业部门在国民产品中的份额与人均收入呈正相关，即在第一、第二组国家份额高，在第六、第七组国家份额低。

(3)各个部门在国民收入和劳动力中份额的差别范围在各组国家中也是不同的。农业部门的差别范围最宽，工业部门的差别范围较窄，而服务业部门最窄。以劳动力为例：农业部门在劳动力份额中的差别范围是1：4，即从第一组国家的15%以下到第七组国家的60%以上；工业部门不到1：3，即从40%以上到15%左右；服务业部门只有1：2，即从45%到24%左右。这一结论表明，在经济增长过程中，农业部门的相对比例对人均收入的上升最为敏感，即当人均收入上升时，农业部门的相对比例下降得十分迅速。

(4)虽然发达国家和欠发达国家在总劳动生产率上的悬殊甚大，但农业部门的劳动生产率差别更大；相应地，工业部门和服务业部门的劳动生产率差别较小。这意味着发展中国家的农业劳动生产率大大低于工业劳动生产率。这一关系表明，工业部门的发展和资源从农业向工业的转移能提高总量劳动生产率。

(二)历史分析

关于历史分析，库兹涅茨选择了14个当今发达国家作为样本进行研究。这些研究得出的结论如下：

(1)在所有14个国家中，毫无例外地，农业部门在劳动力和国民产品中的份额下降了。除了个别国家之外，大多数国家的工业部门在劳动力和国民产品中的份额上升了；但收入份额上升的幅度大于劳动力份额增加的幅度。服务业部门在劳动力中的份额在所有国家都上升，但在国民产品中的份额却没有显示这样一致的变化。14个国家中有6个趋于下降，8个趋于上升，而趋于下降的国家大多是当今最发达的国家。这说明，服务业的相对劳动生产率并没有显著地改善，甚至在最发达国家下降了。

(2)虽然非农业部门的劳动生产率提高了，但农业部门劳动生产率提高的幅度更大。在非农业部门中，14个国家中有12个工业部门的劳动生产率大于服务业部门的劳动生产率。

以上介绍了库兹涅茨的两种分析结果。按照前面给出的工业化定义，截面分析表明，高收入国家的工业化程度高，而低收入国家的工业化程度低。历史分析则表明，当今工业国在它们的工业化过程中，经济结构从农业为主逐渐转变为以工业为主。

四、工业化的经济意义

西方工业化国家花费了一百余年的时间完成了工业化进程，从而造就了西方的工业化强国。20世纪以来，特别是在第二次世界大战后，工业化成为大多数发展中国家的经济发展目标。发展经济学家钱德勒说过："发展中国家渴望工业化，因为他们意识到，这是与发展紧密相连、无法摆脱的，而且历史地看，工业化是发展的唯一途径。"这是因为在工业化进程中，西方国家的国民收入持续增加，生活水平不断提高，产业结构不断优化，贸易条件不断改善，并在国际贸易中占据了有利地位，整体国力不断增强。

(一)工业化有助于帮助发展中国家谋求经济上的自立与发展

政治上独立是经济自立的前提，而经济上自立又是政治上独立的保证。第二次世界大战以后，许多发展中国家虽然普遍地获得了政治上的独立，但却未能摆脱经济发展上的对外依赖性。这种依赖性主要表现在两个方面：一方面是经济结构上的对外依赖性。长期的殖民统治造成这些国家经济上的单一畸形结构，其经济发展依赖于少数农、矿原料等初级产品的出口。由于工业基础薄弱，制造业十分落后，工业制成品严重依赖进口。另一方面是在资金技术上的对外依赖性。由于经济落后，内部积累不足，发展中国家独立后在经济发展中面临的共同问题是资金和技术短缺。与此同时，发展中国家在技术、人才和经营管理上对发达国家的依赖在不断加深。发展中国家努力推进工业化的首要目的，就是要减轻和从根本上摆脱这种有殖民地经济痕迹的依赖性。经过工业化的不断发展，一些国家初步建立起了完整的工业体系和国民经济体系，大多数国家加强了工业发展的基础，增强了经济自主发展的能力，从而为各国经济的进步与发展打下了坚实的基础。

(二)工业化有助于发展中国家提高劳动生产率，增加国民收入

从传统农业和手工作业时代向工业生产方式转变可以大幅度地提高生产率，实现国民收入的持续增长。考察西方工业化国家的工业化进程就可以发现，以机器大工业为代表的工业化发展带动了整个国民经济的高速发展，从而使得国民收入持续高速增长，人民的生活水平不断提高。工业化带动国民收入增长、提高人民生活水平的源泉在于机器大工业生产方式所带来的生产效率的成倍增加。由于机器大工业的发展，机械化的生产方式被广泛采用，现代化工业生产的组织方式逐步确立，应用机器、发展科学、改进生产技术等大大提高了劳动生产力和劳动效率，生产活动高度社会化，社会的财富创造能力空前提高，国民收入得以持续高速增长。对于今天的发展中国家来说，正如普雷维什所说："工业化本身并不是目的，而是那些国家取得一部分技术进步利益、逐步提高其人民生活水平的主要手段。"

(三)工业化有助于发展中国家在国际贸易中摆脱贸易条件恶化的局面

由于工业革命最早发源于欧洲并扩散到了北美，这就使得这些地区的国家占尽了先机，较早地完成了工业化进程，从而在整个国际分工体系中占据着主导地位。这些国家利用自己的工业化优势，通过国际贸易向发展中国家购买廉价的资源和初级产品并输出自己的工业制成品。由于技术、市场容量、需求弹性、收入弹性等一系列条件的变化对发展中国家初级产品的出口产生了不利影响，在国际市场上存在着发展中国家初级产品的价格相对于发达国家工业制成品的价格长期恶化的趋势，这对发展中国家经济的发展十分不利。利用工业化进程，发展中国家就可以通过本国的工业发展逐步改变自己在国际贸易中的不利地位，并提升本国的经济实力。

(四)工业化有助于发展中国家摆脱资本不足对经济发展所形成的制约

资本是经济快速发展的必要条件，而资本不足或严重短缺则是所有发展中国家在经济发展过程中所遇到的共同难题。一般来说，要解决资本不足，无非有两条渠道：一是利用外部资本，二是依靠内部积累。由于发展中国家国内资金的供给远远难以满足经济发展对资本的需

求，而利用外部资本则必须拿出大部分利润或利息作为回报，因而，无论是使用外部资本还是内部资本，必须尽可能地提高资本的使用效益。赫希曼认为，在发展中国家，为了使有限的资本产生最优效果，就必须把资本投入工业部门特别是资本品工业部门，因为根据投入产出关系，工业部门的联系效应要比农业部门大得多。

（五）工业化有助于推动经济结构的转化和升级，加速经济发展

根据发展经济学家的论述，可以把经济发展概括为伴随着经济增长而出现的一系列结构变化，包括产出结构、投入结构、消费结构、分配结构、人口结构、社会福利以及广泛的群众参与等，其中，最突出的变化是产业结构的变化。产业结构变化的基本内容是农业份额（包括产值和就业）不断减少，非农业份额（包括产值和就业）不断增长。从理论上说，产业结构的这种变化就是工业化的必然结果。工业化的发展使制造业迅速扩张，而制造业产品的附加值远远超过了农业；同时，由于人们总是倾向于从低收入的部门流动到高收入的部门，必然导致制造业产值的快速增加以及整个国民收入的大幅度提高，必然导致产值比重和就业比重在农业和非农业部门之间的迅速变化。所以，经济发展实质上作为一种经济结构变化的过程，必然要经历工业化这一阶段。库兹涅茨通过对各国部门结构的经验分析，对此提供了有力的历史证据。

总之，现代经济增长和发展过程都与工业化进程紧密联系在一起，只有进行工业化，才是加速经济结构转化、加速经济发展并最终摆脱落后的必由之路。工业化是一国经济发展过程中不可逾越的重要阶段，是经济增长和发展的一个加速时期和关键时期。

第二节　工业化发展阶段

一、工业化发展的三个阶段

工业化不仅意味着一个国家从农业部门向非农业部门的转变过程，而且也是工业部门内部结构的变化过程。一般认为，工业化的发展过程要经历三个阶段。在第一阶段，初级消费品工业（如食品加工、纺织、烟草、家具等工业）是主要工业部门，并且比资本品工业（如冶金，化学、机械、汽车、钢铁等部门）以更快的速度发展。在第二阶段，资本品工业的增长加速进行，资本品工业的产值在工业总产值中的比重趋于上升，但这时消费品工业在产值和速度上都仍然占主导地位。在第三阶段，资本品工业比消费品工业以更快的速度增长并渐占优势。

工业化发展这三个阶段的演化代表了工业化发展的一般规律，工业化的历史实践表明，任何违背这一规律的工业化做法都付出了惨痛的代价。正是基于这种认识，必须强调两点：

(1)消费品是工业化的起点，任何成功的工业化都以消费品工业为发端，都必须经历消费品工业的充分发展阶段。这一阶段可以缩短，但不能越过。

(2)随着工业化的推进，资本品工业必将取代消费品工业而居于优势地位，但对于一个国家而言，何时实现这一替代，则取决于其影响因素和条件是否成熟。

二、工业化发展阶段的理论解释

对于工业化过程为什么要依次经历这三个阶段，一些西方发展经济学家对此作了理论上的解释。

（一）需求结构变化

任何产业的发展都要解决市场需求问题。市场需求有两个方面：投资需求和消费需求。

其中，消费需求是最终需求，投资需求是派生需求。因此，投资需求最终要受到消费需求的制约，消费需求是整个市场需求的决定因素。而消费需求是有层次的，只有当低层次的需求得到满足以后，才能谈得上较高层次的需求问题，而消费品工业正好是提供较低层次需求产品的工业。因此，在工业化发展的初期，必须首先发展消费品工业。相反，如果以资本品为工业化的开端，则市场需求矛盾很难解决。因为，资本品工业的产品主要用于投资，其市场需求主要来自于投资需求，而在消费品工业发展薄弱的情况下，这种投资需求主要来自于重工业的自我需求。显然，这种需求是十分有限的。

（二）要素禀赋

消费品工业一般是劳动密集型产业，它的发展对技术层次、劳动力素质的要求相对较低；同时，所需资本较少，建设周期短，收效快，资本积累迅速，正好吻合发展中国家在工业化初期资源禀赋上的特点，即资本、技术和熟练劳动力十分稀缺，而非熟练劳动力十分丰富。相反，资本品工业的发展对技术层次、劳动力素质的要求都比较高；同时，资本门槛高，建设周期长，收效慢。因此，优先发展资本品工业难以起步，即使强行起步，其收效也很差。

（三）国际比较优势

伴随着世界工业化的形成，世界各国经济便进入了一个相互依赖、紧密结合的新时期，任何国家都不可能闭关自守。工业化发展也需要国际经济环境，各国应积极地参与国际分工，充分利用自己的比较优势。对于工业化初期的国家来说，其生产优势在于生产技术层次低、劳动力成本低的产品，因此，只有大力发展消费品工业的产品出口才能换取工业化所需的外汇和技术等国外生产要素，从而为工业化的顺利发展创造条件。

（四）产业关联效应

从三次产业演进的规律来看，第二产业的产生和发展必须以第一产业的发展为基础，而和农业最密切、最直接的只能是消费品工业，因而，农业的发展为消费品工业的发展创造了条件。

（五）工业化发展到一定阶段，资本品工业必须加速发展

如果一个国家长期只重视发展消费品工业，就永远不可能站在科技和工业发展的前沿阵地；同时，消费品工业的扩张和积累的提高只有在资本品工业不断发展的条件下才成为可能，消费品工业成本的下降和效应的提高也只有通过使用现代先进机器设备才是可行的。

三、工业化发展阶段的经验支持

（一）霍夫曼定理

工业化过程三个阶段的理论分析也得到了一些经验研究的支持。德国经济学家霍夫曼（W. G. Hoffman）对各国工业化过程中消费品和资本品工业的相对地位变化进行了统计分析。他发现，各国工业化无论始于何时，一般都具有相同的趋势，即在最初阶段，消费品工业占优势；在第二阶段，资本品工业迅速发展，消费品工业的优势地位渐趋下降；在第三阶段，消费品工业与资本品工业达到平衡，而资本品工业快于消费品工业的增长。

霍夫曼的分析是以消费品工业和资本品工业的净产值相对份额的变化为基础的。他指出，在工业化的第一阶段，消费品工业与资本品工业之间的净产值比率在 6∶1 和 4∶1 之间，即 5(±1.5)∶1。这就是说，在 100 元工业净产值中，约有 84 元为消费品工业净产值，约有 16 元为资本品工业净产值。他选择的国家包括两组：一组是 1890 年以前进入工业化第一阶段的，另一组是 1906～1948 年间进入工业化第一阶段的。前一组包括比利时、英国、法国和日本等国，后一组包括新西兰、巴西、墨西哥和智利等国。

在工业化的第二阶段，霍夫曼计算的两种工业净产值的比率在1.6∶1和3.2∶1之间，即2.5(±1.5)∶1。这表明，在全部工业净产值中，消费品工业占60%～78%，而资本品工业占22%～40%。他选择的样本国家包括新西兰、巴西、智利、阿根廷、日本、丹麦、荷兰、匈牙利、加拿大、南非和澳大利亚这11个1860年以后进入工业化发展第二阶段的国家。

在工业化的第三阶段，霍夫曼选择了英国、法国、瑞典、丹麦、比利时、意大利、瑞士、美国、德国、加拿大、澳大利亚和南非这12个国家，时期从1921年至1952年。霍夫曼计算的两种工业净产值比率在0.6∶1到1.5∶1之间，即1(±0.5)∶1，或者说，消费品工业净产值占全部工业净产值的比率在40%～67%的范围内。平均起来，这个阶段的两种工业净产值各占一半。

(二)钱纳里的工业化阶段理论

美国发展经济学家钱纳里也曾运用截面分析，对20世纪50年代具有不同收入水平国家的工业结构差异展开了比较研究。他将工业部门分为三类：投资及其相关产品、中间产品和消费品。与霍夫曼相比，钱纳里把中间产品单独列为一类，而在霍夫曼那里，中间产品或归于资本品或归于消费品。投资及其相关产品包括机械、运输设备、金属、非金属矿产品等，中间产品包括纸、石油产品、橡胶、化学品、纺织品等，消费品包括木制品、印刷、服装、皮革产品、食品、饮料和烟草等。这三类工业在全部工业中所占的比重随收入水平的不同而不同，如表5－1所示。

表5－1　不同收入水平国家的工业构成　单位：%

工业类别	收入为100美元的国家	收入为300美元的国家	收入为600美元的国家
投资品	12.0	23.6	34.5
中间产品	19.7	22.3	22.6
消费品	68.3	54.1	42.9

资料来源：[美]钱纳里．工业增长的形式[J]．美国经济评论，1960(9)．

从表5－1中可以看到，低收入国家投资品工业的比重最低，而消费品工业的比重最高；高收入国家则相反。从低收入(100美元)移到中等收入(300美元)再到高收入(600美元)国家，投资品工业在全部工业中的产值比重逐渐增加，从12%增加到23.6%再上升到34.5%；而消费品工业的产值比重则呈下降趋势，从68.3%下降到54.1%再下降到42.9%。对于中间产品而言，其比重不受收入水平的明显影响。这也从另一个角度证实了以上的理论解释。

钱纳里后来把工业部门分为早期工业、中期工业和晚期工业三类。这一分类更加明确地表明了工业部门发展的时序性。早期工业包括食品、皮革、纺织等工业，在发展早期，这些部门发展迅速；然后发展速度减缓，在工业中的比重下降。中期工业包括非金属矿产品生产与加工，橡胶、木材加工和某些化学品生产，这些产品生产在发展中期增长较快，但只是稍快于总量GNP的增长。后期工业包括重工业和一些在技术上虽简单但其需求只是在后期扩张的工业，如造纸与印刷业。重工业包括耐用资本品和耐用消费品，这些制造业部门在发展的晚期增长速度加快，大大超过GNP的增长速度，致使这些工业在国民经济中渐占优势。但是，当经济发展到相当高的水平时，这些工业的发展速度开始下降，甚至低于GNP的增长。而其他一些新发明出来的产品和新兴工业将取代重工业而迅速发展起来，如电子工业(电子工业在发展早期还不存在)，这些工业被称为后晚期工业。

第三节 工业化发展战略

工业化是国家走向富强和现代化的必由之路。但发展中国家是经济发展的后来者，工业化水平低，如何实现工业化是摆在发展中国家决策者面前的头等大事。为了加快工业化步伐，发展经济学家和政策制定者不想走当今工业化国家曾经走过的渐进式工业发展道路，即按照以上所说的工业发展顺序来发展自己的工业，而是想闯新路、走捷径，尽快地脱贫致富，在较短的时间里赶上发达国家的经济发展水平。在这一指导思想的支配下，发展经济学家为发展中国家政策制定者设计了许多工业化发展战略，并试图从理论上对这些战略进行解释。

一、全面工业化战略

20 世纪 40 年代，美国发展经济学家罗森斯坦·罗丹提出了全面工业化战略，也称为大推进战略。它是指对工业部门中的各个行业同时进行大规模投资，以求在短期内起动停滞经济，迅速地推进工业化。罗森斯坦·罗丹说："启动一个国家进入自我持续增长，颇有点像让一架飞机起飞。在飞机升空之前，有一个超越地面的临界速度……一笔投资的最低限度数量是成功的一个必要条件，虽然不是充分条件。"概而言之，这就是全面工业化战略的论点。这一战略思路是以社会基础资本和需求的不可分性为理论根据的。

（一）社会基础资本和需求的不可分性

社会基础资本即社会基础设施，包括交通、通信、电力、城市公用事业（如供水、排污系统）等，从更广的角度说，还包括医院、学校等所有的基础产业。这些基础产业的一个重要特征是不可分性，即这些基础产业的投资必须达到一个最低限度的规模，小于这个规模就不可能发挥作用。例如，一条铁路必须要全部建成才能通车，建一半是不能发挥作用的；一个拦河大坝（如阿斯旺大坝和三峡大坝等）必须建起来才能发挥抗洪和发电的作用，否则就会半途而废。此外，基础设施建设还需要有相应的附属设施与之配套，否则也不可能发挥全部的效用。可见，基础设施的投资门槛是相当大的。由于互补性的存在，基础设施建设也要求其他相关工业（如钢铁、建材等）的发展。

需求的不可分性是指市场必须达到一定的规模。如果一种产品的市场规模太小，厂商会因需求不足而不愿意投资和从事该产品的生产。但如果有很多消费品同时被生产出来，就会产生相互的需求，使市场规模变得较大，从而刺激投资。罗森斯坦·罗丹举了一个著名的例子：假如在一个封闭经济中，100 个原先处于隐蔽性失业状态的工人被一家鞋厂雇用，于是，他们的工资收入增加了。如果这 100 个工人把他们的工资收入都花在他们生产的鞋子上，也就是说，自己生产的东西自己购买，那么，这家鞋厂就找到了市场并将使生产顺利地进行下去。但实际上，这些工人不会将其所有工资都花在鞋子上，甚至会把绝大部分收入花在别的商品和服务的购买上。结果，这家鞋厂生产的鞋子大部分卖不出去，结果可能使投资鞋厂的计划失败。但是，如果一个经济不只是投资于制鞋工业，而是投资于多个工业部门（生产多种产品），那么，鞋子的需求就会大大增加。例如，不是把 100 个失业工人投入一个制鞋厂，而是把 10 000个失业者分派到 100 家工厂，这些工厂生产纺织品、服装、家用电器等各种各样的消费品。在这种情况下，那些新雇的制鞋工人将会把多余的收入花在这些消费品的购买上，而其他工人将把增加的收入中的一部分用于购买鞋子。结果，每种产品都找到了销路，在单独一家鞋厂的个例中不能实现的市场却在由 100 家工厂组成的互补性系统中变成了现实。可见，由于需求的互补性，投资必须有一个最低规模，以便创造出足够大的消费品市场，使投资风险降到最小。

以上从封闭经济假定下得出的结论是否也适合于开放经济呢？罗森斯坦·罗丹认为，在一个开放经济中，市场的互补性和不可分性是同样存在的，只是所要求的最低投资量小一些而已。他说："国际贸易毫无疑问降低了所需的最小量推进规模……但是国际贸易却不能取消最小投资规模。"

在讨论了这两种不可分性之后，罗森斯坦·罗丹总结性地指出："动员足够的投资以便提供这个最小量，这是欠发达国家必须克服的第一个障碍，但它不是唯一的障碍。即使足以供给最小量工业品的储蓄和投资唾手可得，先前提到的创造最小量的社会基础资本就成了必须克服的第二个障碍。这就要求有一个大推进。"

全面工业化战略的要旨是在发展中国家的所有工业部门（重工业、轻工业和基础设施）中全面进行大规模投资，这被认为是起动一个停滞经济的唯一途径。这一理论非常典型地代表了20世纪50年代发展经济学的基本观点，即把工业化、资本积累和计划化有机地结合在一起：要全面推进工业化，就必须要有大规模的资本投资，而要动员那么大的投资资金和进行规模浩大的基础设施建设，就必须要有周密的计划。

（二）全面工业化战略的评价

全面工业化战略赖以建立的理论基础不无道理，在国民经济中的确存在着相互依存的需求关系，存在着基础设施投资的不可分性。但是，这一战略过分强调了这种互补性和不可分性。实际上，基础设施并非如罗森斯坦·罗丹所说的那样具有完全的不可分性。基础设施建设可以分阶段进行，开始进行一些简单的、资金要求少的基础设施建设，如修筑公路可以先修土路、砂砾路，再修柏油路，待到有钱时再修高等级的高速公路；电站也可以先建一些小型的；其他基础设施也是如此。此外，全面工业化战略只看到工业部门在需求上具有互补性，而没有考虑在资源供给方面的竞争性。工业部门同时大规模扩张必然会为争夺有限资源而展开激烈竞争，这将会抬高资源价格、增加生产成本。

全面工业化战略假定发展中国家存在大量的隐蔽性失业或剩余劳动力，因此，劳动要素是丰富的，缺乏的只是资本投资；只要有资本，工业部门就可以迅速地扩张。这是一个非常简单化的假定。实际上，很多工业生产需要胜任的工程技术人员，掌握一定技能的劳动者和懂管理、敢于创新的企业家与管理人才。这些要素正是发展中国家所缺乏的，而要培养数量巨大的工程师和技术工人是一个长期的过程。因此，即使欠发达国家通过外部援助一夜之间获得大量资本，也不可能在短时期内实现整个工业的大推进。

全面工业化战略要求所有工业部门同时进行大规模投资，这是非常不现实的。欠发达国家的收入水平低，储蓄能力有限，不可能筹集到这么多的投资资金。反过来说，如果一个国家能够筹集到这么多的投资资金，也就不是一个经济上落后的国家了。罗森斯坦·罗丹寄希望于富国的援助，但这也是不现实的。发达国家对欠发达国家的援助毕竟是非常有限的，不可能拿出大量的金钱来帮助落后国家去实现全面工业化战略。

二、部门优先发展战略

部门优先发展战略是基于资源有限的假定所提出的一种不平衡战略。发展中国家普遍资本稀缺、技术水平较低，所以，只能采取渐进式的工业化战略，让一些关键部门优先发展，通过这些部门的发展增加收入、扩大市场、积累资金、提高技术水平，以此带动越来越多的部门相继发展起来，最后使得整个国家实现工业化。这里，只详细论述部门不平衡发展战略，关于哪些部门应该优先发展，学者们提出了不同的思路和观点。

（一）优先发展进口替代工业

优先发展进口替代工业是建立在“贸易条件恶化论”基础上的。这一理论是由学者普雷维什和辛格（H. Singer）在1950年分别提出的。这一理论的中心论点是，各国在世界经济和贸易中的地位是极不平等的，发达国家形成了国际经济和贸易的“中心”，而欠发达国家则处于中心的“外围”。“中心”国家主要生产和出口工业制成品，进口初级产品；“外围”国家则主要生产和出口初级产品（农产品和矿产品），进口工业制成品。在国际贸易中，由于初级产品的需求和供给弹性较低，这些产品相对于工业制成品的价格长期呈下降趋势，即初级产品对工业制成品的贸易条件趋于恶化。这意味着发展中国家用一定量的初级产品换回的工业品数量会越来越少；反过来说，进口一定量的工业品需要越来越多的初级产品。因此，发展中国家在国际贸易中长期遭受发达国家的剥削。此外，由于贸易条件长期恶化，发展中国家的对外贸易赤字不断增加，外汇短缺越来越严重。在这种情况下，发展经济学家提出了进口替代工业优先发展的战略，即通过采取贸易保护政策严格限制工业制成品的进口，尤其是高档耐用消费品的进口，促进国内生产者创办企业和扩大规模，生产这些工业品来逐渐取代进口的工业品，通过发展这些工业部门来改变旧的国际贸易格局和推进本国的工业化。但是，进口替代工业化战略在许多发展中国家，尤其是拉美一些国家的实践并没有取得显著的成功，甚至造成了严重的影响。

（二）优先发展重工业

优先发展重工业的思路体现在费尔德曼（G. A. Feldman）于1928年为苏联计划委员会制订的发展计划中，故称为“费尔德曼模式”。提出这一思路的主要理由是，资本品工业的高投资虽然牺牲了短期消费品工业的增长能力，但获得了长期资本品和消费品的高生产能力；反之，低资本品工业投资或高消费品工业投资虽然使得消费品工业在短期内增长较快，却相对降低了它们的长期增长率。因此，为了使经济迅速工业化，必须要优先发展资本品工业，即重工业，消费的暂时缩减是为了长期利益而必须付出的代价。

这里需要指出的是，重工业优先发展这一思路也来自马克思主义的再生产理论。该理论的再生产模式告诉我们，要想保持社会两大部类的平衡增长，生产资料生产部门的增长必须要快于消费资料生产部门的增长。由于这一发展思路符合马克思主义原理，一些社会主义国家几乎都采取了重工业优先发展战略，苏联为这一战略的最初实践者。1928～1937年间，苏联重工业生产在整个工业中的比重由31%陡然上升到63%，而轻工业比重却由68%急剧下降到了36%。同期，资本品工业的总投资达到13%的年增长率，而消费品工业的投资却只有0.8%，结果，消费在GNP中的比重由80%下降到53%。这一战略使苏联人民的消费被压缩到最低水平，但实现了经济的快速增长，并在较短时间内建立起较为完备的工业体系。

苏联的工业化战略已被实践证明是不可持续的，带来的是其经济随后几十年的停滞不前。但是，在当时，从一些增长数据中可以看出，苏联的工业化是成功的，因此也吸引了不少的发展中国家纷纷效仿，其中以印度最为典型。印度在20世纪40年代末独立后，为了迅速推进工业化，仿效苏联的工业化模式，以马哈兰诺比斯为首，运用费尔德曼、斯大林模式，制定了两个“五年计划”（1951～1955年，1956～1960年）。马哈兰诺比斯计划模式的中心是强调扩大钢铁和资本品工业的投资，通过优先发展重工业来解决国内资本品短缺的问题。但是，印度的两个“五年计划”的执行情况是令人失望的，很多计划指标都没有完成，甚至相差甚远，例如，计划GNP增长率是5.5%，而实际年增长率只有3.7%，进入20世纪60年代初，进一步下降到只有2.5%。由于把发展的资源大部分用于重工业生产，农业增长缓慢，致使出现了严重的粮食短缺，从而不得不增加粮食进口，结果引起了国际收支的严重不平衡。在这种情况下，印度政府不得不放弃重工业优先发展的战略。

中国在改革开放以前仿效苏联，采取重工业优先发展战略，甚至提出工业"以钢为纲"的发展方针。在这一战略思想的指导下，重工业投资与产值在整个工业部门的比重特别大。以基本建设投资为例，重工业的投资额远远超过了轻工业的投资额，如表5－2所示。

表5－2　重工业与轻工业在工业部门基本建设投资额中的比重　单位：%

项目＼年份	1952～1957	1958～1962	1963～1965	1966～1970	1971～1975	1976～1980	1981～1985
重工业	85.0	89.5	92.2	92.1	89.5	87.3	84.8
其中：冶金业	18.6	23.2	16.1	18.2	17.7	15.4	—
轻工业	15.0	10.5	7.8	7.9	10.5	12.7	15.2

资料来源：郭熙保，陈志刚，胡卫东．发展经济学[M]．北京：首都经济贸易大学出版社，2009.

从表5－2中可以看到，重工业投资一般是轻工业的6～10倍，有些年份甚至超过了10倍。表5－2还表明，仅冶金部门一个行业的投资就要比整个轻工业部门的投资还要多。可见，中国在改革开放前的工业化发展是严重不平衡的，结果是消费品生产呈萎缩状态，人民生活长期得不到明显的改善。

改革开放后，这种重工业优先发展的战略被放弃了，虽然没有明确提出工业化发展战略，但实际上采取了轻工业和出口工业优先发展的战略。轻工业投资和产值比重在上升，重工业投资和产值比重在下降；工业品出口在国民生产总值中的比重在迅速提高，国民经济保持持续高速增长，人民生活水平显著提高。更令人吃惊的是，虽然放弃了"以钢为纲"的发展方针，但中国粗钢铁产量在2006年突破了4亿吨大关，达到了4.188亿吨，占全球产量的1/3，已成为世界第一大钢铁生产国。

(三)优先发展主导部门

主导部门优先发展战略是由罗斯托提出的。罗斯托指出，现代经济增长实质上是部门不平衡的增长过程。经济增长阶段的更替表现为主导部门次序的变化。主导部门由于技术先进和其他方面的优势而最先发展起来，扩大生产规模，增加资本积累，扩大对其他一系列部门的产品需求，从而带动其他部门和整个国民经济的增长。但是，先进技术及其影响扩散到经济的各个部门和各个地区之后，它的优势就逐渐失去了。这时就有新的主导部门代替旧的主导部门的地位。

罗斯托认为，主导部门不是孤立发展起来的，一个主导部门同与它有联系的若干部门一起构成主导部门综合体系。他曾列出第二次世界大战后世界上的五种主导部门综合体系：(1)起飞前提条件阶段的主导部门体系，主要由食品、烟草、水泥、砖瓦等工业部门构成；(2)起飞阶段古典式的主导部门综合体系，主要由替代进口的非耐用消费品工业(如纺织等)构成；(3)重工业和制造业综合体系，如钢铁、煤炭、电力、通用机械等工业部门；(4)汽车工业综合体系；(5)生活质量部门综合体系，如服务业和建筑业等。

罗斯托指出，这五种综合体系基本上反映了增长阶段由低级到高级的主导部门变换序列。发展中国家中那些发展程度较低国家的主导部门属于第一种综合体系，中等发展水平国家的主导部门属于第二种综合体系，第二次世界大战后，西欧和日本的主导部门被列为第四种综合体系，而当前美国的主导部门被列入第五种综合体系，其特点是提供服务，而不是生产有形产品。

主导部门通过三种效应带动整个经济增长，它们分别是后向效应、前向效应和旁侧效应。后向效应是指主导部门对某些为其提供投入品的部门的影响，前向效应是指主导部门对新工艺、新原料和新能源产生的诱导影响，旁侧效应是指主导部门对所在地区的影响。

一个国家在某个阶段如何确定主导部门呢？罗斯托为此提出了四个条件：(1)主导部门的产品必须有旺盛的需求；(2)主导部门必须引入新的生产函数；(3)主导部门必须有较大的资本投资，特别是有一个高的利润再投资率；(4)主导部门的扩张和技术变革必须引起其他部门扩大生产能力和引入新的生产函数。

全面工业化战略、进口替代工业化战略以及重工业优先发展战略都没有遵循前面述及的工业化过程的一般顺序，可以说是非顺序的发展战略。实践证明，这些非顺序(或反顺序)的工业发展战略几乎都没有取得成功。与以上几种发展战略不同，主导部门优先发展战略基本遵循工业化发展次序：在经济发展水平的较低阶段，把消费品工业作为优先发展的主导部门；在经济发展水平的较高阶段，再把资本品工业和服务业部门作为主导部门。因此，我们认为，罗斯托提出的主导部门优先发展是一个被历史证明较为成功的发展战略。

当然，这里需要指出的是，选择正确的主导产业是成功实现工业化的必要条件。如果主导产业选择得不恰当，也不会成功。实际上，进口替代工业优先发展战略把选择进口替代工业作为主导产业来发展，重工业优先发展战略把重工业作为主导产业来推动，都是在不适当的发展阶段上选择了不恰当的主导产业，违反了经济发展的一般规律，所以没有获得成功。

本章小结

工业化是经济发展的重要阶段，是发展中国家经济发展的主题，发展中国家从一个主要从事落后农业生产的社会转变为现代化的工业和服务性社会的唯一选择就是工业化。一般认为，工业化发展过程正常地要经历三个阶段，霍夫曼从经验上证实了工业发展三个阶段的存在。

为加快工业化的步伐，发展经济学家和政策制定者设计了形形色色的工业化发展战略。这些战略主要有两大类：全面工业化战略和部门优先发展战略。全面工业化战略是一种在所有工业部门同时大规模投资的全面工业化发展战略，该战略的主要理论依据是社会基础资本和市场需求的不可分性。部门优先发展战略主要有进口替代工业优先发展战略、重工业优先发展战略和主导部门优先发展战略。前两种战略是违反经济发展规律的赶超战略，实践结果是事与愿违，欲速则不达；而主导部门优先发展战略是遵循经济发展规律的，实施这一战略的国家基本上获得了成功。

复习思考题

1. 如何理解工业化的内涵？
2. 简述工业化的经济意义。
3. 简述霍夫曼定理的主要内容。
4. 简述钱纳里工业化阶段理论的主要内容。
5. 全面工业化战略的依据是什么？这个战略能否行得通？
6. 主导部门优先发展战略是可行的吗？我国目前把哪些部门作为主导部门优先发展？请谈谈你的看法。

第六章

人口流动与城市化

经济发展不仅意味着工业化的发生，而且也伴随着城市化的演进。近两百年来，城市自身的快速扩张与迅猛发展已极大地改变了人类社会的基本经济形态，城市一跃成为经济的主导和中心。作为现代社会人们生活和生产的基本载体，城市的发展不仅为工业化和城乡人口转移提供了基础平台；同时，也极大地提高了人民的生活质量，因此，城市化水平的高低已被当作衡量一国经济发展程度的重要参考指标。

第二次世界大战以后，几乎所有的发展中国家都在致力于加快本国的城市化进程。城市化表现为人口和经济重心从农村转向城市、由农业转向工业。在这一结构转换过程中，发展中国家的经济结构会呈现出怎样的特征呢？当劳动力大量从乡村向城市转移时，经济发展能否顺利进行？这种结构转换背后的作用机理是什么？许多经济学家对此进行了卓有成效的探索。例如，1954 年刘易斯提出了二元经济理论（劳动无限供给条件下的经济发展），提供了一个简明的"标准"答案。然而，现实的发展并没有完全遵循刘易斯的思路。从乡村向城市转移大量过剩人口，一方面确实使落后地区的城市化水平得到了较大的提高，在一定程度上促进了工业化进程和整体经济的发展；但在另一方面，从 20 世纪 70 年代开始，逐渐凸显出一系列棘手难题，如城市人口过多、交通拥挤、环境恶化等；同时，城乡差距非但没有缩小，反而进一步扩大，二元经济结构甚至得到强化。这些迫使人们进一步反思：发展中国家的城市化应该如何走？

第一节　人口流动模型

一、刘易斯模型

20 世纪 50 年代中期，美国发展经济学家、诺贝尔经济学奖获得者刘易斯创立了第一个人口流动模型，很快引起了发展经济学家的兴趣和争论。刘易斯认为，发展中国家一般存在着二元经济结构：一个是以传统生产方法进行生产的、劳动生产率极低的非资本主义部门，以农业部门或农村部门作为代表；另一个是以现代方法进行生产的、劳动生产率和工资水平相对较高的资本主义部门，以工业部门和城市部门作为代表。经济发展依赖现代工业部门的扩张，而农业部门为工业部门的扩张提供了劳动力资源。

（一）无限的劳动供给

1954年，刘易斯发表了著名的《无限劳动供给下的经济发展》一文。这个题目清楚地表明，无限的劳动供给是刘易斯建立人口流动模型的前提条件。按照刘易斯的解释，所谓无限的劳动供给，是指城市现代工业部门在一个固定的工资水平上能得到所需的任何数量的劳动供给。那么，劳动供给为什么是无限的呢？

发展中国家的农业中缺乏资本投入，而人口增长迅速，因而农业中剩余劳动力规模巨大。由于农业劳动生产率极低，导致农业人均收入水平也很低，一般只能维持最低限度的生活水平。刘易斯指出，正是这种生存收入决定了现代工业部门的工资界限。工业部门的工资水平当然不会低于农业部门的收入水平，因为工业劳动生产率总是高于农业劳动生产率，但也不可能比农业部门的收入水平高很多，因为，只要收入差别过大，流入城市的农业劳动力就会大大超过工业部门所能提供的就业机会。结果，劳动力市场供过于求，工资水平必定下降。

由于城市工业部门的工资水平高于农业部门的收入水平，农业人口若不受限制，就会向城市流动。在发展中国家，农业人口所占比重大，而且劳动生产率低下，因而存在着数量巨大的剩余劳动力。只要工业部门扩张生产，就可以按现行工资水平雇佣到任何数量的劳动力。

刘易斯还认为，无限的劳动供给还应包括城市非现代工业部门（或称为非正规部门）劳动者提供的劳动。城市非现代工业部门的劳动者是指一些临时工、小商贩等。此外，发展中国家的妇女中有相当部分处于无业状态，她们也构成了无限劳动供给的后备军。但是，农业部门以外的劳动供给数量相对而言较少，工业部门的劳动供给主要来源于农业部门。

（二）工业扩张与劳动力转移过程

工业部门在生产中获得的利润被假定全部用于投资，形成新的资本积累。资本积累的增加使每个工人的装备水平提高，从而使劳动生产率相应提高。于是，资本家将雇佣更多的劳动力来扩大生产规模，劳动力需求的增加引起农村劳动力向工业部门流动。但是，由于农村中存在着大量的非生产性剩余劳动，因此，虽然劳动力需求增加了，但工业部门的工资水平仍然不会提高，结果，生产扩张给资本家带来更大的利润。

资本家把利润又转化为投资，形成更大的资本积累，这又促进了劳动生产率的提高。受利润引诱，资本家将继续增雇工人来扩大生产规模，城市工业部门对劳动需求的增加进一步吸引农村人口向城市流动。由于农村中剩余劳动力规模巨大，劳动供给是无限的，工业工资水平仍将保持不变，结果，资本家的利润更大了。于是，新一轮的循环过程又开始了，这个过程一直要进行到农村剩余劳动力全部被工业部门吸收为止。当农村剩余劳动力转移完时，农业劳动生产率就会提高，收入水平也相应地提高。在这种情况下，工业部门要想雇用更多的农村劳动力，就不得不提高工资水平来同农业部门相竞争。这时，工业部门的劳动供给就不再是无限丰富的，而是像资本一样变得相对稀缺；农业部门像工业部门一样现代化了，二元经济也就变为一元经济，发展中国家从此就进入了工业化。

我们用图6－1来进一步说明刘易斯的劳动力转移过程。

在图6－1中，横轴度量劳动量，纵轴度量劳动的边际产品和工资。OA 为传统农业部门的生存收入，OW 是现代工业部门的现行工资水平。如上所述，在这个稍高于农村生存收入的工资水平上，现代工业部门的劳动供给是无限的。因此，劳动供给曲线 WS 是一条平行于横轴的水平线（这里暂不考虑虚线 SS'）。

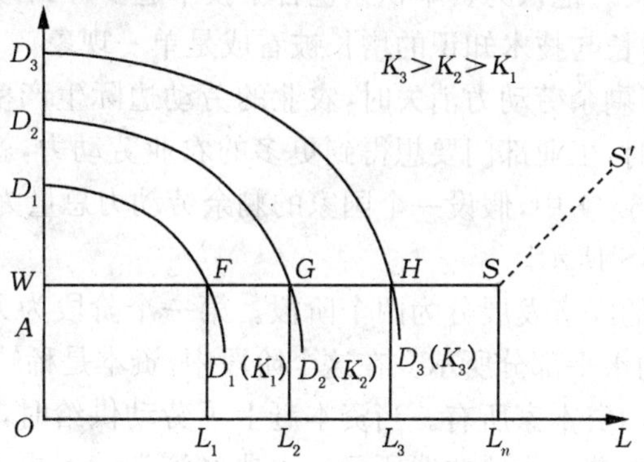

图 6—1　刘易斯模型

刘易斯假定工业部门只使用资本和劳动两种要素，资本是稀缺的，而劳动是丰富的。根据西方经济学的可变比例规律，对于一笔固定资本额，就有一条特定的劳动边际生产率曲线（劳动需求曲线）与之相对应。在图 6—1 中，假设现代工业部门最初的资本量为 K_1，于是，对应的劳动边际生产率曲线为 $D_1D_1(K_1)$，它向右下方倾斜，表示在既定的资本量下，随着劳动投入的增加，劳动的边际产品递减。

根据刘易斯的观点，现代工业部门以追求利润最大化为目标。利润最大化的条件是边际生产率等于工资。在图 6—1 中，当资本为 K_1、劳动边际生产率曲线为 $D_1D_1(K_1)$时，资本家将雇佣 OL_1 数量的劳动，因为只有在这个劳动量上，工资等于劳动的边际产品（如图 6—1 中的 F 点所示），利润才是最大的。在这一均衡状态中，现代工业部门所获得的总产量为 OL_1FD_1，其中 OL_1FW 为工人的工资，WFD_1 为资本家获得的利润。

劳动力是如何从农业转移到工业的呢？刘易斯认为，工人的工资收入只够养家糊口，储蓄很少。因此，经济发展的关键就在于资本家利润即剩余的使用。刘易斯假定资本家的利润全部被储蓄起来，以作投资之用。当资本家的利润被用于投资时，现代工业部门的资本量就增加了，从传统农业部门吸收的剩余劳动就更多了。这个过程可以用图 6—1 来描述。当最初资本为 K_1、雇佣的劳动为 OL_1 时，资本家的利润为 WFD_1。假设利润全部用作新资本投资，于是，资本量从 K_1 增加到 K_2，劳动的边际生产率曲线即劳动需求曲线也相应地从 $D_1D_1(K_1)$外移到 $D_2D_2(K_2)$，它与劳动供给曲线 WS 相交于 G，决定了资本家雇佣的劳动量为 OL_2。$OL_2>OL_1$，这表明劳动就业随着工业部门扩张而增加了，增加的数量为 L_1L_2。这时，总产品为 OL_2GD_2，其中，归于劳动的份额为 OL_2GW，归于资本的份额为 WGD_2。显然，$WGD_2>WFD_1$，这表明资本家的利润或剩余增加了。根据假定，资本家把 WGD_2 的剩余继续全部用于新资本投资，结果，资本存量又增加了，由 K_2 增加到 K_3。由于资本存量的增加，劳动者的生产效率也相应提高，于是，劳动边际生产率曲线从 $D_2D_2(K_2)$向右移到 $D_3D_3(K_3)$。它与一条水平的劳动供给曲线 WS 相交于 H，决定了劳动最优投入量为 OL_3。$OL_3>OL_2$，增加量为 L_2L_3。在新的均衡上，工业总产出为 OL_3HD_3，其中，工资总额为 OL_3HW，利润总额为 WHD_3。$WHD_3>WGD_2$，表明资本家的利润增加了。这笔利润被假定再次全部投资于现代工业部门，于是，资本存量进一步增大，劳动生产率进一步提高，劳动力转移到工业部门的规模进一步扩大。这个过程一直可以进行到农业部门的剩余劳动力全部被工业部门吸收时为止。

从以上的描述中可以看到，刘易斯把资本积累看成是经济发展和劳动力转移的唯一动力，技术进步对经济发展的作用没有单独作为一个因素来考察。但是，刘易斯注意到了技术知识增进对经济增长的积极意义。他认为资本积累包含了技术进步，两者是密不可分的。因此，在他的分析中，生产资本的增长与技术知识的增长被看成是单一现象。

按照刘易斯的观点，当剩余劳动力消失时，农业的劳动边际生产率就会提高，农村劳动者的收入也会相应增加。这时，工业部门要想得到更多的农业劳动力，就不得不提高工资水平，以与农业部门竞争。在图 6－1 中，假设一个国家的剩余劳动力总量为 OL_n，超过 OL_n，劳动供给曲线开始上升，如虚线 SS' 所示。

刘易斯把发展中国家的经济发展分为两个阶段。第一个阶段为无限的劳动供给阶段，如图 6－1 中劳动供给曲线的水平部分所示。在这个阶段中，资本是稀缺的，劳动力是丰富的，资本积累所产生的剩余全部归资本家所有。当资本赶上了劳动供给时，经济就进入了第二个发展阶段(如图 6－1 中上升的劳动供给曲线所示)，古典经济学就不再适用了，我们就处在新古典经济学的世界里。在这里，所有的生产要素都是稀缺的，也就是说，它们的供给是无弹性的。当资本积累进行时，工资不再不变，技术变革的利益不会完全归于利润，利润额不一定总是增加的。

在这里，刘易斯提到了古典经济学和新古典经济学。他所说的古典经济学主要是指以亚当·斯密和大卫·李嘉图为代表的古典政治经济学。这一学说的特点是，劳动供给被认为是无限的，工资水平是固定的且以维持工人生存为限，经济增长的利益全部归于资本家。他所说的新古典经济学是指以马歇尔为代表的现代微观经济学。这一学说的特点是，包括劳动在内的所有要素都是稀缺的，工资水平是可变的，经济增长的利益在资本家和工人之间分配。很显然，属于结构主义理论的刘易斯模式含有古典经济学传统。

(三)对刘易斯模型的评价

1. 刘易斯模型的理论意义

刘易斯模型对经济发展理论产生了巨大影响，也奠定了人口流动理论的基础，之后产生的许多理论和模型都是在该模型基础上发展起来的，或者与该模型有密切关系。该模型的意义至少有以下三点：

(1)这个模型强调现代部门与传统部门的结构差异，把经济增长过程与工业化过程以及人口流动过程紧密结合在一起分析，这比哈罗德—多马增长模型更切合发展中国家的实际情形，为研究发展中国家的经济发展开辟了新的思路——结构主义思路。

(2)刘易斯模型把工业化和城市化密切联系起来。该模型所说的农业部门也就是农村部门，工业部门也就是城市部门，即把劳动力的职业转换与人口的地域迁移看作是同一个过程，或者说是同步进行的。

(3)刘易斯模型把工业化、资本积累与人口流动有机地结合在一起，典型地反映了第一个阶段发展经济学的基本特点，因而引起了发展经济学家尤其是第一个阶段发展经济学家广泛的兴趣和重视。早期的发展经济学文献无一不把刘易斯模型作为发展经济学的中心理论之一来评述、发展和检验。

2. 对刘易斯模型的争议

虽然刘易斯模型具有以上种种意义，但也存在着许多不切实际的假定，由此引发了不少争议与批评。

(1)刘易斯模型暗含的假定是，现代工业部门的资本—劳动比例始终是不变的，即资本投资增加 10%，对劳动力的需求也增加 10%。有人认为，这是不符合实际的。实际情况是，随着现代资本主义工业部门的扩大，资本家越来越倾向于资本密集型技术的采用，结果，一定量的资本增加创造的就业机会将会越来越少。比如,资本投资增加 10%,而对劳动力的需求可能只增加了 5%,甚至这个比例还会逐渐下降。这样一来,农业剩余劳动力就不会像刘易斯模型所设想的那样随着资本积累而顺利地转移到非农业部门,即图 6—1 中的劳动边际生产率曲线将变得越来越陡。

(2)一些学者[如美国经济学家舒尔茨(T. Schultz)]认为,假定发展中国家存在着无限的劳动供给也是与发展中国家的事实不相符的。无限的劳动供给意味着相当大一部分农村劳动力的边际生产率等于或接近于零,即什么都不生产。实际上,传统农业部门虽然生产率低,但资源配置还是有效率的,不可能存在边际生产率等于零的剩余劳动力问题。

(3)刘易斯模型过分强调了现代工业部门的扩张,而忽视农业的发展。在刘易斯模型中,农业部门对工业部门的扩张所作的唯一贡献就是输送无限丰富的劳动力资源。也就是说,只要存在着现行农业劳动者收入低于工业工资水平,现代工业部门的扩张就可以持续下去,不管农业是否得到发展。人们对这个缺陷的批评是最激烈的。批评者认为,如果农业处于停滞状态,工业扩张是不可能长期维持下去的。

(4)刘易斯模型假定农村存在大量的剩余劳动力,而城市中不存在失业。这一假定与发展中国家的实际情况也是不相符的。在不少发展中国家,农村虽有一些季节性的、地区性的失业现象,但城市失业问题更严重。

(5)刘易斯把城市工业部门不变的工资水平作为分析的基础。其理由是,由于农村存在大量的剩余劳动力,只要城市净工资水平上升,就会有更多的农村人口流入城市寻找工作,迫使城市工资水平下降。但实际上,在城市存在大量失业的情况下,工业部门的工资水平没有下降反而一直在上升。刘易斯模型并没有解释这种似乎矛盾的现象。

二、拉尼斯—费景汉模型

20 世纪 60 年代初期,美国经济学家拉尼斯(G. Ranis)和费景汉(J. C. H. Fei)合作建立了一个比刘易斯模型更为复杂的模型,即拉尼斯—费景汉模型。该模型直接由刘易斯模型发展而来,清楚地揭示了农业部门与工业部门之间的相互联系,由此也突出了农业在工业化进程中的重要性。

(一)拉尼斯—费景汉模型的基本内容

拉尼斯和费景汉认为,农业部门除了能够为工业部门的扩张提供丰富而廉价的劳动力外,还可以为工业部门提供农产品支持。这种农产品支持被拉尼斯和费景汉定义为农业剩余,它是指农产品总量在满足农民消费之后所剩余的部分。决定农业剩余大小的因素有两个:一是农业部门的农业生产率,二是农业部门的劳动力总量。当农业部门中的劳动力总量随工业部门扩张而逐渐减少时,保持和提高农业剩余的关键就是农业部门劳动生产率的提高,也即农业部门自身的发展。所以,农业部门的发展天然就与工业部门的发展紧密地联系在一起。正是基于以上认识,拉尼斯和费景汉建立了一个包含工、农两部门共同发展的人口流动模型。

在图 6—2 中,(a)是大家所熟悉的刘易斯模型,它表示的是工业部门,而(b)、(c)则代表农业部门。在图(a)中,OW 代表工业劳动,OP 代表工人的边际生产率和工资;dPf 代表边际生产率曲线,它与劳动供给曲线 SP' 交于 P 点,决定工业部门的就业量为 OG'。当资本积累增加时,会导致 dPf 线向外移动;同时,技术进步也将对 dPf 线产生影响。在图(a)中,资本积累和技术进步共同决定着 dPf 线的移动。由于考虑了技术因素,图(a)中 dPf 线的移动与标准刘易斯模型中 dPf 线的移动存在着差别,这表现为 dPf 线在随资本积累和技术进步移动时,其偏转程度发生了变化。这种变化被拉尼斯和费景汉视为技术因素影响的结果。

图(b)为农业部门的总产出图。*OA* 轴代表农业部门投入的劳动力，*OB* 轴表示农业总产出，曲线 *ORCX* 是农业部门的总产出曲线。其中，*ORC* 段上凹，这表示随着农业劳动力投入的增加，农业的边际生产率递减；水平 *CX* 段则表示当农业部门的劳动力增加到一定程度后，其边际生产率为零。这意味着，如果我们将 *C* 点以后的农业劳动力[这在图(b)中表示为 *AD*]全部撤出，农业总产出不会受到任何影响。这种边际生产率为 0 的劳动力被称为“多余劳动力”。拉尼斯和费景汉认为，农业部门劳动力的工资应等于农业部门的人均产出水平，即使存在剩余劳动力，他们也同样应当获取这种收入。其原因在于，如果一个劳动力的收入低于平均水平，那么他的生存将出现问题，他们称之为“不变制度工资”。该工资不是由市场而是由道德和习惯等因素决定的，且在剩余劳动力完全被转移之前将始终不变。图(b)中的平均产品线 *OX* 就代表农业部门的工资。

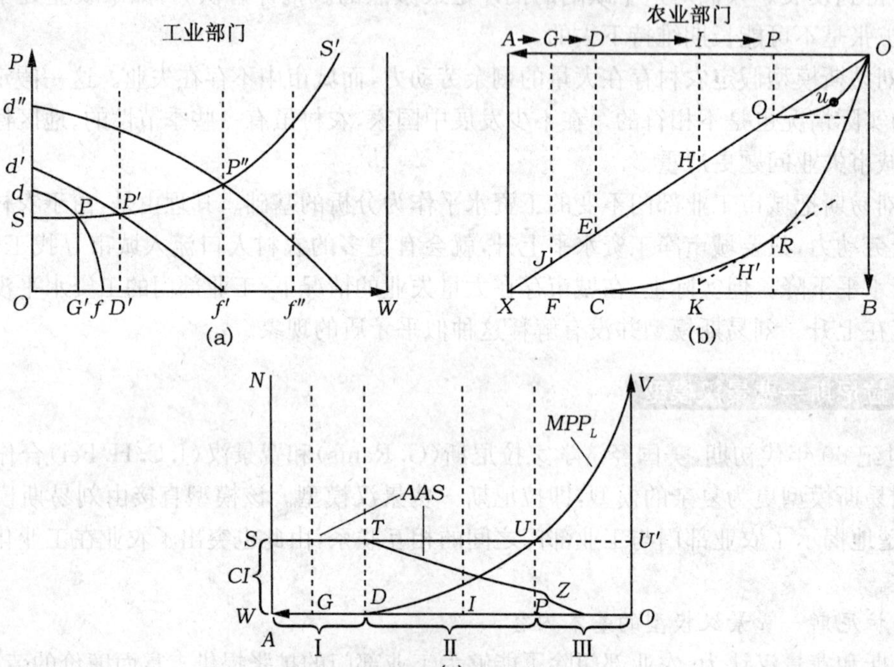

图 6－2　拉尼斯—费景汉模型

在此基础上，拉尼斯和费景汉指出，在农业部门中，凡是边际生产率小于平均收入水平的劳动力，都可以算是一种剩余劳动力，他们称之为“伪装的失业者”。在图(b)中，我们可以通过做出与平均产品线 *OX* 平行且与总产品线 *ORCX* 相切的辅助线 *H′R* 来找出这些“伪装的失业者”。具体地讲，“伪装的失业”包括两部分：一是多余劳动力[即边际生产率为 0 的劳动力，如图(b)中的 *AD* 所示]；二是边际生产率大于 0 但小于平均收入的劳动力[如图(b)中的 *DP* 所示]。拉尼斯和费景汉把多余的劳动力视为一种技术现象，它取决于生产函数；而把“伪装失业”视为一种经济现象，它取决于工资水平。

而图(c)则可以更清楚地说明拉尼斯和费景汉对农业部门中工资决定与失业的分析。在图(c)中，*OA* 代表劳动部门的劳动力，*OV* 代表农业平均产出和边际产出，曲线 *VUDA* 代表农业部门的劳动边际生产率曲线。其中，水平部分 *DA* 表示边际生产率为 0，负斜率部分 *VUD*

表示边际生产率递减；SU 为不变制度工资线，它与 OA 的距离等于农业部门的平均产出，即等于图(b)中 OX 线的斜率。SU 与 $VUDA$ 交于 U 点。我们可以看到，U 点以下部分 UDA 的边际生产率都小于平均产出。这就是拉尼斯和费景汉所分析的"伪装的失业"。

拉尼斯和费景汉认为，农业部门的劳动转移，首先应当是将劳动边际生产率为 0 的那部分劳动力转移出来，而后才是将边际生产率大于 0 但小于平均收入部分的劳动力转移出来。通过这两个阶段，才能消除农业中的"伪装的失业"。最后，这种转移可以发展到对农业中边际生产率大于平均收入的劳动力进行转移，这是农业部门劳动力转移的第三个阶段。在前两个阶段，不论农民转移与否，其工资水平均保持在制度工资的水平上，只有到了第三个阶段，农民的工资才会由市场来决定，农业劳动力的供给曲线才具有正斜率。因此，在图(c)中，我们可以用 SUV 来代表三个阶段农业部门劳动力的供给曲线。其中，水平部分 SU 代表第一、第二阶段的劳动力供给曲线，UV 代表第三阶段的劳动力供给曲线。

从图(b)来考察劳动力的这种转移，我们会发现农业部门劳动力的变化对农业总产出的影响。在图(b)中，我们可以看到，当把多余的劳动力转移到工业部门时，农业总产出并不会减少，但作为农民的劳动者对农产品的消费却减少了，出现了一部分剩余，这些剩余可以用来满足已转移到工业部门的那一部分多余劳动力对食物等农产品的需求，在这里，农业部门对工业部门的物质支持的重要性可谓一览无余。

如果不考虑农业生产率的变化，通过图(b)我们还可以观察到当劳动力转移进入第二、第三阶段时，农业的总产出水平会随劳动力的减少而下降，从而会导致农业剩余的下降，而这又将直接制约工业部门的发展。拉尼斯和费景汉由此总结出了农业剩余对工业部门的扩张和对劳动力转移所具有的决定性影响。

那么，我们应该如何准确地度量农业剩余对劳动力转移和对工业部门发展的影响呢？拉尼斯和费景汉使用了人均农业剩余与不变制度工资的比较来描述这种影响。人均农业剩余被定义为农业剩余与转移出来的劳动力的数量之比。在第一阶段，人均农业剩余等于不变制度工资水平，人口转移对工业和农业均无影响；而在第二阶段，由于将农业中具有边际生产率的劳动者转移了出来，农业总产出将下降，与之相对应，人均农业剩余也将减少，而且它将会低于不变制度工资。此时，工业部门的劳动力对粮食的消费将比其在农村中务农的粮食消费低，从而使粮食出现短缺，第二阶段的起始点由此被拉尼斯和费景汉称为"短缺点"。到第三阶段，当农业中的"伪装的失业"全部被转移后，工业部门和农业部门所面临的劳动供给曲线均为正斜率，这表示此时两部门的工资均由供求的市场法则来确定。为此，他们将第三阶段的起始点 R 点称为"产业化点"。拉尼斯和费景汉认为，如果排斥农业部门的发展，则工业部门也难以获得真正的发展，因为粮食的短缺将阻碍这种进程。所以，对工业部门而言，农业部门的发展是其发展的重要前提条件。只有通过不断地提高农业生产率，才能弥补第二阶段和第三阶段劳动力减少对农业总产出的影响，从而为工业部门的发展提供保障。

拉尼斯和费景汉进一步认为，农业生产率的增长虽然是保证工业部门扩张和劳动力转移的必要条件，但是仅有农业部门生产率的增加是不够的。要使这一过程不受阻碍，还必须强调工业部门与农业部门的平衡增长。两个部门之间的贸易条件不能恶化，这就需要农业部门的农业剩余刚好能满足工业部门对农产品的需求。如果前者大于后者，则农业的贸易条件就会恶化，粮食将出现过剩，这将伤害农业部门；若后者大于前者，则粮食会出现短缺，这又将不利于工业部门的发展。只有保持均衡的贸易条件，才能使劳动力的转移得以持续进行，并最终消除农业中的剩余劳动力。

(二)拉尼斯—费景汉模型的理论贡献及其局限性

拉尼斯—费景汉模型是对刘易斯模型的重大发展。在刘易斯模型中,农业对工业部门扩张的贡献就是提供廉价劳动力,只要工业部门持续发展,农业劳动力就可以转移到工业部门。但在拉尼斯—费景汉模型中,农业不仅为工业部门提供劳动力资源,而且也提供农业剩余。如果农业剩余不能满足工业部门扩张对农产品日益扩大的需求,劳动力转移就会受阻,工业扩张就会放慢,甚至停滞下来。这一点被认为是拉尼斯—费景汉模型对刘易斯模型的重要发展。

此外,刘易斯模型没有考虑人口增长与工业扩张以及劳动力转移之间的关系,而拉尼斯—费景汉模型则详细地考察了人口增长对工业部门扩张和农业劳动力转移的不利影响。把人口增长包括在模型中更接近现实,同时也表明发展中国家在人口高速增长的条件下实现工业化的艰巨性和控制人口增长的必要性。

当然,拉尼斯—费景汉模型也存在着缺陷,有些与刘易斯模型相同。首先,拉尼斯—费景汉模型只假定农业部门存在剩余劳动,而工业部门不存在失业。这与发展中国家的实际情况不一致。其次,拉尼斯—费景汉模型假定农业收入不会因劳动生产率的提高而增加,这也是一个不合理的假定。在发展中国家,在农业劳动生产率提高和农业生产增长的情况下,农民收入肯定将相应增加。

三、托达罗模型

在 20 世纪 60 年代末 70 年代初,随着经济的发展,许多发展中国家开始遇到始料未及的严重的城市失业现象:大批劳动力在城市中找不到工作,同时,越来越多的农民正试图离开农村进入城市。人口流动不仅未能带来经济发展,反而成为经济发展的障碍和拖累。这一现象是传统人口流动模型难以解释的。对此,美国经济学家托达罗提出了一个预期收入的模型,试图解释城市失业与乡村人口向城市涌入两者并存的现象。

(一)托达罗模型的基本内容

托达罗通过引入就业概率和预期收入的概念,改进了传统模型对于人口流动驱动机制的假设。在传统的人口流动模型中,往往假设工业部门可以实现完全就业,因此,决定人们迁移的是实际收入的差异。但现实中,城市工业部门的失业现象时有发生。这表明,劳动力流入城市后,能否找到工作实际上是有不确定性的。考虑到这种不确定性,理性的劳动者通常会用实际收入乘以就业概率所得到的预期收入作为自己在城市中获得收入的评价尺度。因此,托达罗认为,只有当预期收入大于劳动力在农村中的平均收入水平时,才意味着劳动力的迁移是有利可图的。

托达罗对传统人口流动模型的另一贡献,在于他引入了非正规部门就业这一概念。传统的人口流动模型通常假设:人们要么在先进的现代工业部门就业,要么在传统的农业部门就业。但托达罗指出,在城市中,与少数先进的现代工业部门(这被称为正规部门)并存的,还有广大的小商店和路边小厂(这被称为非正规部门)。作为对被现代工业部门认为是无利可图的市场空缺的填补,非正规部门吸纳了大量的就业人口,构成了现实经济中一种重要的就业形式。由于非正规部门的运作和组织形式具有很大的灵活度和易变性,因此,通常可以为那些从农村迁徙到城市,试图在城市中的正规部门谋得一份工作而未果的人提供工作岗位。非正规部门就业的概念在托达罗模型中非常重要,它反映了更真实的人口流动:人们在由农村进入城市的过程中,往往难以一步到位地进入正规部门就业,而是先被非正规部门吸纳。这样,托达罗人口流动模型实际上是讨论了三个部门的就业(农业部门、城市正规部门、城市非正规部门)，所以，该模型又被称为"三部门模型"。

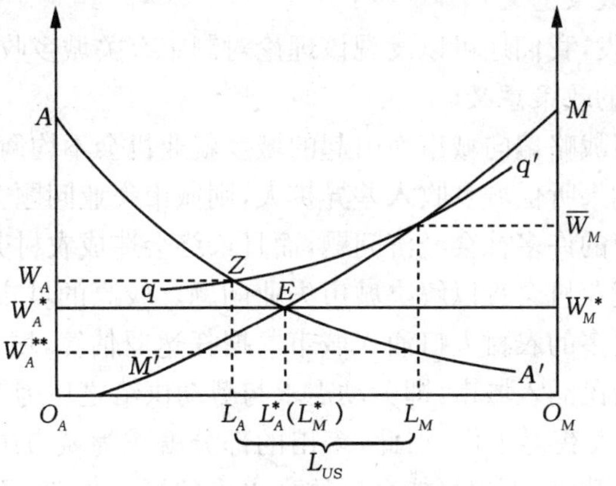

图 6—3　托达罗人口流动模型

图 6—3 描述的就是托达罗人口流动模型。在该图中，托达罗采用的是两部门法，即农业部门与工业部门。图形左侧的纵轴表示农业的工资率，右侧的纵轴表示工业的工资率。横轴 O_AO_M 代表总劳动力，曲线 AA' 是农业部门的边际产出线，同时也是农业部门的劳动需求线。曲线 MM' 表示工业部门的劳动需求线。

托达罗假设市场为新古典市场，灵活工资且充分就业。在此条件下，均衡工资水平为 $W_A^*=W_M^*$。这时，农业部门的劳动力为 $O_AL_A^*$，工业部门的劳动力为 $O_ML_M^*$ (L_A^* 与 L_M^* 重合)，劳动力得到充分利用。

现假设城市工资水平为 $\bar{W}_M$，$\bar{W}_M>W_A^*$，则城市部门可吸纳的就业人数为 O_ML_M，如果不存在失业，则 O_AL_M 数量的劳动力会留在农业部门。此时，农业部门的工资为 W_A^{**}，$W_A^{**}<W_A^*$。由于 $W_M>W_A^*$，$W_A^*>W_A^{**}$，所以 $\bar{W}_M>W_A^{**}$，城乡存在收入差异。如果劳动力可以自由流动，则在收入差异的吸引下，将会出现城乡人口流动。但由于就业的人数有限，因此不是每一个涌入城市的劳动力都会被雇用。这样，对农民流动来讲，存在不确定性。如果就业概率可以用工业部门就业量 L_M 与城市总劳动力 L_{US} 之比来表示，则有：

$$W_A=L_M/L_{US}(\bar{W}_M)$$

这是农民迁移决策的边际条件，W_A 表示农民的农业工资收入，而 $L_M/L_{US}(\bar{W}_M)$ 表示农民预期的在城市部门工作的收入。当 $L_M/L_{US}(\bar{W}_M)>W_A$ 时，农民才会迁移。当 $L_M/L_{US}(\bar{W}_M)=W_A$ 时，则农民的选择无差异。qq' 表示了这种无差异关系，此时，新的失业均衡点为 E 点，在这一点，城乡的实际收入差异为 $\bar{W}_M-W_A$。O_AL_A 在农业部门就业，O_ML_M 在工业部门就业，其余的劳动力 L_AL_M 则要么失业，要么在城市传统部门就业。

从对托达罗模型的分析和介绍中，我们可以总结出托达罗模型的几个基本结论：

(1)对迁移的成本—收益的比较分析是人口流动的决策基础。

(2)城乡预期收益的差异是决定人们迁移决策的关键变量，而影响城乡预期收益差异的主要因素是现代部门的工资水平和就业概率。

(3)现代部门的就业概率取决于城市传统部门就业总人数与城市现代部门的新创职位数，就业概率的大小能自动调整人们的迁移行为。

(4)当城乡收入存在巨大差异时，就业概率对人们迁移决策行为的影响会减弱，人口净迁移的速度会超过城市现代部门的就业创造率而出现严重的城市失业现象。

(二)托达罗模型的政策意义

从这些基本结论出发,我们还可以发现该理论对制定有关城乡收入战略、农村发展战略以及工业化战略具有重要的政策意义。

(1)应当减轻因发展战略偏向城市而引起的城乡就业机会不均衡的现象。这其中,特别是要控制城乡收入差异,如果听任城乡收入差异扩大,则城市失业问题会不断加剧。人口大量涌入城市,不仅会引起城市的许多社会经济问题,而且最终会造成农村劳动力短缺的局面。

(2)通过创造城市就业机会难以解决城市失业问题。较高的城市就业率会扩大城乡预期收入差异,从而会引发更多的农村人口涌入城市。据托达罗估算,城市每新增 1 个就业机会,就会引发 2～3 名农村居民涌入城市,即劳动需求与劳动供给之比为 1∶2 或 1∶3。由于城市最终只能使其中一部分人获得工作,因此,多出的部分就成为城市中的失业者。由此可以断定,旨在减少城市失业的政策,不仅可能会导致高水平的城市失业,还会因诱发迁移而造成更低的农业产出水平。

(3)不加区别地发展教育事业会进一步加剧人口流动和失业。由于在城市部门的就业中,雇主往往喜欢雇用那些受教育水平比较高的劳动力,因此,教育信号成为决定劳动者能否被雇用的一个主要因素。这样一来,对农村居民而言,如果所受的教育水平比较高,则意味着他们在城市的就业概率大,而就业概率的增加又会使其预期收益上升,从而他们迁移的可能性也就更大。因此,如果在农村不加选择地普及和提高教育水平,会使城乡人口的流动速度进一步加快,这同样会加剧城市的失业问题。

(4)在城市部门中,通过工资补贴和对稀缺要素的传统定价方式不能有效地扩大城市就业,因为这会扩大城乡的收入差异,导致人口流动的进一步加剧。

(5)要想控制和消除城市失业,就必须鼓励和支持农村的发展。通过制定和实施有效的农村发展战略,可以提高农民在农村中的收入水平,改善其经济状况,这同样可以起到防止由于农村收入水平低下而使农民过度迁往城市的作用。

第二节 城市化问题

一、城市化概述

所谓城市化,是指乡村分散的人口、劳动力和非农业经济活动不断进行空间上的聚集而逐渐转化为城市的经济要素,城市相应地成长为经济发展的主要动力的过程。它表现为人口向城市的集中、城市数量的增加、规模的扩大以及城市现代化水平的提高,是社会经济结构发生根本性变革并获得巨大发展空间的表现。城市化具有如下五个方面的内涵:

(一)城市化是城市人口比重不断提高的过程

城市化首先表现为大批乡村人口进入城市,城市人口在总人口中的比重逐步提高。

(二)城市化是产业结构转变的过程

随着城市化的推进,使得原来从事传统、低效的第一产业的劳动力转向从事现代、高效的第二、第三产业,产业结构逐步升级转换,国家创造财富的能力不断提高。

(三)城市化是居民消费水平不断提高的过程

城市是高消费群体集聚的地方。城市化使得大批低消费居民群体转变为高消费居民群体，因此，城市化过程又是一个市场不断扩张、对投资者吸引力不断增强的过程，也是越来越多的国民在发展中享受到实惠的过程，是一国中产阶级形成并占主体的过程，而后者正是现代社会结构的基本特征。

（四）城市化是城市文明不断发展并向广大农村渗透和传播的过程

城市化的过程是农村和农民生产方式和生活方式不断提高、不断现代化的过程，也就是城乡一体化的过程。因此，城市化不能简单地理解为只发展城市，更不能狭隘地理解为只发展小城镇或者只发展大城市。

（五）城市化过程是人的整体素质不断提高的过程

由于大部分国民从事着先进的产业活动，有着较高的生活质量，因此，人们的生活方式、价值观念将会发生重大变化，告别自给自足，摆脱小富即安，追求文明进步，崇尚开拓进取。社会将建立根本区别于农业社会的城市社会新秩序，社会化、商品化、规范化、法制化将是城市社会秩序的基本特征。

因此，城市化绝不仅仅是乡村人口进入城市，而是乡村人口城市化和城市现代化的统一，是经济发展和社会进步的综合体现。乡村人口城市化与城市经济现代化、基础结构现代化以及城乡一体化共同构成城市化的丰富内涵。如果说乡村人口城市化是城市化进程中量的增加的过程，是城市化的初级阶段；那么，城市现代化和城乡一体化则是城市化进程中质的提高的过程，是城市化的高级阶段。

二、工业化与城市化的关系

（一）工业化与城市化的一致性

在经济学研究中，工业化是现代经济发展的一个特定阶段，而城市化则是现代经济发展的一个必然结果，是伴随着现代经济增长而产生的经济现象。因此，两者是相互联系、不可分割的统一体，共同反映了经济发展的基本进程。

在很多发展经济学家看来，工业化是一种以工业（或制造业）为中心的非农产业迅速增长及其比重上升的过程，这个过程可以等同于经济发展的进程（因而工业化的概念有时也被等同于经济发展的概念）；而城市化作为一种城市人口迅速增长及其比重上升的过程，可以被看作是反映工业化程度或经济发展程度的一项内容甚至一项指标。从这个角度看，工业化与城市化不仅是同一的，而且广义的工业化还包括了城市化。

（二）工业化对城市化的推进作用

从经济学的角度分析，工业化对城市化的推进作用主要表现在以下几个方面：

1. 工业化从生产方面带动了城市化

工业的发展不仅引起了比较利益的变化和生产的专业化，而且带动了规模经济的发展，产生了越来越明显的聚集效应。这种聚集效应以工业集中为中心，扩大到交通运输、服务业、市场规模、要素供给以至社交场所等各个方面，促使人口向城市集中和城市密度的上升，成为工业化带动城市化最重要的原因。从聚集效益到聚集效应再到聚集经济，工业化的进程带动了人口和经济的集中，从而带动了城市化的发展。

2. 工业化从消费需求方面带动了城市化

工业化的演进带动了经济高速增长、人均收入水平和消费水平的上升，引起了社会消费结构和消费方式的变化，为人口的迁移、集中和城市的发展创造了经济条件；而消费需求的变化又引起了市场规模和区域市场的变化，对城市的扩张和城市化的演进提出了内在要求。乡村人口向城市人口的转变，是在乡村消费模式向城市消费模式转变的基础上实现的(如果没有这种转变，乡村人将不会在城市定居下来)，而工业化所导致的消费方式和消费需求的变化，则成为促进这种城乡人口迅速转变的一个重要动因。

3. 工业化从结构转变方面带动了城市化

在工业化过程中，工业带动服务业的产出比重不断上升；相应地，劳动力由农业向工业及其他非农产业转移，这种生产结构和就业结构的转变有力地带动了农村城镇化和城市的发展。根据各国普遍存在的传统的城乡产业分工模式，乡村主要从事农业，城市主要从事非农产业，因而产业结构的转变必然导致城乡结构的变迁。

(三)工业化与城市化的相互促进

国外一些经济学家认为，工业化与城市化之间是一种循环互推关系，两股力量在循环的因果关系中相互作用，其中任何一方面的变化都会导致另一方面发生变化，这种循环的互推关系不仅具有累积效应，而且往往以某种加速度迅速扩大影响。

工业化与城市化的相互促进主要表现在：工业的发展带动了相关产业的扩张，引起了市场规模的扩大，从需求和地域两方面促进了城市化的发展；而城市的发展带动了劳动力、资本、技术、信息等生产要素的聚集，形成了生产扩张的有利条件，反过来支持了工业化的进一步发展。可以说，工业化通过带动很多相关部门(包括从农业、手工业、交通运输到各种相关服务部门)的产业化促进了城市化的发展，而城市化则通过带动很多生产要素的商品化和市场化反过来支持了工业化的进一步扩张。

三、发展中国家的城市化问题及其解决办法

第二次世界大战以后，随着发展中国家工业化的展开和经济的迅速发展，许多发展中国家的城市化步伐也日益加快。1950 年，发展中国家的城市人口约为 2.75 亿，仅占世界总城市人口 7.24 亿的 38%。到 1990 年，发展中国家的城市人口达到 14 亿，占世界总城市人口 23 亿的 61%。但是，由于发展中国家的人口规模庞大，因此，其城市化水平与发达国家仍存在着很大差距。根据联合国人口和发展委员会 2005 年 2 月 16 日发表的报告，当时发展中国家的城市人口占总人口的比例仅为 43%，而发达国家的这一比例则高达 75%。尤其值得注意的是，发达国家通常在城市化的中后期才出现的城市化问题，发展中国家在早期就出现了，而且正在日益加剧。

城市化问题也称为城市病，它是城市化发展到一定阶段的产物，又是城市化水平还不够高的表现。城市病的产生既有体制、管理、观念、经验和行为方式等的原因，更重要的是经济原因。

(一)发展中国家的城市化问题

发展中国家的城市化问题突出表现在过度城市化、城市首位度畸高、城市失业与贫困、环境污染和其他各类社会问题上。

1. 过度城市化

过度城市化又被称为虚假城市化，是指城市化水平大大超过了本国的工业化水平和相应的经济发展阶段，表现为没有工业化和没有经济发展的城市化。从发达国家的情况看，一般在工业化初期，城市化水平低于工业化水平；而到工业化中后期，城市化水平开始变得超出工业化水平，并且差距越来越大。然而，在当代发展中国家出现的却是另一番景象，甚至在它们还没有进入最初的工业化阶段时，城市化水平就超过了工业化水平，而在它们进入了工业化阶段

后，更发展成了一种过度城市化现象。例如，发展中国家的城市化水平达到 21%时，人均国民生产总值为 340 美元；而欧洲大陆城市化水平达到 21%时，人均国民生产总值已高达 650 美元。显然，发展中国家的城市化与工业化进程出现了严重的脱节。

发展中国家的过度城市化特征在拉美国家表现得最为突出。拉美国家的过度城市化大约是从 1950 年前后开始的。1950～1980 年，拉美国家的城市化水平从 40%提高到 64%；相比之下，发达国家则多花了 20 年的时间才达到这一比例。在同样的城市化水平增幅内，发达国家的人均国民生产总值增加了大约 2.5 倍，而拉美国家只增加了 60%。到 2005 年，拉美和加勒比地区的城市化水平已进一步高达 75%，几乎与发达国家并驾齐驱，而阿根廷的城市化水平更高达 89%，超过了美国、日本、德国和法国等大多数发达国家。但实际上，拉美国家的工业化程度和发展水平还远远落后于发达国家。

2. 城市首位度畸高

城市首位度也称为首位城市指数，是指一个国家或地区最大城市人口数与第二大城市人口数之间的比值，通常用来反映该国或地区的城市规模结构和人口集中程度。一般认为，城市首位度小于 2，表明结构正常、集中适当；大于 2，则存在结构失衡、过度集中的趋势。由于历史原因和政策上的偏差，发展中国家并没有出现发达国家那种序列性规模的城市结构，而是出现了所谓"单一支配型城市"，造成发展中国家城市规模的分布很不合理。早在殖民统治时期，许多发展中国家就已经形成了畸形的特大城市，这也是发展中国家政治独立后开始城市化进程的基础；但许多国家独立后并没有主动改变依附经济条件下形成的城市结构上的缺陷，而是单纯地追求首位城市的发展。根据联合国 2005 年 2 月 16 日发表的一份报告，当时全球共有 20 个城市的人口超过了1 000万，其中，有 15 个城市位于发展中国家，墨西哥城（1 920万）、孟买（1 830万）和圣保罗（1 830万）分别位居这 20 个世界上人口最多城市的第二、第四和第五位。由于宏观上缺乏控制，第一大城市的人口往往比第二大城市的人口（即城市首位度）多 3～9 倍，最高达到 12～13 倍。例如，秘鲁的利马占全国人口的 26.3%，城市首位度高达 13.1；菲律宾马尼拉的城市首位度为 11.6；阿根廷的布宜诺斯艾利斯集中了全国 37.3%的人口，城市首位度也达 11.5。

3. 城市失业与贫困

城市化迅速发展的主要后果之一，就是到城市经济的现代化（正规）部门和非正规部门求职者的数量日益增加。在许多发展中国家，劳动力的供给已远远超过需求，结果造成城市地区极高的失业率和就业不足率。如果把公开失业和就业不足的数字都考虑在内，那么许多发展中国家城市的失业率将高达 30%。就绝大多数发展中国家而言，城市失业率至少是农村失业率的 2 倍，而在近 47%的国家中，这一数字更高达 3 倍。这就同发达国家的情况形成了鲜明对照，在发达国家，城市失业率低得多，而且城市失业率总体上低于农村失业率。

与城市失业相对应的是发展中国家城市贫困化现象的日益加剧。联合国的一份报告指出，目前，在发展中国家的城市里，生活在贫民区的居民已占城市人口的 1/3，其中，亚洲有 5.5 亿，非洲有 1.87 亿，拉丁美洲和加勒比地区有 1.28 亿。在许多国家的城市中，贫民区的居民甚至超过城市总人口的 60%。同时，发展中国家城市的棚户区和贫民窟的数目也急剧增加。从里约热内卢的贫民窟和利马的印第安人居住区，到加尔各答的贫民街和达卡的市郊贫民区，这种临时性贫民区每隔 5～10 年就能增加 1 倍。

4. 城市环境污染

随着发展中国家城市化的超前发展，交通拥挤、车辆和工业的污染排放极大地增加了城市的环境成本。研究表明，城市环境恶化的速度快于城市人口规模扩大的速度，从而导致城市新增居民的边际环境成本随着时间的推移而不断上升。在城市化过程中，大气污染对健康构成了威胁。大气污染的主要来源是能源利用、车辆尾气排放和工业生产。工业化导致污染的增加，或者是由直接排放污染物造成的，或者是因改变消费方式和增加对制成品的需求间接造成的。据估计，在20世纪80年代后半期，按照世界卫生组织的标准，约有13亿人口生活在大气所含颗粒物质水平不安全的城市里，另有10亿人口受到高水平二氧化硫的影响，二氧化硫的含量之高已到了令人不可接受的地步。其他化合物，如一氧化二氮和有机化合物也随着工业化的推进而变得日益严重。此外，发展中国家城市大气中的含铅量水平很高。在曼谷，高水平的大气含铅量已对少年儿童的成长造成了严重影响，从7岁的孩子看，他们的平均智商已降了4点或4点以上。按照世界卫生组织的标准，在墨西哥城，70%的儿童的血液含铅量已到了异常高的水平。

由于城市中穷人的能力比富人低得多，因此，穷人更可能遭受环境恶化所带来的消极影响。而且，生活在城市贫民区的人们由于营养不良和健康不佳，又导致他们对环境公害的个人抵御能力减弱。从目前看，影响城市穷人健康的两个最重要的环境因素是不能获得清洁水源和缺乏卫生设施。据估计，全世界有10亿人不能获得清洁水源，10亿人生活在水源长期短缺的地区，还有17亿人缺乏卫生设施。结果，在发展中国家，每年大约发生9亿例腹泻病、2亿例血吸虫病和9亿例钩虫病，霍乱、伤寒和副伤寒等疾病也是困扰发展中国家城市贫民的主要疾病。

5. 城市的社会问题

发展中国家城市的社会问题往往是由内外两个因素造成的：一是内在因素，即由城市本身的发展不平衡造成的。例如，人口的移动带来中心区的荒废，人口分布失去控制，或者城市的开发方向有误，若干年后出现问题。在发展中国家，由于经济落后，城市的贫民窟与棚户区问题长期得不到解决，社会分配不公，加上就业困难、教育不足、市民和官僚缺乏社会责任心、社会服务参差不齐、传统价值观与社会发展之间矛盾重重，导致社会治安混乱，随之而来的就是青少年犯罪、娼妓、吸毒、酗酒和精神疾病等社会现象。二是外来因素，即移民大量增加，文化背景的不同，语言、宗教、伦理、种族的混杂，使城市中原来各种规范性的道德和礼貌习俗受到冲击，进而导致宗教、民族冲突的加剧和恐怖性犯罪率的上升。当然，还有另外一些社会因素，比如在现代社会中，高度紧张的工作和快节奏感，也往往导致烦躁、忧郁、困惑等疾病，出现较多的孤独症和自杀现象。这些问题的解决办法往往需要从一个国家的社会制度本身去寻找，所以难度更大。

（二）发展中国家城市化问题的解决办法

城市病作为一个国家城市化过程的成本和代价，往往是难以避免的。随着经验的积累，人们可以把成本和代价降至最低点，但却难以做到完全没有成本和代价。只要政策得当，当城市化达到较高程度、国家和城市的经济实力变得十分雄厚的时候，城市病是能够得到控制的。发达国家的实践已证明了这一点。针对日益严重的城市化问题，发展中国家应采取以下措施：

1. 降低人口出生率

既然城市人口的过度增长是造成发展中国家城市化问题的根本原因之一，那么就必须采取措施抑制城市人口迅猛增长的势头，如果仅仅依靠强制的手段抑制城市人口本身，是不可能从根本上解决问题的。例如，秘鲁政府曾把住在首都利马贫民窟和郊外那些简易房住区的人迁移到该国东部人口密度低的地区，无偿向他们提供土地，给予了其他一些方便；印度尼西亚为了控制农村迁入雅加达的人口，曾宣告封闭城市，不准三轮车进入市内，取缔马路摊贩，驱逐市内非法居民等；坦桑尼亚也曾经采取禁止迁移的强制政策，城市里的人只要没有雇用证明书，就要被强制遣返回原地。但总的说来，这三个国家的上述政策措施最后都没有达到抑制城市人口增长的目的。

因此，要有效地抑制城市人口增长，应着眼于降低整个国家的人口出生率，这样不但对降低人口增长速度有作用，对降低城市人口的增长也有直接作用；而且，农村生育率的降低，从长期看，又有助于减少潜在的迁入城市人口。为此，发展中国家必须把实行计划生育、控制人口增长作为一项基本国策，努力提高妇女的文化教育水平，增加妇女的就业机会和社会经济活动的参与率，使她们更多地接触公众舆论和计划生育服务工作，改变传统的生育观念，并要加强对青少年晚婚、晚育、性道德和节育等的宣传教育。

2. 控制城市规模

城市规模的扩大能给城市带来集聚效应和规模经济效应，但目前还缺少关于适度城市规模的系统的实证性数据，尚未找到最佳的城市规模；而且，由于不同国家的国情不同，也许永远也不可能找到一个统一的、可被普遍接受的最佳城市规模。其实，真正的城市问题并非主要因为城市人口的多少，而是源于城市的人口结构、人口数量同土地、基础设施、资源、产业结构以及工业化程度等诸多因素之间的矛盾。无数事实表明，当城市超过一定的规模时，特别是当城市人口的增加速度大大超过现代部门就业机会的增长以及城市生活服务设施的增长时，就会产生严重的问题。

因此，控制城市规模应从发展中国家的国情出发，综合考虑城市的现实基础和资源条件，以其承载力为标准来确定适度规模，而不是以纯粹的人口数量论作为控制城市规模的依据。发展中国家应当采取措施，严格控制大城市尤其是特大城市的规模；同时，可适当发展中等城市，并积极发展小城镇。菲律宾马尼拉、泰国曼谷等实行了“大城市、大郊区”模式，在大城市周围建设不同性质的卫星城镇，这为疏散大城市的市区城市人口、制止人口涌向城市、合理分布人口提供了较大的回旋余地，也便于旧城的改造与新区的开发建设有计划地结合，并可带动农村经济的发展，加强同毗邻地区的合作。

3. 实施城市分散化计划

人口集中到首都和大城市对国家弊多利少，因此，最为可能的合理措施是将人口从现有的大城市分散到中小城市。然而，要使人口倒流，回到中小城市或农村去，并不是一件容易的事情。这种人口倒流需要大量的经济刺激，因为强制的行政办法不仅不能奏效，而且往往导致公众不满，甚至发生社会动荡。因此，应当努力使得中小城市乃至农村的工作和生活条件达到或优于大城市的水平。当然，从短期看，城市分散化计划可能会产生一些矛盾。比如，中小城市的建立不但没有分散大城市的人口，反而吸引了农村或更小城市的人口向建设中的中小城市集中；同时，城市分散化还必然会与目前大城市改善居民生活条件的计划争夺有限的资源，而且大城市的生活条件越改善，城市的魅力就会越强，从而吸引更多的人口向大城市集中。然而，从长期看，城市人口的分散计划是可以实现的，发达国家大城市的人口向中小城市或农村倒流的趋势，就是这方面的证明。

4. 改变偏重城市的倾向，努力促进农村社会经济的发展

在过去的几十年中，由于发展中国家不加分析地实施传统的发展战略，片面强调工业现代化、技术尖端化和城市区域的扩大，导致了经济机会在地域上的严重失衡，并造成农村人口不断加速地涌入城市地区，使城市急剧膨胀。发展中国家的城市化政策往往注重在城市中提供

更多的服务设施与就业机会，这种政策显然会进一步刺激城市的继续扩大。同时，国际机构善意的援助和贷款也往往偏重于城市，使得发展中国家城市人口集中的现象更加严重。因此，发展中国家的政府和国际组织应当改变传统的偏重于城市的政策倾向，转而采取扶持农村社会经济发展的政策措施。在大多数发展中国家，农村人口占总人口的绝大部分，农业是国民经济的主要部门，因此，大力发展农业和农村经济、努力提高农民的收入水平、改善他们的生活条件、减轻直至消除城乡经济不均等的现象，才是缓和农村人口向城市大规模流动、解决发展中国家城市化问题的一项根本措施。

本章小结

农业人口向非农业部门转移、农村人口向城市迁移，是经济发展和工业化过程中出现的一种必然趋势。本章介绍了三种人口流动模型。刘易斯模型是发展经济学中一个著名的人口流动模型，该模型建立在无限劳动供给的假定上，考察劳动通过资本积累从农业部门转移到城市工业部门的机制。拉尼斯—费景汉模型是对刘易斯模型的修正和扩展，该模型的一个进步是把农业部门和工业部门之间的相互关系通过图解方式清楚地揭示出来，通过工、农业之间关系的考察，得出工业与农业必须平衡增长的结论。托达罗模型与前两个模型不同，它的目的是要找到阻止农村人口向城市流动的方法。

人口流动最终导致城市化，城市化也是工业化的必然趋势。这是因为城市的主要特征是集中，集中能产生集聚经济，从而能提高资源使用效率。工业化与城市化具有相互促进的作用：工业的发展带动了相关产业的扩张，引起了市场规模的扩大，从需求和地域两方面促进了城市化的发展；而城市的发展带动了劳动力、资本、技术、信息等生产要素的聚集，形成了生产扩张的有利条件，反过来支持了工业化的进一步发展。

在回顾发展中国家城市化实践的基础上，我们发现发展中国家的城市化存在许多问题：过度城市化、城市首位度畸高、城市失业与贫困、环境污染和其他各类社会问题，因此，我们分析了发展中国家城市化问题的解决办法。

复习思考题

1. 刘易斯模型的基本思想是什么？如何评价这一模型？
2. 为什么说拉尼斯—费景汉模型是对刘易斯思想的发展？
3. 请分析托达罗模型中的人口流动机制。
4. 什么是城市化？城市化的含义包括哪些？
5. 如何理解工业发展对城市化的推进作用？
6. 如何看待发展中国家城市化过程中出现的各种问题？

第七章

资本形成与经济发展

第一节　资本形成及其理论

一、资本与资本形成

任何经济生产活动都离不开生产要素，所谓“巧妇难为无米之炊”。生产要素一般包括资本、劳动和自然资源三个方面。对于发展中国家而言，最缺乏的无疑是资本要素。著名发展经济学家纳克斯曾说过：“在经济落后的国家，发展问题的核心就是资本形成。”早期发展经济学家非常强调资本形成在发展中国家经济发展中的关键作用，资本相对于自然条件、资源、劳动力和技术等要素，对发展中国家经济增长所起的作用更大，因此，资本稀缺被认为是导致发展中国家贫困的首要原因。

(一)资本的概念

长期以来，经济学家都认为资本(Capital)囊括了提高劳动生产率的一切因素，也就是说，凡用于生产、扩大生产能力和提高生产效率的物质都称为“资本”。狭义的资本包括机器、设备、厂房、建筑物、交通运输设施等实物资产，即物质资本。物质资本是投资过程的结果，它代表着本期的生产能力，并同其他互补性生产要素一起构成代表未来时期的生产能力。广义的资本包括物质资本、人力资本和金融资本三种形式。所谓人力资本，是指通过教育、培训、保健、劳动力迁移等获得的凝结在劳动者身上的知识和技能的积累，它的使用为个人所控制，不管对这种资本的投资来自个人还是政府。当公司发行股票或债券，或者从银行借款时，“资本”一词就具备了金融意义。

资本的重要来源是储蓄，即一国在一定时期内的国民收入减去消费后的余额。从再生产的角度来看，国民收入减去消费后的储蓄又称为“资本积累”。而根据国民收入均衡公式 $S=I$ 来看，假定既定的储蓄可以全部转化为投资，那么储蓄就等于投资，从而投资过程就是资本积累过程。在发展经济学中，人们通常综合地考察储蓄、投资和资本积累过程，并结合投资标准、投资效益、技术进步等因素来分析储蓄如何转化为资本品生产的投资，投资又如何成为一定的资本形式，产生一定的生产能力，因而将此过程称为“资本形成”。因此，本章中资本形成与资本积累两个概念可以通用。

（二）资本积累（形成）在经济发展中的作用

在西方经济学中，对资本积累作用的强调由来已久。以亚当·斯密为代表的古典经济增长理论就曾认为，资本积累与经济增长率成正比，资本积累量的大小是经济增长率高低的关键。这一思想在凯恩斯主义的现代经济增长理论中得到了进一步发挥；在哈罗德—多马模型中，$c=S/C$，其中，资本—产出比 c（代表投资效率）被假定为不变，因而，储蓄率 s 就成为决定经济增长率的唯一因素。在这个模式中，因为储蓄可以全部转化为投资，所以，储蓄率就是投资率或资本积累率。由此可见，在哈罗德—多马模型中，资本积累的作用被提高到了十分突出的地位——资本积累是经济增长唯一的决定性因素。哈罗德—多马模型是用来分析发达国家长期、动态经济增长过程的理论，但它所使用的分析方法（宏观的、动态的、长期的方法）、考察的经济增长要素（资本、劳动、人口等）以及结论和含义等内容，同样适用于研究发展中国家的经济发展问题。

罗斯托的经济增长阶段理论是从经济史的角度来描述世界各国经济发展的阶段、条件、机制、政策等，由于他使用的是历史的、长期的、动态的和宏观的方法，考察的是不发达国家如何发展为发达国家的过程，并涉及人口增长、资本积累、经济结构变化、制度和思想意识的变革、贫困的消除与人民群众生活水平的提高等内容，因而也是一种独立的经济发展理论。尤其是起飞理论，以不发达国家为考察对象，以经济落后为分析起点，侧重研究不发达国家如何摆脱经济落后，实现经济起飞，进入初始的经济发展阶段，因而是名副其实的发展经济学。在起飞理论中，罗斯托认为，一国要顺利实现经济起飞，即初始的（低级阶段的）经济发展，必须具备三个条件：一是投资率即资本积累率（或储蓄率）达到 10%以上；二是建立起能带动整个国民经济发展的主导部门体系；三是必须伴随制度和意识形态上的变革。在这三个条件中，资本积累率达到 10%以上是基本的、先决的条件。由此可见，罗斯托把资本积累率的提高看作是经济发展的先决条件和重要前提，并认为这是适用于一切国家的、具有历史必然性的普遍规律。

20 世纪 50～60 年代，一些西方发展经济学家依据哈罗德—多马模型和罗斯托的“起飞”理论，认为资本形成是经济发展的约束条件和决定性因素，从而形成了过分强调资本积累在经济发展中的作用和地位的“唯资本论”。

第一阶段发展经济学的工业化、计划化理论中，也体现着“唯资本论”的思想。工业化理论认为，经济发展的过程就是工业化、城市化的过程，也就是农业中剩余劳动力向城市工业部门不断转移，直至农村剩余劳动力消失的过程。与此同时，工业部门的扩张主要通过发展民族经济所需要的“幼稚产业”和“进口替代”工业来实现。在工业化进程中，农村人口向城市的转移需以城市工业部门的扩张和对劳动力需求的扩大为前提，而工业生产的扩张则需要有不断的资本积累；同时，“幼稚产业”和“进口替代”工业的发展，更是需要大量的资本积累。因此，资本积累是实现工业化、城市化的关键。而发展中国家资本稀缺的现实，进一步推动了计划化理论的发展。

上述观点在刘易斯的著作中反映得最为明显。早在 1954 年，刘易斯就提出，经济发展的中心问题是资本形成率的提高。他说：“经济发展的中心问题，是要理解一个社会由原先储蓄和投资还不到国民收入的 4%～5%转变为自愿的储蓄达到国民收入 12%～15%以上这个过程。它之所以成为中心问题，是因为经济发展的中心事实是迅速的资本积累（包括运用资本的知识和技术）。如果不能说明储蓄相对于国民收入增长的原因，也就不能说明任何‘工业’革命。”1961 年，费景汉和拉尼斯在进一步论证刘易斯的人口流动模式并提出费—拉尼斯模式时，也认为：“农村剩余劳动力向城市转移后，农业生产率提高并生产出更多的农产品，农民将剩余的农产品出售给工业部门，得到相应的收入，再将这些收入存入银行形成储蓄。这时，工业部门从农民手中（或从银行）借入这些储蓄，将它转化为工业投资，这就促进了资本形成，为工业部门的扩张和农业剩余劳动力向工业部门的转移（即工业化）创造了条件。”

因此，尽管在20世纪发达国家中资本积累对经济增长的重要性已下降，但在发展中国家，资本积累却被视为经济发展的关键或约束条件。其原因是：第一，在发展中国家，资本的定义要比一般研究宽泛；第二，发达国家与发展中国家的人均资本存量差异巨大；第三，资本深化对总产量有很大影响。而且，资本积累也被视做打破“贫困恶性循环”的唯一出路。

二、资本缺乏对经济发展的阻碍①

发展经济学在初始兴起的20世纪50年代，特别关心发展中国家何以贫困以及如何摆脱贫困的问题。当时的一般结论是：贫困的原因在于经济增长停滞和人均收入低下，而经济增长停滞和人均收入低下的根源又在于资本匮乏和投资不足，因此，要实现经济增长，提高人均收入从而脱贫致富，就必须大量积累资本，大幅度提高投资率。对于资本稀缺所造成的经济障碍，早期的发展经济学理论研究中有多种分析：

（一）纳克斯的贫困恶性循环理论

美国经济学家纳克斯于1953年出版《不发达国家的资本形成问题》一书。这本书主要论述了发展中国家的贫困问题。他系统地考察了发展中国家贫困的原因和摆脱贫困的途径，提出贫困恶性循环理论，认为发展中国家的长期贫困不是因为这些国家的国内资源不足，而是存在着一个使贫困国家贫困的多种力量的循环集，其中，最重要的是低水平资本积累的循环集，发展中国家资本缺乏，资本形成不足。从资本的供给方面看，发展中国家的人均收入水平过低。低收入意味着低储蓄能力，低储蓄能力造成资本稀缺、资本形成不足，资本形成不足使生产规模难以扩大、生产率难以提高，低生产率又导致低收入，形成“低收入—低储蓄—低资本形成—低资产规模—低收入”的恶性循环。从资本的需求方面看，发展中国家的人均收入低，低收入意味着低购买力，低购买力造成投资引诱不足，投资引诱不足导致资本形成不足，资本形成不足造成生产规模狭小，生产率难以提高，低生产率又导致低收入，形成“低收入—低购买力—投资引诱不足—低资本形成—低收入”的恶性循环（如图7－1所示）。

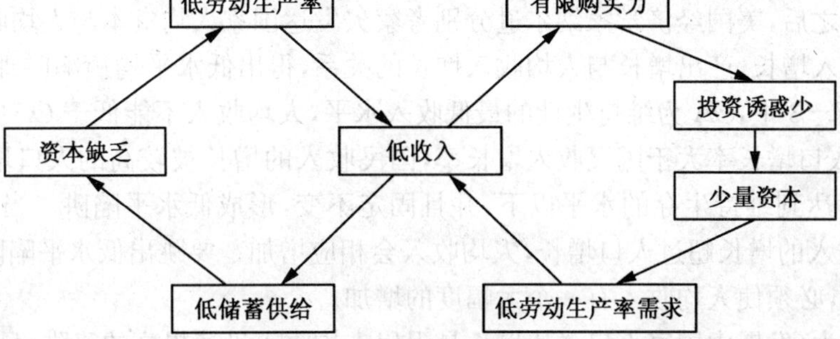

图7—1　恶性循环理论示意图

在纳克斯看来，发展中国家形成贫困恶性循环的原因是人均收入低，人均收入低的原因是

① 翟书斌，张全红．发展经济学[M]．武汉：武汉理工大学出版社，2009.

资本稀缺，而资本稀缺的根源又在于人均收入低。因此，纳克斯得出了一个著名的命题："一国穷是因为它穷。"要想打破恶性循环，必须采取平衡增长方式，同时增加储蓄、扩大投资，在许多行业进行大规模的投资，形成各行业之间的相互需求，扩大市场容量，以保证投资成功。

发展经济学家认为：纳克斯的贫困恶性循环理论混淆了储蓄率与储蓄水平的概念；认为穷国缺乏储蓄能力的观点不符合实际；认为储蓄提高就可以打破恶性贫困循环的观点过于简单、乐观；忽视了企业和政府储蓄（包括国外资金的利用）的作用，视个人储蓄为唯一来源；认为穷国的市场容量狭小具有片面性。这些理论缺陷都可以说明早期的经济发展理论不够完善。

对于发展中国家的经济发展处于恶性循环还是处于良性循环，新古典经济学派认为，发展中国家在市场经济的推动下，在自我强化的循环中就可摆脱贫困，促进经济增长和经济结构的合理变动，形成良性循环，从而获得很大的益处。一旦发展中国家利用本国的相对优势，推行与经济发展相适应的政策，社会财富就会有所增加，人们将增加的社会财富投入教育会提高劳动生产率，从而增加人们的劳动收入，提高社会储蓄率，进一步带来好的影响，包括增强政策的支持、创造社会的稳定与安全、维持小型的家庭足以满足幸福的要求，由此形成良性循环（如图7－2所示）。

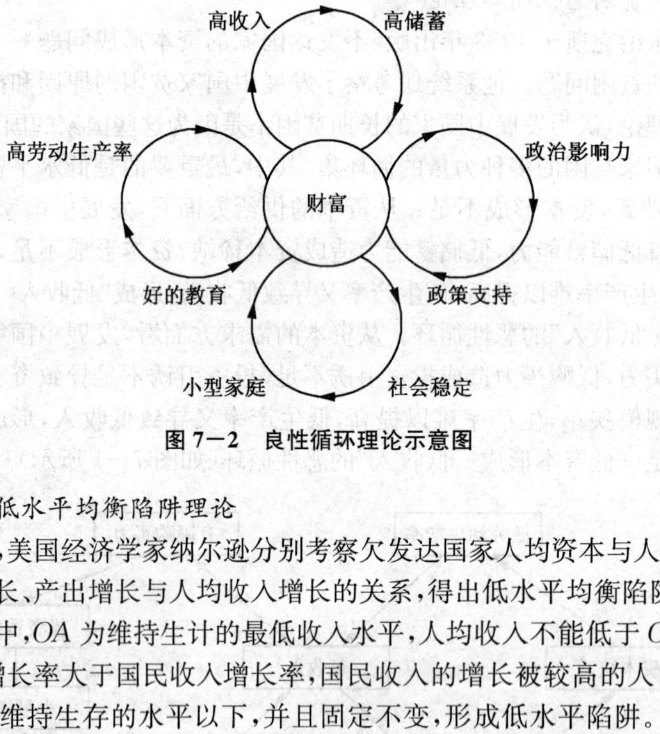

图7－2 良性循环理论示意图

（二）纳尔逊的低水平均衡陷阱理论

继纳克斯之后，美国经济学家纳尔逊分别考察欠发达国家人均资本与人均收入增长、人口增长与人均收入增长、产出增长与人均收入增长的关系，得出低水平均衡陷阱理论（如图7－3所示）。在图7－3中，*OA*为维持生计的最低收入水平，人均收入不能低于*OA*。在*A*、*B*之间的任何一点，人口增长率大于国民收入增长率，国民收入的增长被较高的人口增长率所抵消，人均收入水平达到维持生存的水平以下，并且固定不变，形成低水平陷阱。当人均收入超过*OB*后，国民收入的增长超过人口增长，人均收入会相应增加。要跳出低水平陷阱，达到*OB*以后的人均收入，必须使人均收入有一个大幅度的增加。

纳尔逊认为，发展中国家人口过快增长是阻碍人均收入迅速提高的陷阱，只有进行大规模的资本投资，使投资的增长超过人口的增长，才能冲出陷阱，从而实现人均收入的大幅度提高和经济增长。由此可见，纳尔逊的理论核心同样是强调资本稀缺对经济增长的障碍，说明资本形成的必要性。

（三）缪尔达尔的循环积累因果关系理论

缪尔达尔（K. G. Myrdal）是制度经济学派的主要代表人物之一。他的循环积累因果关系

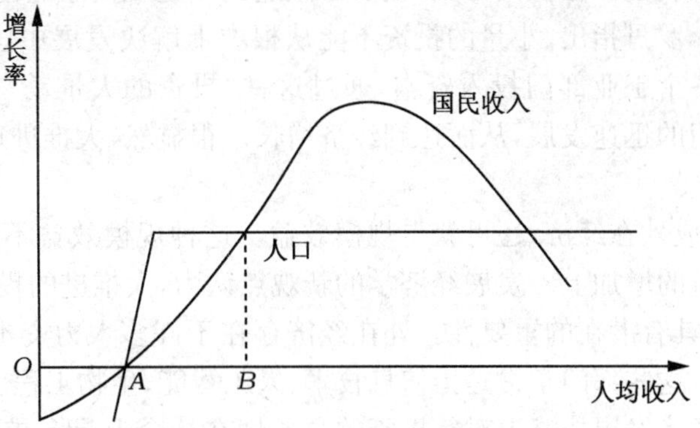

图 7—3　纳尔逊低水平均衡陷阱

理论早在 1944 年发表的《美国的两难处境:黑人问题和现代民主》一书中提出,当时该理论的中心是说明美国黑人的贫困问题。1957 年,缪尔达尔又出版《富国与穷国》一书,1968 年出版《亚洲的戏剧:一些国家的贫困问题研究》。在上述的后两本书中,缪尔达尔用循环积累因果关系理论说明发展中国家经济贫穷和制度落后等问题。

在一个动态的社会经济发展过程中,各种因素相互联系和影响,互为因果,呈现一种循环累积的发展态势:一个因素的变化会引起另一个因素的相应变化,产生第一级变化,强化原先的因素,导致经济发展过程沿着原先的因素发展,这种发展关系是不均衡的。假设两个地区开始的发展水平相当,出现一个外部的冲击,使得某一地区的发展进程比另一地区快,造成了一种不平等,经济和非经济的力量倾向于向更有利的地区累积扩张,以牺牲另一地区为代价,并导致后者的状况更加恶化、发展迟缓,不平等状况更加强化。市场力量倾向于累积地加剧国家之间的不平等,在工业国和发展中国家之间自由贸易的必然结果是发展中国家走向贫困和停滞的累积过程。

缪尔达尔认为,欠发达国家由于人均收入水平低,将形成这样一种累积性循环困境,即"人均收入水平低—人口质量和劳动力素质低—劳动生产率、生产效率低—低收入"。这就是说,发展中国家总是陷入低收入的贫穷的累积性循环困境之中,其中,收入水平低是导致贫穷的主要原因。

针对产生低收入的原因,为提高发展中国家的收入水平,缪尔达尔又提出"停止的循环积累因果运动"。他主张通过权力关系、土地关系、教育等方面的改革,实现收入平等,增加穷人的消费,以提高投资引诱,同时增加储蓄以促进资本形成,使生产率和产出水平大幅度提高,从而提高发展中国家的人均收入。一旦人均收入提高,将得到一个"正的循环积累因果运动",即"高人均收入—人口和劳动力素质提高—劳动生产率提高—产出水平提高—人均收入进一步提高"。

(四)罗森斯坦·罗丹的大推进理论

发展经济学家罗森斯坦·罗丹认为,发展中国家要摆脱贫穷、落后的面貌,实现工业化或经济发展,只有在整个工业或整个国民经济各部门之间进行大规模投资,通过各部门之间相互配合、相互支持的全面发展才能达到。

罗森斯坦·罗丹认为,大推进之所以必要,是因为各部门之间的经济活动存在着不可分性或互补性,即各部门之间的经济活动在投入与产出、供给与需求上相互依赖、不可分割,个体可分性或互补性的产生是因为各项经济活动存在着最小经济规模问题。

在需求方面,市场规模必须扩大到一定程度才能满足最小经济规模所要求的投资量的产出，保证经济活动的获利性。在供给方面，投资必须达到一定规模才能创造规模经济和外部经济。所以，罗森斯坦·罗丹指出，小量的投资不能从根本上解决发展中国家的贫困问题，只有全国地、大规模地在各个工业部门投入资本，通过这种"投资的大推动"来冲破经济停滞的困境，推动整个工业部门的迅速发展，从而达到经济增长。很显然，大推进理论强调投资，尤其是大规模投资。

大推进理论可促成外在经济，还可获得规模效益。这种规模效益不仅仅体现在产量的增加、成本的降低和收益的增加上。发展经济学的新观点认为，大推进的投资战略形成的外在经济对社会经济的发展具有潜在的重要性。外在经济存在于许多人力资本密集的、以知识资本为基础的部门或行业，这些部门常常是指信息技术、人工智能、生物工程、现代物流等现代高科技的部门和行业，在经济发展战略上对其投资的收益性在社会上具有扩散效应。在发展中国家，特别是在新兴工业化国家，这些部门都是至关重要的。外在经济对社会的发展作用巨大，值得特别关注。

（五）莱宾斯坦的临界最小努力理论

美国经济学家莱宾斯坦（H. Leiberstein）根据发展中国家部门多且增长率高的特点，提出了经济发展的临界最小努力理论。他认为，发展中国家要打破低收入与贫困之间的恶性循环，必须保证足够高的投资率以使国民收入的增长超过人口的增长，从而使人均收入水平得到明显提高。莱宾斯坦将这个投资率水平称为临界最小努力。

莱宾斯坦认为，在发展中国家经济增长的过程中，存在着两种对立的力量，即提高收入的力量（Income-Raising Forces）和压低收入的力量（Income-Depressing Forces）。提高收入的力量决定于上一期的收入水平和投资水平，压低收入的力量决定于上一期的投资规模和人口增长速度。当压低收入的力量大于提高收入的力量时，人均收入的增长被人口过快增长的力量所抵消，并退回原来的"低水平陷阱"中去。只有当提高收入的力量大于压低收入的力量时，人均收入才会大幅提高，从而打破低收入的稳定均衡。因此，在经济发展的初期，只有通过大规模的投资，才能迅速突破莱宾斯坦所谓的临界最小努力，以扩大的投资力量推动经济发展，跳出低收入与贫困的恶性循环，才能使发展中国家的国民经济摆脱贫穷、落后的困境。

临界最小努力必须具备一定的条件：市场经济条件下，激发群众的经济增长动机，改变传统观念，鼓励人们敢于冒险追求利润；创造适宜的投资环境，培育新的经济增长点，培训有创造能力的企业家群体。

三、对"唯资本论"的批评①

在一些西方发展经济学家提出唯资本论的同时，另一些西方发展经济学家对这种理论提出了批评。批评的重点是针对唯资本论的理论基础——哈罗德—多马模型在发展中国家的适用性，认为：哈罗德—多马模式过分强调了储蓄或资本形成在经济增长中的作用，把资本说成是唯一的决定性因素，过分夸大了资本形成的作用，这不仅忽视了其他投入要素尤其是技术进步对经济增长的贡献，不符合发展中国家经济发展的现实，而且对一些发展中国家的经济发展产生了不良影响，造成了片面追求高储蓄、高投资，忽视技术进步、教育、农业发展，现有生产能力的充分利用以及生产效率的提高等问题。在开放经济条件下，如果发展中国家没有良好的投资环境，那么国内和国外的投资者可能将投资流向国外，因而储蓄的增加不一定导致资本形成的扩大。投资

① 谭崇台．发展经济学[M]．山西：山西经济出版社，2004.

的增加不一定导致生产能力的提高。如果投资集中在高资本—产出比的部门(如铁路),而资本折旧大量发生在低资本—产出比的部门(如纺织业),则资本存量很难迅速增加,从而生产能力难以提高。即使生产能力提高,也不一定能增加产出。一方面,发展中国家的生产效率低下,生产能力闲置严重;另一方面,发展中国家缺乏熟练劳动力和管理人才,使扩大的资本存量得不到相应的要素配合,难以发挥作用。因此,单纯增加资本只会导致投资效率的低下和生产能力的浪费。

罗斯托模型中的投资率并不一定是发展中国家经济起飞的充分条件。历史统计资料表明,一些发展中国家的储蓄率和净投资率早已超过10%,但仍没有实现起飞。有些国家的投资率甚至比发达国家起飞阶段的投资率还高,但由于缺少其他条件,或因投资结构不合理、投资效率低下,尤其是缺乏有创新精神的企业家,因而迟迟不能实现起飞。所以,资本形成的高低并不能唯一地决定经济是否发展。

20世纪60年代发达国家和发展中国家的经济增长因素研究结果证明:在大多数国家,资本形成并不是决定经济增长的唯一决定性因素,甚至不是主要因素。

希克斯(J. Hicks)认为,在发达国家,促进经济增长的因素主要是技术进步,而资本积累则是一个次要的因素,这一由丹尼森等人验证的结论同样适用于发展中国家。纳迪里(Nadiri)的研究也证实:发展中国家的经济增长中,资本投入增加所作的贡献要小于劳动投入增加所作的贡献,因而资本形成虽重要,但不能成为经济增长的决定性因素。金德尔伯格明确指出:"资本形成固然必要,却不能说明经济发展。第一,发展过程不同于经济增长的观念模式,也不总是平稳的或连续的。为了说明这种情况,我们必须超出简单的增长模式……第二,所发生的增长率要高于仅仅根据资本形成所能说明的增长率。第三,……较高的经济增长率并非伴随有较高的资本形成率。此外,资本形成还受到贫困、贷款禁忌、投资偏好、哄抬地价、商品囤积、通货膨胀、挥霍浪费、资本输出、政府政策等多方因素的影响,因而不能单靠资本形成来促进经济增长。"由此,他得出结论,经济增长要求并部分地依靠资本投入,但资本形成并不是经济发展过程的唯一组成部分。

唯资本论是工业化理论的同义语,片面地强调资本的作用和工业化,势必忽视农业的发展,使人口众多的发展中国家的粮食问题长期得不到根本解决,同时,也就看不到农业对经济发展所作的重要贡献;另一方面,早期发展经济学中的"资本"一般是指物质资本,不包括人力资本,这样,片面强调资本的形成,使发展中国家把注意力仅仅放在物质方面,而忽视对教育、卫生、营养、人口流动等人力资本方面的投资。舒尔茨等因此提出了用人力资本理论来补充物质资本理论的不足,并且强调丹尼森等把经济增长中扣除要素投入增加后的"余值增长"主要归因于技术进步,而他则认为"余值增长"应当归因于人力资本的增进,即教育、卫生、营养等方面投资的增加。

总的来说,20世纪60年代中期以后,西方发展经济学不再坚持"资本形成是经济发展的唯一决定因素"的观点,而是认为资本形成是经济发展的重要因素或约束条件之一,并且强调人力资本的增进、技术水平的提高在经济发展中起着越来越重要的作用。

第二节　资本—产出比与资本投资效率

一、资本—产出比

如果已经确定了一个经济增长率,那么,需要多少资本投资才能达到预定的增长目标呢?

可以用哈罗德—多马增长模型来回答这个问题。该模型认为，经济增长率取决于储蓄率与资本—产出比。按照这一模型，$g=s/c$，经济增长率 g 取决于储蓄率 s 和资本—产出比 c。储蓄被假定转化为投资。如果资本—产出比不变，增长率就与储蓄率或投资率呈简单的线性关系，给定一个经济增长率指标，就可以很容易地确定对资本投资的要求。

估计投资的要求，关键是知道资本—产出比，资本—产出比有平均和增量之分。由于经济周期和其他原因，平均的资本—产出比（K/Y）和增量的资本—产出比（$\Delta K/\Delta Y$）都不是不变的，而且两者一般也不会相等。由于增长与增量的关系更为密切，通常人们更多地使用增量资本—产出比（Incremental Capital-Output Ratio，简称 ICOR）这一指标。

表 7—1　　不同收入组别的增量资本—产出比（2000～2004 年）

国家组别	年均 GDP 增长率（%）	国内投资率（%）	增量资本—产出比
高收入国家：	2.0	20	10.00
韩国	4.7	30	6.38
美国	2.5	18	7.20
英国	2.3	17	7.39
上中等收入国家：	4.8	22	4.58
南非	3.2	18	5.63
土耳其	4.2	26	6.19
马来西亚	4.4	23	5.23
智利	3.7	23	6.22
下中等收入国家：	4.7	29	6.17
白俄罗斯	6.8	28	4.12
中国	9.4	39	4.15
泰国	5.4	27	5.00
秘鲁	3.7	19	5.14
低收入国家：	5.5	23	4.18
孟加拉国	5.2	24	4.62
印度	6.2	24	3.87
肯尼亚	2.7	18	6.67
塔吉克斯坦	10.0	9	0.90

资料来源：世界银行．2006 年世界发展指标[M]．北京：中国财政经济出版社，2006；转摘自郭熙保，陈志刚，胡卫东．发展经济学[M]．北京：首都经济贸易大学出版社，2009(11).

从表 7—1 中可知，包含世界各国的资本—产出比差别很大，因而，就相同的产出增量要求，在不同的资本—产出比下所需要的投资增量有很大差异。不妨比较一下 2.5 和 4 的增量资本—产出比对投资的要求。假设预期的经济增长率为 8%，于是，对于增量资本—产出比为 2.5 的国家来说，需要的资本投资只占 GDP 的 20%；对于增量资本—产出比为 4 的国家来说，达到同样的增长率却要求有 32%的投资率。由此可见，资本—产出比的高低对资本量的要求具有很大影响。从不太严格的意义上说，资本—产出比的倒数相当于资本的投资效率，或者说每单位资本所生产的产出。① 这样，对于那些资本投资效率较高（即资本—产出比较低）的国家，达到一个既

① 严格来说，资本—产出比的倒数并不等于资本生产率，因为其他要素也对 GDP 作出了贡献。例如，增量资本—产出比等于 4，其倒数为 0.25 或 25%，把这个比率作为资本生产率是不恰当的，其他要素如劳动和技术进步对 GDP 的增长也作出了贡献，假设劳动和技术进步对增长的贡献为 50%，那么，资本生产率就只有 12.5%。不过，一般来说，资本—产出比的倒数与资本生产率同方向变动。转摘自郭熙保，陈志刚，胡卫东．发展经济学[M]．北京：首都经济贸易大学出版社，2009.

定的经济增长率所需的资本量就比资本投资效率较低的国家所需的资本量要少得多。[1]

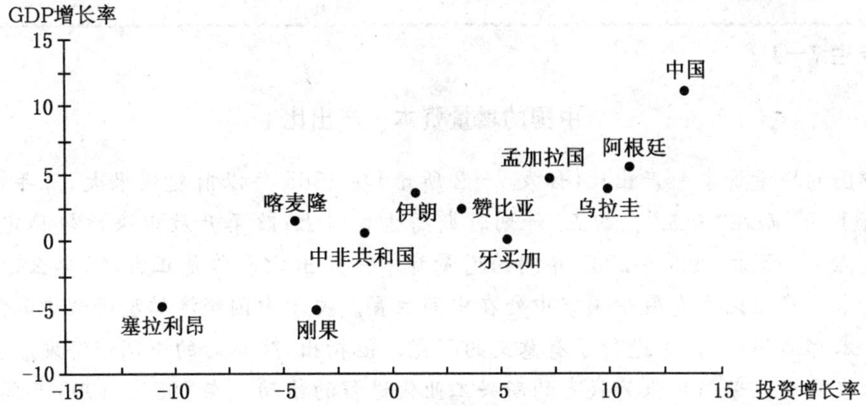

图 7—4 部分国家 1990～1998 年投资增长率和 GDP 增长率的相关性[2]

图 7—4 是根据 1990～1998 年一些国家的相关数据制作的资本—产出比与增长率之间的关系图，从图中可以看到，尽管高投资水平并不能保证高收入水平，但在按收入水平高低分类的各组国家中，投资增长率和 GDP 增长率之间明显存在直接的相关关系。也就是说，在一般情形下，高投资引发高增长。

然而，投资和增长之间的联系并非简单的线性相关。早在 1955 年，亚历山大·克劳斯(Alexander Klaus)就认为，工业化国家的增长是由新技术带来的——新技术体现为资本使用效率的提高，而非简单地使用更多的资本。研究表明，在那些国家，由资本增长所引起的产出增长率不超过产出增长的 1/4。近期的研究甚至表明，发达国家和发展中国家由生产要素的投入带来的增长可能分别只占总增长的 1/2 和 1/4，其余的增长应归功于残量，即那些无法衡量的、代表技术变革和经济结构的因素，亦即全要素生产率(Total Factor Productivity，简称 TFP)。另一项研究表明，增长对资本的作用仅限于增加资本存量。最后，资本的利用还受到一国吸收能力(Absorptive Capacity)的限制。吸收能力是指基于存在的补充性要素，如受过培训的人口以及基础设施等一国利用所有可获得的资本的能力。以外国援助为例，有充分的证据表明，一次性投入太多的资本未必有用——如果这些资本会浪费诸如时间、原材料以及劳动等其他资源，而且可能不利于生产。

增量资本—产出比的大小受很多因素影响，譬如，不同的工业化发展战略将会导致增量资本—产出比具有较大的差异。一个实行资本密集型工业优先发展战略的国家，其增量资本—产出比就比实行劳动密集型工业优先发展战略的国家高得多，从而对于同样的增长率计划，所需要的资本量就要大得多。除了发展战略之外，还有许多因素影响资本—产出比的大小，如资本利用能力、劳动生产率、资本的使用寿命、技术和组织进步率、扩大再生产的形式(是外延扩大为主还是内含扩大为主)等。这些因素的变化也会带来资本—产出比的变化。由于资本—产出比特别是增量资本—产出比不是固定不变的，哈罗德—多马模型所揭示的增长率与资本

---

① 马尔科斯·吉利斯等用一个数字例子详细地说明了资本投资效率的提高(资本—产出比的降低)比投资率的提高(GDP 用于投资的比率的增加)对于促进经济增长更为重要。转摘自郭熙保，陈志刚，胡卫东．发展经济学[M]．北京：首都经济贸易大学出版社，2009.

② [美]斯图亚特·R. 林恩．发展经济学[M]．上海：上海人民出版社，2009.

形成率之间的直线关系就不存在了。这样一来，给定一个增长率指标所要求的储蓄和投资率就很难计算出来。

专栏 7—1

中国的增量资本—产出比

中国的增量资本—产出比(如表 7—2 所示)在 1965 年以前起伏很大，三年调整时期只有 1.54，而在“三五”、“四五”计划时期高达 5 以上；改革开放以来比较稳定，维持在 3 左右。如果把 1980～2005 年间的增量资本—产出比看作是正常的，那么，中国的增量资本—产出比在发展中国家中处在中间位置。关于中国经济转型进程中的经济增长与资本形成问题，张军进行了有意义的研究。他指出，改革后的中国经济发展主要是依靠以乡镇企业部门扩张为代表的新兴工业化进程的推动。在 1980～1996 年间，特别是 20 世纪 80 年代后期以来，无论是国有企业部门还是集体企业部门都经历了资本—产出比持续而显著的上升趋势；而且集体企业这种新兴工业化部门的资本—产出比上升得比国有部门更快。这说明，集体企业部门在 20 世纪 80 年代后期以来实际上经历着非常迅速的资本深化过程。①

表 7—2　　1952～2005 年中国的增量资本—产出比

时期(年)	GDP 增长率(%)	投资率(%)	增量资本—产出比
1952～1957	8.9	24.2	2.72
1963～1965	14.7	22.7	1.54
1966～1970	8.3	26.3	3.17
1971～1975	5.5	33.0	5.99
1976～1980	6.1	33.2	5.43
1981～1985	9.9	31.3	3.16
1986～1990	7.9	29.2	3.70
1991～1995	11.6	33.7	2.91
1996～2000	10.3	36.6	3.56
2001～2005	11.3	40.3	3.57

注：1985 年以前的增长率是国民收入增长率指标，1985 年以前的投资率是国民收入积累率指标，增量资本—产出比＝投资率÷GDP 增长率。

资料来源：1985 年以前的资料来自《1988 年中国统计年鉴》，1985～1995 年的资料来自《1996 年中国统计年鉴》，1996 年及以后的数据来自《2007 年中国统计年鉴》。转摘自郭熙保，陈志刚，胡卫东．发展经济学[M]．北京：首都经济贸易大学出版社，2009.

二、资本投资效率

资本投资的数量对经济发展是重要的，但资本投资的质量却更为重要。发展中国家的资本较发达国家稀缺，如果资本边际生产率是递减的，发展中国家的资本收益率就应该比发达国家高。但流行的观点是发展中国家的资本投资效率要比发达国家低。究竟事实是怎样的呢？我们把资本投资效率定义为 GNP 的增长与 GNP 用于投资的比率之比，即 $E=(\Delta Y/Y)/$

① 张军．资本形成、工业化与经济增长：中国的转轨特征[J]．经济研究，2002(6)．

($\Delta K/Y$)。有学者研究发现，1980～1987 年，发展中国家的平均投资效率为 16%，比发展较快的韩国(23%)低得多。在 20 世纪 80 年代，有不少发展中国家虽然投资在上升，但收入增长却在下降，它们的投资效率竟变成了负数。把发展中国家作为一个整体，1978～1980 年，其资本投资效率为 18%；到了 1983～1986 年，这个数字下降到 16%。

但事实并非如此，国内学者研究发现，从整体来看，低收入国家的投资效率系数要明显高于高收入组别的水平。而且发展中国家(包括低收入国家和下中等收入国家、上中等收入国家)的投资效率 1990～2004 年都是上升的，而高收入国家则是下降的。这表明，发展中国家的投资效率要高于发达国家，证明资本边际报酬递减规律是存在的。①

三、资本投资准则

传统的微观经济理论认为，在完全竞争条件下，当每一单位生产要素的利用都达到了边际产量等于其价格的那一点时，资源就达到了最优配置；当所有用途中的生产要素的边际产量都相等时，社会产出(福利)就达到了最大。这就是资源配置的"边际定律"，此时，所有资源的使用达到了最高的效率，对于资本的使用也不例外。但是，发展中国家在运用边际定律时面临两个主要障碍：第一，边际定律是一个静态准则，其目标是在现有条件下使现期的产出、消费或者福利达到最大化，但是这一目标不一定符合发展中国家的现状；第二，传统静态理论以市场完全有效、商品和生产要素的市场价格反映生产的社会成本和社会利益为前提，而发展中国家的基本特征是基本结构不均衡和市场极不完善，因此，上述静态准则无法实现资源的社会最优配置。在发展中国家，有种种因素可能导致商品和生产要素的市场价格与社会评价偏离。

由于发展中国家的特殊情形，近年来，对于怎样根据发展中国家的发展障碍以及它们的愿望确定最适当的资源配置准则，一直存在着争论。不同经济学家提出的各种不同准则反映了人们对于发展中国家应该努力争取什么方面最大化的问题有不同的观点。以下我们介绍在发展中国家运用较为广泛的最小资本—产出率准则和社会边际产量准则。

(一)最小资本—产出率准则

自亚当·斯密以来，长期的传统是强调资本在增长过程中的战略作用。早期的投资准则理论强调每单位产出使用最少的资本，即所谓最小资本—产出率准则(有时也被称为"最高周转额"准则)。

根据这个准则，资源配置过程的目标是 $I/\Delta Y$ 的最小化和 $\Delta Y/I$ 的最大化。其中，$I/\Delta Y$ 是增量资本—产出率，$\Delta Y/I$ 是资本生产率。这一准则遭到许多反对，它具有前面讨论过的静态准则的缺陷。除了在计量资本—产出率时会遇到困难之外，这一准则忽视了时间因素的重要性。资本—产出率等于一个会计期(通常是一年)的投资额除以这一投资所产生的产出流量。但是，既然项目的寿命是不同的，那么，很可能出现这样的情况：向两个寿命期不同的项目投放数额相等的资金，其中一个具有较高资本—产出率的项目在它的寿命期内生产的总产出远远大于另一个资本—产出率较低但寿命较短的项目在寿命期内生产的总产出。

用选择资本与寿命期产出量比率最小的项目的方法，有可能克服资本—产出率准则的上述缺陷，但是，这样做必须十分谨慎，因为，未来产出的现值是该产出的时间特征的函数。由于折现，会产生这样的问题：即使一个 20 年的项目生产的总产出大于一个 10 年的项目，如果 20 年项目的大部分产出产生于这一项目寿命期的后期，它的总产出的现值也可能小于寿命期较短

① 郭熙保，陈志刚，胡卫东．发展经济学[M]．北京：首都经济贸易大学出版社，2009.

的项目的较低总产出的现值;况且,即使项目的寿命是大体上相同的,年资本—产出率存在差别也仍然可能无法为决策提供一个合理的基础。有些项目的生产要素合作效率较大,可能比其他项目的资本生产力更高(资本—产出率更低),但是,可能无法保证这些合作生产要素未来的供给是有弹性的。这样,现在具有最低资本—产出率的项目,可能由于需要与资本共同发挥作用的其他要素的供给刚性,而在未来变得具有非常高的资本—产出率。同样,如果技术变化很快,在短期具有最低资本—产出率的项目,在长期可能并没有最低的资本—产出率。在资本不可分割的情况下,使用这个准则还可能导致采取资本密集型技术,这意味着稀缺的资本必须集中于较窄的活动领域,而与经济平衡以及出口分散化的愿望相矛盾。资本密集型技术还可能导致更多的城乡失业,造成违背人们意愿的经济和社会后果。此外,关于怎样计量产出流量,是以市场价格还是以调整到能衡量商品和生产要素的社会评价的价格来计量,还没有明确的一致意见。

(二)社会边际产量准则

为了从社会的角度来计量成本和收益,人们创造了社会边际产量的概念,并用 ΔY 来表示社会增加价值的变化。

假定商品的市场价格和社会价格不偏离,并且劳动的社会成本为零,资源配置的社会边际产量准则得出的结论与最小资本—产出率准则的结论是相同的,图 7—5 可以说明这一点。图中的生产函数曲线 1、2、3 表示用劳动和资本的不同组合所生产的不断提高的“社会产量”水平。资本—产出率最小要求产出—资本率最大。对于一笔固定的资本额 OA,当社会处于其最高等产量曲线之上时,产出—资本率最大。社会可以达到更高的产出水平,直到劳动的边际产量为零,即直到生产函数曲线(或等产量曲线)的斜率为水平线为止。当劳动的边际产量等于零时,劳动的社会(机会)成本也等于零。这样,当劳动的机会成本为零时,社会边际产量达到最大,资本—产出率达到最小。OZ 表示这一最优资本—劳动率。

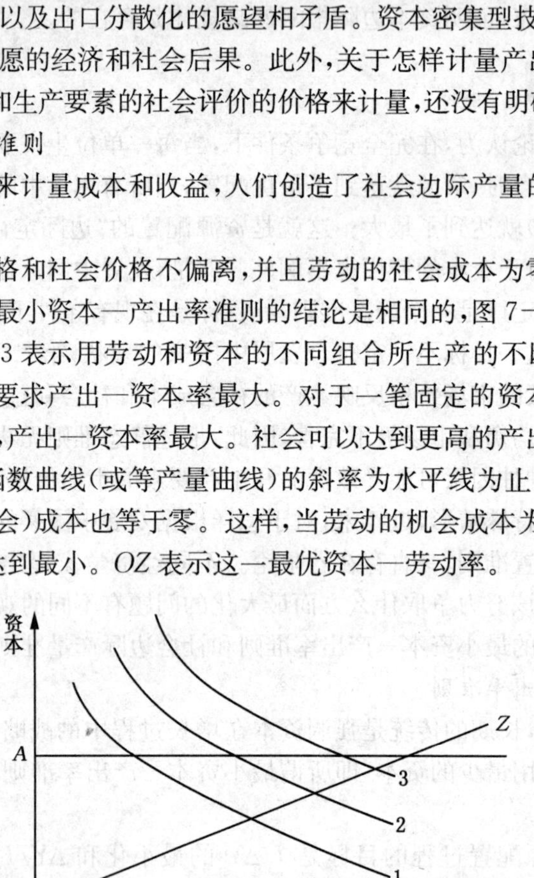

图 7—5 社会边际产量准则

社会边际产量准则的最大缺点是只进行了静态分析,没有注意到现在的项目选择对储蓄、投资、增长以及未来消费水平的影响。一些经济学家提出,一个为未来打算的社会在进行项目选择时应采取更为动态的投资准则。卡伦逊(W. Galenson)和莱宾斯坦在 1955 年的一篇论文中论证了这一方法。①

① 从某种意义上说,他们走到了另一个极端。他们主张,发展中国家应争取经济增长和未来福利的最大化,并依此来进行资源配置。在增长模型中,他们求一定时期的资本积累最大值,而对于资源配置,卡伦逊—莱宾斯坦准则主张“边际人均再投资额”的最大化。W. Galenson and H. Leibenstein. Investment Citeria, Productivity and Economic Development[J]. Quarterly Journal of Economics, 1955(8).

第三节　资本形成的来源

对于一个家庭来说，家里要办大事需要钱，要么是使用自己平日省吃俭用积蓄下来的资金，要么是向亲戚、朋友或商业银行借贷。这种道理也可类比到一个国家上来。国家要建厂、要买设备、要形成资本，钱也只能来自于内部（国内储蓄）或者外部（国际融资）。其中，国内储蓄又可分为私人储蓄（包括社会家族存款和公司存款）和政府储蓄（财政开支的盈余），一国的内部储蓄被看成是资本形成的关键因素；国际融资来源则包括外援、外资投资、消费品进口限制等。

在发展经济学中，资本形成的主要来源是储蓄，储蓄是一国在一定时期内的国民收入减去消费后的余额。从再生产的角度看，国民收入减去消费后的储蓄又称为资本积累。储蓄可以转化为投资，从而转化为机器设备、厂房、交通工具、基础设施等物质资本，产生资本形成。因此，探讨储蓄的发生、寻求资本来源的扩大，是资本形成理论的重要内容之一。

一般来说，资本形成要经过三个步骤：第一步，实际储蓄量的增加。储蓄是一国在一定时期内（如1年）的国民收入中扣除消费后的余额，是放弃现期消费的结果。第二步，通过金融机构或信用机构把储蓄集中起来，以便从各种不同的分散储蓄中集中资金为投资者所用。第三步，投资行为本身。厂商将获得的资本用来购买机器、设备、厂房、交通工具、基础设施等物质资本，产生资本形成。可见，资本形成实际上就是储蓄转化为投资，从而转变为一定形式物质资本的过程。因此，要促进资本形成，就必须努力增加储蓄，寻求储蓄的来源和扩大储蓄的途径。

一、储蓄的理论

（一）刘易斯的储蓄理论

在刘易斯模式中，发展中国家的经济存在着二元结构，经济发展过程就是消除二元经济、实现工业化和城市化的过程。要实现工业化，就必须不断地扩大工业部门，吸收农村剩余劳动力，而扩大城市工业的关键因素是资本形成。那么，怎样才能增加储蓄呢？刘易斯认为：

一方面，应实行有利于利润收入者阶层的收入分配政策。发展中国家的高收入者在总人口中所占的比重不到10%，而他们的收入却约占国民收入的40%。因为他们的收入水平高，不需要减少消费或节约就能有一定的储蓄，这一“储蓄者阶级”就是资本家。其他阶层的人们没有储蓄能力或储蓄很少，如地主将地租收入主要用于购买土地和进行奢侈性消费，很少用来储蓄；农民的劳动生产率很低，收入水平低，没有储蓄能力；工业部门的大部分工人由于工资收入很低，仅够养家糊口，基本没有储蓄；工人中少数中产阶级即使有储蓄，也只是作为延期消费。因此，刘易斯强调，资本家的利润是储蓄的主要来源，应使收入分配有利于资本家阶级，以此来提高整个社会的储蓄能力。并且刘易斯认为，资本家是一个有历史使命感的阶级，他们信奉的哲学有三条，即节制消费、尽可能多地生产和愿意从事生产性投资。在经济发展的开始阶段，生产性投资基本上是资本家阶级的特征，他们通过利润的增加及其再投资，促进了资本形成和经济发展。

另一方面，通过农村剩余劳动力向城市的转移增加资本家的利润。刘易斯认为，发展中国家的农村存在着大量的边际产量为零的剩余劳动力，农业劳动生产率低下，农民收入水平很低，城市工业部门的工资水平远远高于农业劳动力的平均收入，因而城市工业部门在既定工资率下可以吸收扩大生产所需的劳动力。这样，在工业扩张的过程中，因为工资不变，资本家的利润可以大幅度地增长。刘易斯还指出，不仅农村剩余劳动力向工业部门的转移可以创造资本剩余、增加资本形成，而且未向城市转移的那部分剩余劳动力也能创造资本(农业资本)，比如利用他们修筑道路、修建水利工程等，在不占用其他资本(如农业机械、农业资金)和稀缺土地、不减少农业生产的情况下，增加农业资本的形成。

刘易斯模式的缺陷之一是没有说明初始的工业部门扩张所需的资金从何而来，也没有考虑农业落后对工业化的阻碍。后来，拉尼斯和费景汉在《劳动剩余经济的发展》一文中弥补了刘易斯忽视农业的不足之处，指出农业生产率的提高、农产品和农业收入的增长，也是资本形成的主要来源，是工业部门扩张的动力。

(二)库兹涅茨储蓄理论

美国经济学家库兹涅茨把经济增长划分为不同阶段，指出在经济增长的初期阶段，收入分配将出现不平等。发展中国家可以利用收入分配的不平等，提高整个社会的储蓄能力，促进资本形成。筹集到资金后，就要有效地使用资金。对于发展中国家来说，资金的使用效率更为重要。第二次世界大战后的经验和教训表明，很多发展中国家之所以没有发展起来，往往并不是资本不足，而是资本使用不当，造成资源大量浪费。

(三)钱纳里等人的储蓄理论

1996 年，钱纳里和斯特劳特(A. M. Stroul)发表了《外援与经济发展》一文，提出了解决经济发展中资本缺乏问题的一种新途径，即当国内储蓄不足时，可以利用外资引进来增加国内储蓄、增加资本形成。这种理论被称为两缺口模式。

二、资本形成的来源

为了谋求经济发展，发展中国家从何处得到发展的资金？如何为资本形成开发财源？一国可获得的总储蓄供给包括国内储蓄和国外储蓄两部分。在不同的国家，因收入水平、自然资源等条件的不同，对不同储蓄来源的依赖程度不一样。一般而言，人均收入水平越高的国家，国内储蓄率在投资率中所占的比重越大，贫穷国家的投资资金则较大程度上依赖于国外储蓄。来自国外的储蓄包括外国官方储蓄或外国援助以及外国私人储蓄，对接受国来说，就是外债和引进外资。

(一)资本形成来源的一般公式

假设没有外资进入，那么一国的储蓄来源就只有国内储蓄。储蓄是一国在一定时期内(如 1 年)国民收入中扣除消费后的剩余，是放弃现期消费的结果。因而，储蓄的来源可以用国民收入的基本核算公式来表示，即：

$$Y=\text{工资}+\text{利润}+\text{利息}+\text{地租}$$

从供给一方看：$Y=\text{消费}+\text{储蓄}=C+S$

从需求一方看：$Y=\text{消费}+\text{投资}=C+I$

当国民收入处于均衡状态时：$Y_s=Y_d$，$C+S=C+I$

即 $I=S$，$S=Y-C$

假定国民经济中有家庭、企业、政府三个部门，那么，一国的国内总储蓄来自家庭储蓄(S_h)加企业储蓄(即利润，S_b)再加政府储蓄(主要是税收收入，S_g)三部分，即：

$S= S_h+S_b+S_g$

对于经济增长来说，最重要的并不是储蓄的绝对量，而是其相对量，即储蓄在国民收入中的比例或储蓄率($s=S/Y$)。从一个国家来看，储蓄能力取决于储蓄倾向，而储蓄倾向又决定于多种因素，如国民收入水平、收入分配状况、传统习俗、价值观念、宗教信条、对未来经济形势的估测以及存款利息率等。对于私人储蓄来说，储蓄水平主要取决于个人或家庭收入水平的高低、社会收入分配的平等状况、存款利率的高低以及观念和习俗的改变等。

(二)国内民间储蓄

1. 家庭储蓄

家庭储蓄是指家庭的可支配收入扣除用于现期消费支出后的余额。家庭储蓄在发展中国家的私人储蓄中占相当大的份额。影响家庭储蓄的主要因素有以下几方面：

第一，收入水平。根据储蓄函数，家庭的储蓄主要取决于可支配收入水平。不管是凯恩斯的绝对收入假说、杜森贝利(J. Dusenbeiry)的相对收入假说，还是弗里德曼(M. Friedman)的持久收入假说，都把收入水平看作是影响储蓄的最主要的因素。一般情况下，收入水平越高，收入用于消费后的剩余就越多，家庭储蓄额就越大。从整个国家来看，高收入国家的储蓄率比低收入国家的储蓄率要大。在一个国家内部，高收入者(利润收入者)的储蓄率大于低收入者(工资收入者)的储蓄率。因此，要增加家庭储蓄，首先要提高家庭的可支配收入水平。

第二，收入分配状况。收入差距如何影响家庭储蓄？对这一问题，经济学家持不同的看法。新剑桥学派认为，高收入者的储蓄倾向要大于低收入者的储蓄倾向，通过加剧收入分配的不均等可以提高整个社会的储蓄率。刘易斯等人也持这一观点，主张在经济发展初期，不必过分强调收入分配的平均化，而应让少数人先富起来，以增加储蓄。而提出相对收入假说的杜森贝利却认为，收入差距过大并不一定有利于储蓄。因为影响消费的不是绝对收入水平，而是相对收入。人们的消费行为具有示范效应和攀比心理，如果使收入分配平均化，可以减少示范效应和攀比心理，从而有利于增加储蓄。

第三，存款利率。存款利率是指客户按照约定条件存入银行账户的货币在一定时间内所产生的利息额同货币金额之比。一般来说，存款利率根据计量的期限标准不同，分为年利率、月利率、日利率。本文主要讨论的是年利率。市场利率是在借贷资金市场上，由资金供求变化形成的竞争性利率。利息收入作为延期消费的补偿，利率水平及其变动会影响家庭在现期消费与储蓄之间的选择。一般来说，利率越高，人们越愿意增加储蓄，反之则会减少储蓄。进一步具体分析，利率变动对储蓄会产生两种效应：替代效应和收入效应。以利率上升为例，替代效应是指利率变动引起的人们用未来消费替代现期消费的现象。收入效应是指利率变动引起的未来收入的增加。当利率上升时，替代效应使储蓄增加，收入效应使储蓄减少。因此，利率变动最终使储蓄增加还是减少，取决于替代效应与收入效应的强弱比较。根据美国一些经济学家的研究，对于低收入者来说，替代效应要大于收入效应；对于高收入者来说，收入效应可能大于替代效应。

第四，人口的年龄构成。不同年龄阶段的人有不同的消费和储蓄倾向。一般来说，年轻人的消费倾向较高，储蓄倾向较低，老年人则相反。因此，一个国家人口中年轻人的比重越大，储蓄率就越低；老年人所占比例越大，储蓄率就会越高。

第五，民族的风俗习惯和价值观念。不同的民族在消费习惯和观念上的差异会对储蓄率产生影响。比如，中华民族在传统上有量入为出的消费习惯，这种观念有利于提高储蓄率。亚洲其他国家如日本也有高储蓄的习惯。

此外，金融体系的完善和普及程度、政治经济环境等因素也都会影响家庭储蓄。

2. 企业储蓄

企业按其组织形式分为公司制企业和非公司制企业。相应的，企业储蓄就包括公司储蓄和非公司储蓄。关于公司储蓄的决定，经济学家没有形成一致的看法。从世界各国的情况来看，公司储蓄在总储蓄中的比重较小。发达国家的公司储蓄在其总收入中的份额通常在5%以下，在私人储蓄总额中所占的份额通常不到25%。当然，各国情况不尽相同，如北欧国家的公司储蓄往往较大。在大多数发展中国家，公司储蓄较少，主要原因是在绝大多数发展中国家中，以公司形式从事商务活动的较少，私人农业、商业和制造业都是以家庭所有企业的形式进行的。

非公司企业的储蓄在国内私人储蓄总额中的比重较大，就整个发展中国家来看，非公司企业储蓄的份额超过一半。企业储蓄来自企业利润。企业利润首先要上缴企业所得税，然后支付股息，剩余的是企业的未分配利润，即企业储蓄。企业储蓄可以转化为投资。投资分为总投资和净投资，总投资包括重置投资(折旧)和净投资，净投资是资本形成的主要来源，而如果重置的资本设备比报废的资本设备更具生产力的话，重置投资也是资本形成的重要来源之一。由此可见，扩大企业生产规模、提高企业获利能力、增加企业利润并将利润用来进行再投资，对资本形成从而对经济发展具有重要意义。

(三)政府储蓄

政府储蓄主要是政府预算储蓄，即政府税收减去政府经常性支出后的余额。政府储蓄可以转化为政府投资，从而产生资本形成。增加政府储蓄的主要途径是增加税收。另外，政府还可以通过发行债券、增加货币发行量等措施增加政府储蓄，以促进资本形成。特别是在20世纪50～60年代，在许多发展中国家的发展战略中，都很重视增加政府储蓄，为投资提供资金来源，以促进或维持一定的经济增长。其原因有二:第一，当时的经济学家普遍认为，发展中国家由于人均收入水平低，私人储蓄能力低，外国资金的来源是有限的。第二，他们认为，政府部门的消费倾向较小，储蓄倾向相应较大，如果国民收入中更大的部分集中到政府手中的话，政府储蓄就会增加，从而国民储蓄总额就能更快增长。这种观点得到广泛认同，即成功的发展战略与税收的增长密切相关。因此，许多外援提供国更愿意把援助提供给那些高税负的国家。

20世纪50年代以来，大多数发展中国家都不断提高并调整税率，将更多的收入转移到政府手中，以提高整个国家的储蓄率。但从结果来看，只有日本在其经济发展早期阶段的政府储蓄发挥过重要作用，其他国家在这方面都没有成功的案例。因而，尽管人们最初主张国家通过提高税率将部分收入转移到政府手中，以此提高国家的储蓄率，但后来发现，增税会对经济增长产生不利影响。20世纪80年代以来，发展经济学家普遍认为，高税率不一定有利于增加储蓄，特别是从长期效应来看，高税率对储蓄的增加是不利的。

通货膨胀也可以成为政府储蓄的一个重要来源。通货膨胀是指一般价格水平普遍地、持续地上升。通货膨胀首先会改变货币购买力，即引起一定货币的购买力下降。它实质上是一种变相的税收，可以称为“通货膨胀税”;或者说，通货膨胀是一种强制储蓄的手段，因而有利于资本形成。

本章小结

资本形成对经济发展起着重要的作用，亚当·斯密、哈罗德、多马、罗斯托等着重强调了物质资本形成对经济增长与发展的作用。

资本形成的主要理论有:纳克斯的贫困恶性循环理论、纳尔逊的低水平均衡陷阱理论、缪尔达尔的循环积累因果关系理论、罗森斯坦·罗丹的大推进理论及莱宾斯坦的临界最小努力理论等。

从一定意义上说，资本—产出比的倒数相当于资本的投资效率，或者说每单位资本所生产的产出。这样，对于那些资本投资效率较高（即资本—产出比较低）的国家，达到一个既定的经济增长率所需的资本量就比资本投资效率较低的国家所需的资本量要少得多。

增量资本—产出比的大小受很多因素的影响，不同的工业化发展战略将会导致增量资本—产出比具有较大的差异。

由于市场不完善，投资选择中的边际原则并不适用于发展中国家，在发展中国家运用较为广泛的是最小资本—产出率准则和社会边际产量准则。

资本形成的来源主要是储蓄。

复习思考题

1. 什么是资本形成和资本积累？两者有何区别？
2. 资本积累在经济发展中有何作用？
3. 资本匮乏会对经济发展带来哪些不利影响？
4. 发展中国家可以从贫困恶性循环、低水平均衡陷阱、循环积累因果关系等理论中得到什么启发？如何认识这些理论的不足？
5. 什么是资本—产出比？增量的资本—产出比与经济增长之间存在怎样的关系？
6. 资本投资中是否存在资本边际效率递减规律？实证结果是怎样的？
7. 发展中国家在投资选择时需遵循哪些原则？
8. 自新中国成立以来，中国的资本投资效率变动有哪些特点？
9. 简述资本形成的一般来源。
10. 国内储蓄由哪些要素构成？政府储蓄的增加与家庭、企业之间存在怎样的关系？

第八章

人口增长

在经济发展过程中，人类始终扮演着双重角色：一是作为消费者，消费各种各样的商品与服务；二是作为生产者，创造财富，推动经济发展。因此，无论从需求角度还是从供给角度，人口问题及其与经济发展的关系一直是经济学家研究的重要课题。

第一节　人口增长概述

一、人口增长的历史和现状

公元初年，世界人口约为2.5亿；到1600年，世界人口增长至4.5亿左右，绝大部分分布在欧、亚和非洲，工业革命和农业改良的推广为越来越多的人提供了基本的生存条件；到1830年，世界人口达到第一个10亿；直到20世纪初的1900年，世界人口也只有16亿；1930年，世界人口达到20亿；1950年，世界人口达到25亿；到1987年，世界人口便突破50亿大关，到1999年达到了60亿，短短的12年时间里，世界人口增加了10亿；2007年，世界人口增加到66亿；2010年，这一数字接近70亿。据预测，2050年，世界人口将达到空前的93亿，世界人口每增加10亿所用的时间越来越少（如表8－1所示）。地球的空间和资源都是有限的，随着世界人口密度的不断提高，人类的居住环境越来越恶劣，人口增加变成一个经济能否持续发展的问题。

表8－1　　世界人口每增加10亿所使用的时间

人　口	达到的大致时间	增加10亿所使用的时间
第1个10亿	1830年	近300万年
第2个10亿	1930年	100年
第3个10亿	1960年	30年
第4个10亿	1975年	15年
第5个10亿	1987年	12年
第6个10亿	1999年	12年
第7个10亿	2010年	11年

资料来源：郭熙保，陈志刚，胡卫东．发展经济学[M]．北京：首都经济贸易大学出版社，2009．联合国开发计划署．2010年人类发展报告[R]．2010年11月4日．

世界人口的急剧增长是发展中国家人口爆炸性增长的结果，发展中国家的人口增长率远远高于世界人口增长率。1960～1979 年，世界年平均人口增长率约为 1.9%，发展中国家人口增长率平均每年为 2.3%，发达国家只有 0.9%。1980 年以来，世界人口增长速度趋于减缓，但是低收入国家人口增长率仍然很高。从表 8－2 中可以看到，1980～1990 年间，发展中国家人口增长率平均高达 2.4%，1990～1997 年间为 2.1%，2000～2007 年间为 2.2%。而高收入国家在过去 30 年间，年均人口增长率稳定在 0.7%的低速增长上，甚至有的发达国家的人口出现零增长或负增长。世界每年新增人口8 000万，其中的 95%在发展中国家(包括中等收入和低收入国家)。[①] 因而，目前世界人口增长和控制的重点应放在发展中国家。

表 8－2　　世界人口及其变化情况

年份 / 国家类别	总人口(百万)			人口增长率(%)		
	1980 年	1997 年	2007 年	1980～1990 年	1990～1997 年	2000～2007 年
低收入国家	1 384	2 048	1 296	2.4	2.1	2.2
中低收入国家	1 794	2 285	3 437	1.6	1.2	1.1
中高收入国家	423	571	823	1.9	1.5	0.7
中、低收入国家	3 600	4 903	5 556	2.0	1.6	1.3
其中：中国	981	1 227	1 320	1.5	1.1	0.6
除中国以外的其他中、低收入国家	2 619	3 676	4 236	2.0	2.0	—
高收入国家	825	926	1 056	0.7	0.7	0.7
全世界	4 427	5 829	6 612	1.7	1.5	1.2

资料来源：2007 年以前的数据来自世界银行《1998/1999 年世界发展报告》，2007 年的数据来自世界银行《2009 年世界发展报告》。

二、隐蔽的人口增长势头

从表 8－2 中可以看到，世界总人口的增长率总体上趋于下降，但是人口增长往往会保持强大的惯性，即使在人口出生率大幅度下降之后，人口总量的增长还会持续很长一段时间，就像高速行驶的汽车一样，即使踩了刹车，在停住以前它还会向前滑行一段时间。对人口增长来说，这个“滑行”时间可能是几十年。有的学者把这种人口增长称为隐蔽的人口增长。导致这种隐蔽的人口增长的原因主要有两个：一是宏观总人口水平上的惯性，二是微观家庭水平上的惯性。

(一)宏观总人口水平上的惯性

总人口水平上的增长惯性与发展中国家的人口结构有关。如前所述，发展中国家的人口增长率很高，这就使得青少年在总人口中所占的比重比较大，发展中国家将近 40%的人口是由 15 岁以下的少年儿童组成。比如，2007 年坦桑尼亚 15 岁以下的少年儿童占总人口的比重达到了 44%，肯尼亚为 42%，巴基斯坦为 40%，尼日利亚为 45%。[②] 其结果就是潜在的父母数目将不可避免地比现在的父母数目要大得多。例如，100 对现在的父母总共有 400 个子女，当这 400 个子女长大时，他们将组成 200 对夫妇，比他们的父母数目多 1 倍；即使他们平均只生

① 郭熙保，陈志刚，胡卫东．发展经济学[M]．北京：首都经济贸易大学出版社，2009．

② [美]托达罗．经济发展[M]．北京：中国经济出版社，1999．

2个孩子，即替换自己的水平，他们也拥有400个孩子，与他们的父母拥有的子女一样多。

关于这种隐蔽的人口增长趋势，人口学家约翰·邦加阿兹(John Bonadarts)做了一个计算：在发展中国家中，这一人口增长惯性本身就将使发展中国家的人口数量从1995年的45亿增加到人口稳定的2100年的73亿。换句话说，如果发展中国家的生育率达到了替换生育率水平(Replacement-Level Fertility)(即每对夫妇只生2个孩子)，那么作为一个整体，发展中国家的人口在实现零增长之前还要增加28亿(或增加62%)[1]，而且据世界银行预测，大多数发展中国家在2040年之前将不会达到替换生育率水平。即使到那时发展中国家的生育率达到了替换生育率水平，它们也要到2075～2175年才能实现人口零增长，即静态人口(Stationary Population)[2]。

(二)微观家庭水平上的惯性

家庭水平上的生育惯性与社会关于子女的习俗以及其他因素有关。随着经济的发展，尽管发展中国家的某些传统习俗逐渐被放弃，但是这一过程依然被惯性所作用。社会、经济和道德的力量长期地支配着人们的生育观念，如多子多福、养儿防老、无后为大等传统观念在短期内不可能发生根本性的改变，因而即使发展中国家采取严厉的计划生育政策，它也需要较长时间才能把生育率降到所希望的水平。

隐蔽的人口增长势头表明，世界人口的增长趋势将会持续很长一段时间，不管发展中国家采取什么样的计划生育政策。当然，如果让世界各国维持现在的出生率和增长率而不加以控制，世界人口将增长得更多。据世界银行预测，按目前的人口增长趋势，世界人口到2050年将达到93亿左右，这些增加的人口中，90%生活在发展中国家，其中一半以上集中在亚洲。

专栏8-1

社会习俗的改变和生育率的下降[3]

根据联合国1994年公布的世界人口估计值和人口预测，在几个撒哈拉以南的非洲国家以及南亚和中亚国家，生育率正在逐渐下降。而从传统上看，这些国家的生育率是非常高的。

总和生育率在下面这些国家已经显著降低，它们是：马达加斯加(从6.6‰下降至6.1‰)、卢旺达(从8.6‰下降至6.5‰)、坦桑尼亚共和国(从6.7‰下降至5.9‰)、纳米比亚(从5.8‰下降至5.3‰)、南非(从4.8‰下降至4.1‰)和毛里塔尼亚(从6.1‰下降至5.4‰)。赞比亚、津巴布韦和冈比亚生育率的下降也是非常明显的。如果再加上肯尼亚和博茨瓦纳(这两个国家在此之前生育率已经下降)，我们就可以看到，非洲撒哈拉国家的生育率已经进入了一个下降的过程。

南亚和中亚也表现出持续的生育率下降。伊朗的生育率已经从1980～1985年的6.8‰下降至1994年的5.0‰，并仍然在持续下降。同样的趋势也发生在孟加拉国(从6.2‰下降至4.4‰)、印度(从4.5‰下降至3.7‰)和尼泊尔(从6.3‰下降至5.4‰)。

社会习俗的普遍改变可能起到了关键的作用，在生育率下降的所有地区，节育手段的使用率都显著提高。尽管不一定有直接的因果关系，但更多地使用节育手段的社会

① [美]托达罗．经济发展[M]．北京：中国经济出版社，1999.
② 郭熙保，陈志刚，胡卫东．发展经济学[M]．北京：首都经济贸易大学出版社，2009.
③ [美]德布拉吉·瑞．发展经济学[M]．北京：北京大学出版社，2002.

确实正在经历一个人口转型的过程。节育手段的使用率在下述地区大大提高：肯尼亚（从1977年的7%上升到1993年的33%）、卢旺达（从1983年的10%上升到1992年的21%）、孟加拉国（从1981年的19%上升到1991年的40%）和伊朗（从1977年的36%上升到1992年的65%）。

关于结婚年龄的社会习惯也同样起到很大的作用。在坦桑尼亚，节育手段的使用比例很低（1991～1992年只有10%），但妇女的平均结婚年龄已经从1978年的19岁上升到1988年的21岁。在那些节育手段使用比例显著上升的国家中也出现了这样的情况。

三、人口转变

（一）人口转型阶段的划分①

从出生到死亡是一个人生命运动的自然过程。新一代人不断出生、老一代人逐渐死亡，一个社会的总体人口规模在新陈代谢中自然更迭变化，而且表现出一定的阶段性和规律性。在生育行为和生育率研究的基础上，通过出生率、死亡率和自然增长率的内在关联变化来反映和描述人口规模随社会经济历史进程而呈现不同的发展阶段和类型模式，在人口学上属于"人口转变"（Demographic Transition）理论研究范畴。

人口转变论最初由法国学者兰德里（A. Landry）于20世纪初提出，后经美国人口学家汤普森（W. S. Thompson）进一步奠基，由诺特斯坦（F. W. Notestein）正式给予系统化并形成完善体系。此外，其主要代表人物还有英国学者布莱克（C. P. Black）、美国社会学家戴威斯（K. Davis）、美国人口经济学家莱宾斯坦和澳大利亚人口学者考德威尔（J. C. Caldwell）等。人口转变论的基本观点是：伴随着社会经济的现代化发展，人口出生率和死亡率发生革命性变动，从而引起人口自然增长率以及人口总规模的历史性转变。

分析人口转型必须要理解几个相关的概念：出生率、死亡率和人口自然增长率。出生率和死亡率用每1 000人中出生或死亡的人数来表示，出生率减去死亡率即为人口自然增长率。按照这三个基本指标来衡量，人口转变一般经历从"高—高—低"到"高—低—高"再到"低—低—低"这样三个历史演变过程，即从高人口出生率、高人口死亡率和低人口自然增长率演变为高人口出生率、低人口死亡率和高人口自然增长率，最后发展到低人口出生率、低人口死亡率和低人口自然增长率。对此，各国经济学家有不同的理论予以说明，包括三阶段论、四阶段论和五阶段论等。

1. 三阶段转变论

人口转变的三阶段论是最具有广泛代表性的理论解说，其主要代表人物有兰德里、汤普森、诺特斯坦（早期）和莱宾斯坦等。他们的研究各有侧重点：兰德里主要从历史发展的角度进行纵向描述分析，汤普森和诺特斯坦（早期）侧重横向比较分析，而莱宾斯坦则试图在现象描述的基础上进行人口经济学理论的实证分析。人口转变三阶段模型的典型形态如图8－1所示。

1909年，兰德里根据西欧特别是法国的人口经验数据，从历史发展角度将人口转变过程划分为三个序列：一是无限制生育的原始阶段，包括了长达数百万年的史前时期。在该阶段，人们为维持生存（死亡率起决定性影响）而被动地实现人口均衡。二是普遍限制生育的中间过渡阶段，包括西欧整个中世纪时代。在该阶段，人们为提高生活水平而积极实现人口均衡。三是

① 李宝元．人本发展经济学[M]．北京：经济科学出版社，2006．

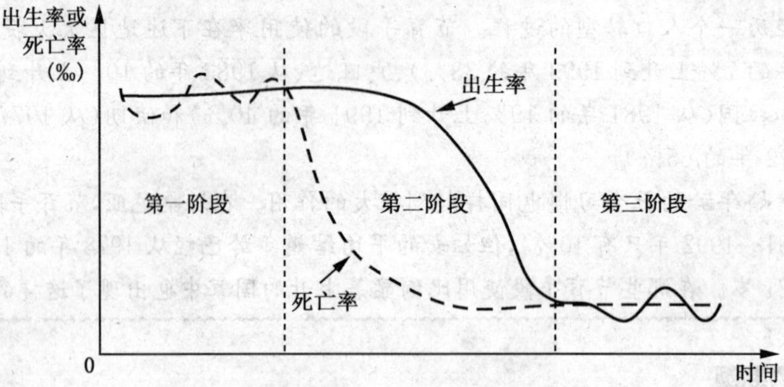

图 8—1 人口转变三阶段模型

自觉限制家庭规模的现代阶段，从产业革命起直至当代。在该阶段，人们在复杂的社会经济及心理动机作用下自觉自愿地实现人口均衡。1934 年，兰德里又对他的观点进一步作了系统阐释，并将这种人口转变称为"人口革命"，后来成为关于人口转变理论方面被普遍接受的经典论说。

与兰德里的纵向历史分析不同，汤普森主要从世界不同地区的横向比较分析来归纳人口转变类型。他于 20 世纪 20 年代末、30 年代初，根据世界各国人口数据，按照经济发展、生活水平以及死亡率和出生率的变动趋势，将人口发展模式划分为三种类型：一是出生率和死亡率都很少受到限制并保持在高水平，具有人口高增长潜力的国家（亚洲、非洲和南美国家）；二是出生率和死亡率都开始下降，但死亡率下降得更快的国家（意大利、西班牙及中欧各国）；三是出生率和死亡率都以很快的速度下降，人口自然增长率趋于明显低水平状态的国家（西欧各国）。汤普森特别分析了出生率、死亡率和自然增长率之间的人口统计规律，成为人口转变的奠基论者。诺特斯坦于 1945 年发表的《人口：长远观点》中，根据新的统计数据提出了与汤普森相类似的三类型划分：亚、非、拉大多数国家属于转变增长尚未开始或具有高增长潜力的人口类型，苏联、日本和拉美一些国家属于处于人口转变中的人口类型，美国、欧洲和澳大利亚属于已经完成转变的人口类型。

2. 四阶段转变论

人口转变四阶段论实际上是在三阶段论基础上的细化，即将第二阶段再进一步划分为前后两个阶段，形成四个转变阶段，也是目前使用最广泛的一种分类理论。

第一阶段，出生率保持稳定的高水平，死亡率处于高水平但略有起伏，人口自然增长率很低；第二阶段，出生率基本保持高水平不变，死亡率开始下降并且逐渐加快，两者差距加大，人口自然增长率逐渐上升；第三阶段，出生率开始下降并逐渐加速，死亡率继续下降，速度放慢，两者差距渐渐缩小，人口自然增长率由较高水平缓慢下降；第四阶段，出生率与死亡率都下降到很低水平，死亡率保持稳定的低水平，出生率略有波动而趋于世代更替的均衡水平，人口自然增长率很低甚至趋于零或降到零以下。人口转变四阶段模型的典型形态如图 8—2 所示。

关于人口转变四阶段论，一些学者也从不同角度给出了各自的具体描述和理论分析。1953 年，诺特斯坦在《人口转变的经济问题》中，联系工业化发展背景提出了人口转变四阶段论，将人口转变的历史阶段划分为前工业化、工业化初期、高度工业化和完全工业化四个阶段。1958 年，柯尔（A. Coale）等在《低收入国家的人口增长与经济发展》中，在总结工业化国家经验的基础上，结合印度和墨西哥等国家的人口数据，分析、描述了农业和低收入国家在市场化和工业化过程中的人口转变情况，并提出了相应的四阶段模型；同年，美国经济学家金德尔伯格

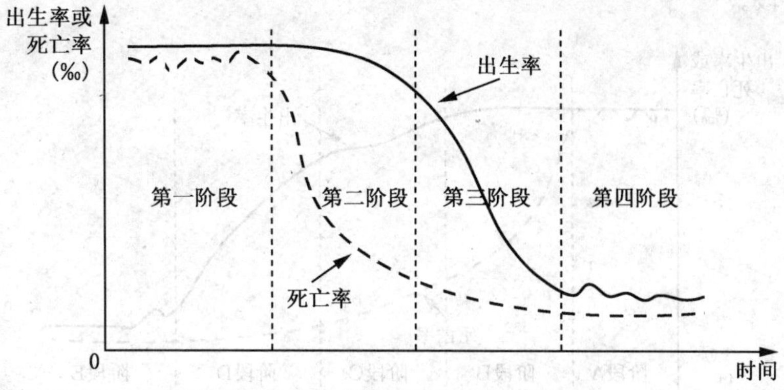

图 8—2　人口转变四阶段模型

与赫立克在其合著的《经济发展》中正式将四阶段人口转变模型纳入发展经济学分析框架。

3. 五阶段转变论

1947 年，英国人口学者布莱克在《人口增长的阶段》一文中，进一步将人口转变四阶段论中的第四个阶段划分为两个阶段，特别强调现代社会人口和经济的双重停滞问题，从而提出了五阶段人口转变模型（如图 8—3 所示）：(1)高位静止阶段（High Stationary，简称 HS），出生率和死亡率保持高位均衡，人口基本上处于静止状态；(2)早期扩展阶段（Early Expanding，简称 EE），死亡率下降但出生率仍然保持高水平，自然增长率快速提高，人口规模迅速扩张；(3)后期扩展阶段（Late Expanding，简称 LE），死亡率开始下降并加速，出生率继续下降，人口增长速度趋缓；(4)低位静止阶段（Low Stationary，简称 LS），出生率和死亡率保持低位均衡，人口自然增长率由正变负并处于停滞状态；(5)减退阶段（Diminishing，简称 D），出生率和死亡率都很低，且出生率低于死亡率，人口规模处于绝对收缩状态。

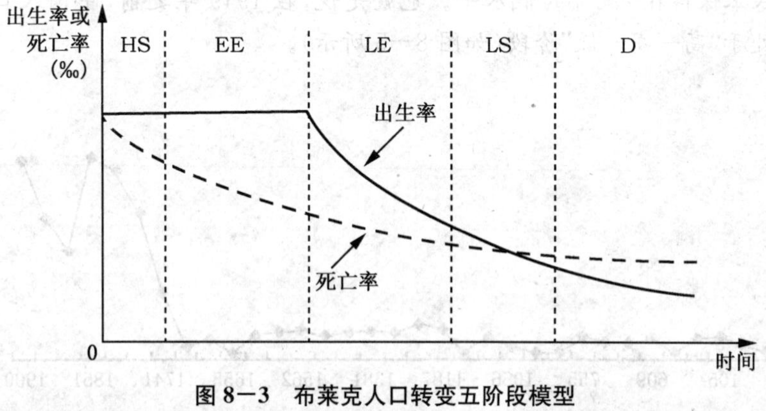

图 8—3　布莱克人口转变五阶段模型

1982 年，美国学者彼得（C. Peter）和拉金（R. Larkin）在《论人口转变与多阶段反应学说》一文中，根据世界各个国家和地区的纵、横向数据资料归纳分析，提出了具有普适性的人口转变五阶段论（如图 8—4 所示）：阶段 A，出生率和死亡率都高，工业革命前的欧洲处于此阶段，目前除撒哈拉非洲一些地区以外，已经没有国家处于这个阶段；阶段 B，出生率维持高位而死亡率快速下降，除南非以外的非洲国家和除日本以外的大多数亚洲国家处于此阶段；阶段 C，出生率高但死亡率低，热带拉美国家处于此阶段；阶段 D，出生率快速下降而死亡率处于低位，阿根廷、韩国和中国发达地区基本处于此阶段；阶段 E，出生率和死亡率都低，如日本、美国、西欧等处于此阶段。

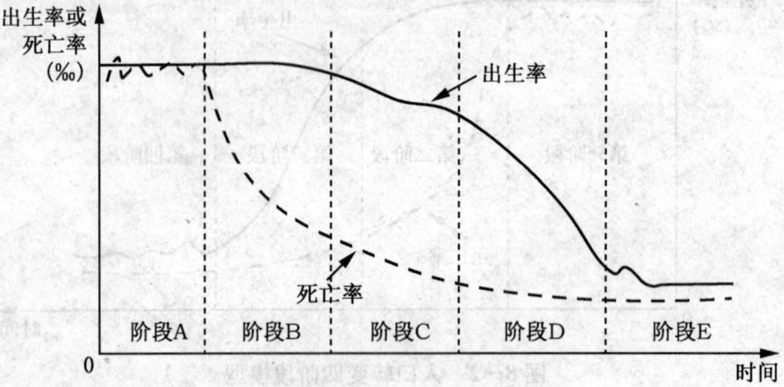

图 8—4 彼得和拉金的人口转变五阶段模型

专栏 8—2

中国的人口转型①

根据梁方仲(1980年)《中国历代户口、天幕、天赋统计》介绍，中国清代以前的人口基本处于高出生率、高死亡率、低自然增长率的低位均衡状态，人口出生率在无控制的生育行为驱动下处于高增长状态；同时，频繁的战乱、普遍的饥荒和猖獗的瘟疫也使死亡率居高不下，所以中国人口在18世纪以前一直维持在1亿人的规模范围内。近代，中国人口有向第二阶段转变的迹象，在清朝初年所谓“太平盛世”、“人寿年丰”的时候，人口出现过一次突增，但在鸦片战争以来的百余年间，外强侵扰、军阀混战、民不聊生，使人口规模终没能发生革命性转变，人口总规模始终在4亿～5亿人之间徘徊，年均自然增长率基本保持在2.6‰的低水平。也就是说，在1949年之前，中国人口的自然变动总体上处于“高—高—低”阶段(如图8—5所示)。

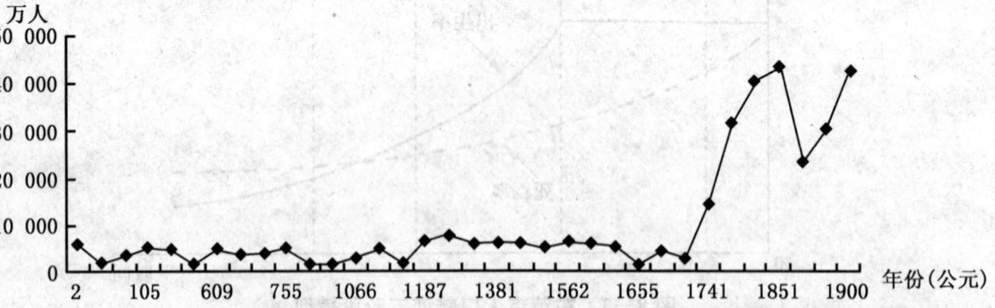

图中数据对应年代分别为：2—57—75—105—146(汉)—280(西晋)—609(隋)—705—726—755—760(唐)—1006—1066—1110—1159—1187—1195(宋)—1291(元)—1381—1464—1502—1562—1578(明)—1626—1655—1664—1734—1741—1794—1834—1851—1863—1875—1900(清)

资料来源：梁方仲．中国历代户口、天幕、天赋统计[M]．上海：上海人民出版社，1980．转摘自李宝元．人本发展经济学[M]．北京：经济科学出版社，2006．

图 8—5 中国清代以前的人口自然变动率

① 李宝元．人本发展经济学[M]．北京：经济科学出版社，2006．

1949年新中国成立后的人口变动经历了几个明显的阶段。新中国成立以来的前二十多年间(1949～1971年)，由于民族独立、战乱结束，民众安居乐业，加上政府社会治理工作特别是公共医疗卫生服务工作比较到位，中国人口的自然变动可以说进入了“高—低—高”的新阶段。其间又可大致分为三个阶段：第一阶段，1949～1957年，出生率基本维持在31.9‰～37.8‰之间的高位，而死亡率大幅度下降，从20‰持续下降到10.8‰，所以自然增长率持续提高，从16‰提高到23.23‰，是典型的“高—低—高”人口再生产类型；第二阶段，1958～1961年，人口增长率显著下降，这主要是由于经济发展上的“大跃进”挫折以及自然灾害等原因，导致人口死亡率大幅度提高，特别是1960年死亡率高达25.43‰，而出生率只有20.86‰，使得自然增长率出现负增长(−4.5‰)；第三阶段，1962～1971年，出生率第二次反弹，1962年为37.01‰，1963年达到峰值43.37‰，同时死亡率持续下降，从10.02‰下降到7.32‰，因此人口增长率显著提高，1963年达到33.33‰。

1971年以后，国家开始实行计划生育政策，出生率逐年降低，从1972年的29.77‰下降到2003年的12.41‰，同时死亡率基本维持在7.6‰～6.4‰之间的低位，从而使自然增长率相应地从22.16‰波动下降到6.01‰。

如果以1979年实行独生子女政策为界，可以划分为前后两个阶段：前一阶段类似于人口转变四阶段模型或布莱克五阶段模型中的第三阶段(相当于彼得等五阶段模型中的第四阶段)，即出生率开始下降并逐渐加速，死亡率继续下降但速度放慢，两者的差距渐次缩小，人口自然增长由较高水平缓慢下降；后一阶段类似于人口转变四阶段模型中的第三阶段和彼得等五阶段模型中的第五阶段，即人口自然增长在低位波动，下降的出生率和持续低位的死亡率逐渐趋于均衡状态(如图8—6所示)。

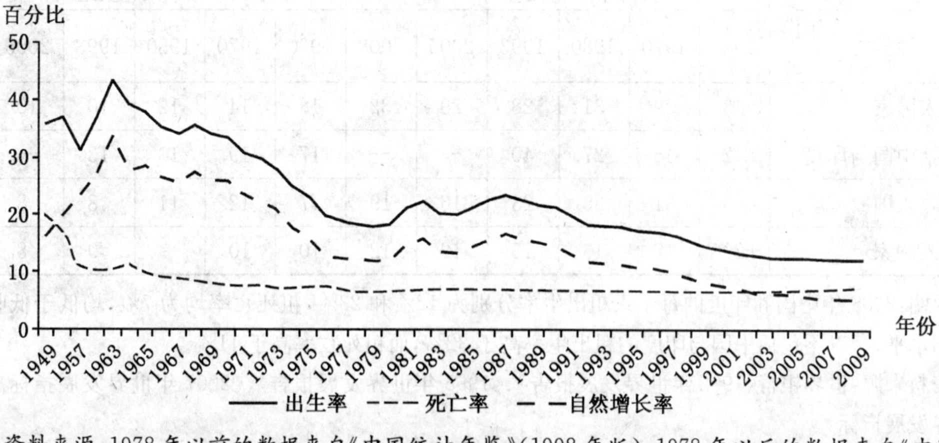

资料来源：1978年以前的数据来自《中国统计年鉴》(1998年版)，1978年以后的数据来自《中国统计年鉴》(2010年版)。

图8—6　1949～2009年中国人口自然变动态势

总之，中国作为发展中的东方人口大国，其人口再生产方式有其特性，其人口转变过程也表现出异常的多因性和复杂性。但是，就其两千多年长期演变的总体态势来看，中国人口的自然变动与有关人口转变论所描述的情形大致吻合，基本上是沿着从“高—高—低”到“高—低—高”再到“低—低—低”的线路走下来的。

（二）发展中国家的人口转型与死亡率的下降

当今发达国家近乎完成了人口转变的整个过程，即开始进入了人口转型的最后阶段。发展中国家作为一个整体，在1960～1979年间平均年人口出生率为34‰，人口死亡率为11‰，人口增长率为23‰。2005年，低收入国家的人口出生率为29‰，人口死亡率为10‰，因此，人口增长率为19‰。[①] 由此可见，发展中国家目前还处在人口转型的第三个阶段，即处在高出生率和低死亡率的阶段。不过，近20年来，发展中国家人口的增长率也在趋于下降。

在人口出生率不变的情况下，人口死亡率的下降会导致人口增长率的上升。发展中国家在过去几十年中人口增长迅速的一个重要原因就是人口死亡率的显著下降。

从表8－3中可以看到，高收入国家每千人死亡率在20世纪60年代就很低，到2005年也只下降了2个千分点。低收入国家在20世纪60年代的人口死亡率很高，1960年是18‰，但人口死亡率下降得很快，到1993年下降到只有10‰，之后就基本保持在这个比率。在1960年，低收入国家的人口死亡率与高收入国家相差8个千分点，到2005年缩小到只相差2个千分点。有趣的是，如果不包括中国和印度，低收入国家的人口死亡率在1960年是17‰，比包括中国和印度要低1个千分点，但到1993年，前者比后者却高3个千分点。这表明低收入国家人口死亡率的下降幅度较大主要是印度特别是中国人口死亡率下降所致。实际上，中国的人口死亡率在1960年是14‰，从1970年开始一直保持在8‰的低水平上，比高收入国家的人口死亡率还要低。中等收入国家的人口死亡率下降得也很快，从1960年的17‰下降到1993年的8‰，下降了9个千分点。近十几年来，人口死亡率基本稳定在低水平上，并与高收入国家相等。人口死亡率的这些变动趋势表明，发展中国家的人口死亡率在过去几十年中下降得相当迅速，比工业化国家要快得多，使得发展中国家的人口死亡率逐渐接近发达国家的水平。

表8－3　不同收入国家的死亡率与出生率情况　单位：‰

类别＼年份	每千人粗出生率						每千人粗死亡率					
	1960	1970	1980	1993	2005	2008	1960	1970	1980	1993	2005	2008
低收入国家	43	39	31	28	29	32	18	14	12	10	10	11
不包括中国与印度	42	45	27	40	—	—	17	19	10	13	—	—
中等收入国家	43	31	35	23	16	19	17	12	11	8	8	8
高收入国家	20	17	15	13	12	12	10	10	9	9	8	8

说明：2008年中国和印度的每千人粗出生率分别为12‰和23‰，粗死亡率均为7‰，均低于低收入国家的平均水平，所以不包括中国与印度的粗出生率高于32‰，而粗死亡率高于11‰。

资料来源：世界银行《1992年世界发展报告》、《1995年世界发展报告》、《2007年世界发展指标》和《2010年世界发展指标》。

有些发展中国家的人口死亡率甚至比发达国家更低。例如，2004年英国、德国、比利时、瑞典的人口死亡率为10‰；与此同时，有不少低收入国家和中等收入国家的人口死亡率低于9‰，例如，2004年中国的人口死亡率为6‰，厄瓜多尔为5‰，孟加拉为8‰，吉尔吉斯斯坦为7‰。[②] 为什么会出现这种情况呢？从预期寿命来说，工业化国家比发展中国家要高得

① 世界银行. 2007年世界发展指标[M]. 北京：中国财政经济出版社，2007.

② 同上.

多;从婴儿死亡率来说,工业化国家比发展中国家又要低得多。如何解释这种似乎违反常理的现象?

其实,这种现象是不难解释的。在过去几十年中,发展中国家的人口增长率远远高于工业化国家,致使前者的人口年龄结构比后者要年轻得多,也就是说,年轻人所占总人口的比重在发展中国家比在工业化国家高。因为年轻人的死亡率比年老人的死亡率要低得多,这样,把各个年龄组的死亡率平均起来,发展中国家的人口死亡率就有可能比收入水平高的工业化国家低。如果只是就某一个年龄组进行比较,比如拿1～15岁的年龄组和65岁以后年龄组进行比较,发展中国家的人口死亡率就会高于工业化国家。

进入20世纪以来,发展中国家的人口死亡率下降大体上经历了以下三个阶段:第一个阶段出现在20世纪初。在这一阶段,法律和秩序的强制实施(通常是由殖民统治者制定)加上较发达的交通运输,使食物的生产和分配得到了显著的改善,从而使得以前经常出现的阶段性饥荒大大减少了。第二个阶段始于20世纪中叶公共健康项目的实施。这些项目包括在许多城镇建立供水和卫生系统以及接种疫苗以预防一些致命的疾病,如斑疹、伤寒、霍乱和黄热病。很多传染病的消灭和控制使人均寿命大大地延长了。第三个阶段包括通过医院和诊所提供的广泛而深入的医疗服务,使儿童的死亡率大大降低。虽然大多数发展中国家的婴儿死亡率还远高于发达国家,但从长期来看,由于医疗条件的改善,其婴儿死亡率大大降低了。

可见,发展中国家人口死亡率大幅度下降的主要原因是医学的巨大进步,以及粮食生产技术和分配系统的改善。这些改善主要是从发达国家扩散到发展中国家的结果,也与本国经济发展水平有一定的关联性,一国经济增长才使得政府有更多的资源用于对付饥荒、疾病等方面的公共支出。

在出生率不变的情况下,死亡率的下降可以导致人口的迅速增长。不过,近20年来发展中国家的出生率也在趋于下降,因此,从总体上看,发展中国家人口增长率开始下降,正在向第三个阶段的中期迈进,而作为世界上人口最多的中国正在朝第四个阶段迈进。

第二节　人口增长的原因分析

一、人口增长理论

从表8－3可知,发展中国家的人口死亡率不高,与发达国家相差无几。因此,这两类国家在人口增长率上的差别主要是出生率不同的结果。表中数据显示,发展中国家的出生率在任何时期都比发达国家要高。这就促使一些学者重视对出生率差别的研究。本节介绍用消费者行为理论来解释家庭生育决策的微观生育决策理论。

在图8－7中,横轴OC表示一个家庭需要子女的数目,纵轴OG表示该家庭对商品总量的需要。I_1、I_2、I_3、I_4为4条无差异曲线,每条无差异曲线表示一个家庭选择任何一种商品和子女的组合所获得的满足感是相同的,离原点越远的无差异曲线,表示满足感越强。一个家庭对商品和子女的最大购买能力由预算线ab来表示,ab的斜率表示商品和子女的数量比例或价格比例。当家庭收入增加而价格不变时,预算线向右上方移动,表示能够购买的子女和商品的数量增加了。当家庭收入不变而价格变动时,预算线将依具体变动情况而向外或向内旋转。例如,在收入不变的情况下,如果商品价格不变而子女价格上升了,那么,预算线ab就要向内

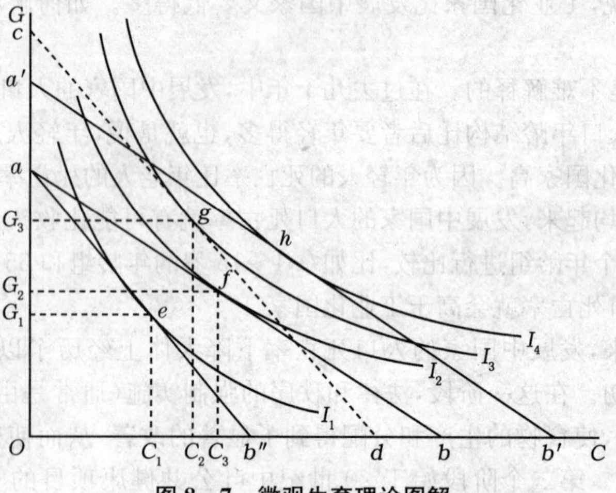

图 8—7 微观生育理论图解

旋转，表示一定的收入只能拥有更少的子女。

所谓子女“价格”，是指父母养育子女所花费的直接成本和机会成本之和减去子女为父母带来的预期收入之后的差额，即养育子女的净成本或净价格。为父母带来的预期收入包括子女在未成年之前为家里劳动带来的收入和父母年老后子女所支付的赡养费用。直接成本是指抚养子女所花费的一切开支，包括衣、食、上学等支出。机会成本是指父母在抚养和照料子女时所放弃的挣钱机会。如果父母不养子女而把这些照顾时间用来工作，将会得到一笔额外的收入。

从图 8—7 中可以看到，这个家庭在预算线 ab 的约束下，选择 OC_3 个子女和 OG_2 个单位商品是最优的消费行为，这个商品—子女组合由预算线 ab 与无差异曲线 I_2 的切点 f 来表示。就生育决策来说，这个家庭拥有 OC_3 个子女是最佳的生育行为。在这里，P_c、P_g 分别表示子女和商品的相对价格。

家庭收入的上升能使家庭通过消费更多的商品和生育更多的子女而获得更大的满足。在图 8—7 中，预算线由 ab 移到 $a'b'$，与一条更高的无差异曲线 I_4 相切于 h 点，显然，h 点代表的商品与子女的组合要大于 f 点所代表的组合。

子女“价格”即净成本的上升将会引起家庭用商品代替子女。在其他条件不变时，子女相对“价格”的上升必然导致对子女需求的下降。在图 8—7 中，由于子女“价格”上升，一定的收入只能拥有更少的子女，预算线 ab 围绕着 a 点旋转到 ab''，与一条较低的无差异曲线 I_1 相切于 e 点，决定了最优组合为 OG_1 数量的商品和 OC_1 数量的子女。显然，$OC_1<OC_3$。

最后，假设妇女就业机会增加了，于是，家庭收入和子女“价格”会同时上升。这时，预算线 ab 就会向下旋转而同时又向外移动到虚线 cd。它与无差异曲线 I_3 相切于 g 点，决定最优的子女需求量为 OC_2，最优的商品需求量为 OG_3，显然，$OG_3>OG_2$，$OC_2<OC_3$。这就是说，由于妇女就业机会的增加使养育子女的成本增加，家庭对子女的需求将减少，同时，对商品的需求将增加，这种情况是比较符合现实的。

运用以上对家庭生育决策进行的微观经济分析，可以解释发达国家和发展中国家的生育率差别问题。发达国家之所以出生率很低，是因为在这些国家中养育孩子的成本很大。首先，发达国家高度竞争的环境迫使父母为了让子女找到一个好工作而不惜对他们进行智力投资。其次，在发达国家中，妇女教育水平和就业机会很高，这就增加了在家里抚养子女的机会成本；

再次，发达国家的父母年老后一般不需要子女赡养，同时，子女一般在上学年龄是没有为家庭挣钱的机会的，这就增加了养育子女的净成本。此外，发达国家医疗卫生技术发达、营养丰富，儿童死亡率很低，这就解除了为保证得到一定数目的子女而多生一些的忧虑。结果，家庭对孩子数量的偏好和需求就减少了。

与此相反，在发展中国家，出生率很高的原因是养育子女的成本低廉。由于教育落后，对子女的智力投资很少，妇女受教育和参加工作的机会很少，子女从小就可以帮助家庭创造收入，父母年老后因无养老金而不得不依靠成年子女赡养。此外，由于人口死亡率下降是近二三十年的事，人们的传统生育观念还没有发生明显的改变。多子多福、无后为大的传统观念还根深蒂固地存在于贫苦的人民心里。

二、人口出生率下降的原因分析

从表8－3中我们发现，不同收入组的国家的人口出生率都呈下降的趋势，而且，低收入国家与中等收入国家比高收入国家下降得更多。1960～2005年，低收入国家的人口出生率下降了14‰(43‰－29‰)，中等收入国家下降了27‰(43‰－16‰)，高收入国家只下降了8‰(20‰－12‰)。其中，中国人口出生率下降得更为显著，从1963年的43.37‰下降到2006年的12.09‰，43年时间下降了31个千分点。可见，在过去几十年中，世界人口出生率的下降主要是发展中国家人口出生率下降的结果。

人口出生率下降的趋势主要由两大因素引起：经济发展和出生率控制。对于发达国家来说，经济发展是主要原因，因为它们没有实行过计划生育政策；但对于发展中国家来说，这两个因素共同发挥着作用，当然具体到不同的国家，情况有些不同。关于哪个因素是导致发展中国家人口出生率和生育率下降的主要原因，在学术界尚有争论。

(一)出生率控制

自1960年印度开始推行计划生育政策以来，世界上已有47个发展中国家先后实行了计划生育政策。在推行计划生育政策的国家中，有的经济发展较快，有的经济发展较慢，但人口出生率和生育率都下降了，而且下降程度与经济发展没有多大的关系，由此推论，人口出生率下降主要是计划生育政策推行的结果。其中，中国是世界上计划生育政策推行得最有成效的国家。中国的人口增长率从1970年的2.5%下降到2007年的0.5%，因计划生育而少生了大约4亿人口，这在世界上不能不说是一个奇迹。中国人口出生率的下降主要是由政府推行的世界上最严厉的一胎化政策推动的，经济发展对出生率的影响不是很大。

(二)经济发展

有些研究表明，出生率与人均收入呈正相关关系，即高收入国家出生率较低，而低收入国家出生率高；从长期来看，大多数发展较快的国家的出生率在过去几十年中显著下降了。这说明出生率的高低是与经济发展、工业化、城市化和现代化程度密切相关的。实际上，中国发达地区的人口出生率也已经接近甚至超过发达国家，如上海市的人口出现了负增长。

支持这一观点的学者的主要依据是：经济发展导致出生率下降是由于人们收入水平的提高和生活条件的改善、教育尤其是妇女教育程度的提高、医疗保健的改善以及文化生活的丰富等因素，使人们养育子女的净成本(即成本减去收益)增加了、生育观改变了。关于经济发展与出生率下降的关系，可以通过以下几个方面来说明：

1. 文化娱乐水平

在文化生活单调、贫乏的情况下，父母往往以生育子女作为生活的重要乐趣，即把子女作为一种耐用消费品对待。随着经济的发展，社会文化生活日益丰富，人们可以通过多种方式来享受生活的乐趣，例如欣赏音乐、观看电影、参加健身运动、阅读、旅游和进行其他一切能够带来生活乐趣的活动。在文化娱乐选择范围拓宽的情况下，替代品增加了，生育子女只是其中的一种选择，因此，它给父母带来的生活乐趣（满足感）就大大降低了。

2. 传统观念

传统观念认为，一个家庭第一重要的事情是传宗接代。在这种传统观念的支配下，一个只有女儿的家庭就会继续生育下去，直到有了儿子为止；有了儿子的家庭还想要更多的儿子，以显示家庭和家族的兴旺。随着经济的发展，城市化和现代化的进行，社会变得更加开放和宽容，人们的传统观念也将会发生变化，传宗接代和多子多福的思想逐渐淡漠，从而减少了必须拥有多子女的社会压力和精神负担。

3. 社会环境

在传统社会中，维护个人和家庭安全的社会法律体系不完善、不发达。在这种情况下，保护个人安全主要依赖自己的家庭和家族，生育更多的子女，尤其是更多的儿子可以更好地保护家庭的安全。随着经济的发展和社会法律系统的完善，社会逐渐代替了家族和家庭对个人安全的保护，而且寻求权力也不必要依靠大家族和大家庭。这就减少了生育更多子女的意愿。

4. 社会保障

在收入水平很低的情况下，养育子女尤其是儿子是父母养老的唯一保障，这一点在农村最为典型。随着经济的发展和城市化进程的推进，社会保障制度在不断完善，养老和医疗保险逐渐社会化，子女作为社会保障的功能就变得越来越弱了。在经济高度发达的社会里，这种功能基本不存在。

5. 抚养成本

在传统社会里，子女不需要接受教育就可以参加农业生产劳动。而随着经济的发展，社会对劳动者在教育、健康方面的要求越来越高，父母在子女教育、营养、保健方面的成本也不断增加，而现代社会中子女在未成年之前基本上是在学校度过的，养育子女的收益很小，因此，综合成本和收益，许多父母将会减少生育子女的数量。

6. 妇女受教育水平

随着经济的发展和社会的进步，妇女的地位也随之提高了。在现代社会里，受教育的妇女越来越多。妇女接受教育比男人更有利于出生率的下降。首先，母亲接受教育使养育子女的机会成本大大增加了，因为受过教育的妇女就业的愿望比没有受过教育的妇女更为强烈，同时，她们也能更容易地找到工作。其次，受过教育的妇女倾向于晚婚晚育，也更容易掌握避孕的知识和方法。再次，受过教育的妇女也倾向于让她们的子女接受更多的教育，用子女的质量来代替子女的数量。最后，有文化的母亲能够更好地照顾孩子，使婴儿死亡率降低，这就减少了生育更多子女以防夭折的担忧。

综上所述，经济发展在很多方面可以促使人口出生率的下降。这种下降也可以用以上所述的生育微观经济分析来说明。以上列举的六个因素中，前三个因素说明生育观随经济发展而变得更加现代化，使无差异曲线变得更陡；后三个因素说明随着经济的发展，养育子女的净成本增加，使预算线向内旋转。这两方面因素的综合作用使每个家庭想要的孩子数量减少了。

由政府的计划生育政策所引起的人口出生率的下降也可以用消费者均衡理论来分析，因为这一政策无非也是通过影响家庭养育子女的成本和生育观念来促进家庭生育决策朝减少生育率的方向转变。

第三节 人口增长的后果及人口控制

一、人口增长对经济发展的影响

人口增长既受经济发展的影响，同时也影响经济的发展，两者是相互作用的。前面讨论了经济发展是如何影响人口增长的，现在我们将考察人口增长对经济发展的影响，然后提出控制人口增长的政策措施。

(一)人口增长对经济发展的积极作用

人口增长是否有碍于经济发展，不能一概而论。早在18世纪，英国古典经济学家亚当·斯密就把人口增长看作是经济增长的两个主要因素之一。他的观点是，人口增加使劳动力数量增加，而劳动力增加使劳动分工变得越来越细，从而导致劳动生产率不断提高。而19世纪英国人口学家和经济学家马尔萨斯的观点则与亚当·斯密的观点针锋相对。他认为，由于边际报酬递减规律的作用，人口增长将会导致人均粮食生产量下降，粮食短缺将会变得越来越严重，经济增长不得不停滞下来。

事实上，人口增长是有利于还是有害于经济增长，要视具体情况和环境而定。在20世纪50年代以前，人口增长对各国经济并没有造成很大的压力，因为当时世界各国的人口密度并不大，未开垦的土地资源还比较丰富，因此，人口增长并没有被认为是经济增长的一个障碍，也没有哪个国家的政府去推行人口控制政策，人为地限制人口的增长。

20世纪50年代以来，由于世界处在相对和平的环境中，没有发生过世界大战，再加上医疗卫生事业的巨大进步，人口死亡率大大下降了，而人口出生率并没有相应下降，因此人口急剧增加，使得人均占有耕地面积和自然资源迅速减少，人类居住环境越来越恶劣，人口增加才受到社会各界和各国政府的高度重视。

即使在这样的情况下，人口迅速增长也并不一定与经济的贫困、落后相联系，如果把贫困归咎于人口太多是非常肤浅且极为有害的观点。一些国家和地区在过去几十年中人口增长是相当快的，但它们的经济增长却非常迅速，如亚洲"四小龙"就是突出的实例。韩国和中国台湾在过去几十年中，人口增长年均高达2.5%，但它们的经济增长非常迅速，仅用40年的时间就实现了工业化。

1. 人口增长通过技术创新促进经济增长

1970年，经济学家博瑟罗普(Boserup)从需求角度来考察人口与经济发展的关系。她认为人口增长会相应增加人口密度和消费需求，导致经济资源的稀缺性程度也相应增加，这种压力刺激人们去进行创新、发明新技术等活动，进而推动技术进步，最终增进产品和劳务的产出。以农业部门为例，博瑟罗普曾经作了这样的对比研究：首先，她将不同人口密度的国家划分为5个组别——密度非常低的国家(每平方公里0～4人)、密度较低的国家(每平方公里4～16人)、中等密度的国家(每平方公里16～64人)、高密度的国家(每平方公里64～256人)和密度非常高的国家(每平方公里256人以上)；接着再考察这5种类型国家反映其农业技术进步的灌溉系统、化肥施用量以及复种指数。结果发现，可耕地中拥有灌溉系统的比例、化肥使用比例、复种指数等均随该国人口密度的增加而增加。也就是说，越是人口高密度的国家，其农业生产的集约性也越高。[①]

---

① [美]德布拉吉·瑞. 发展经济学[M]. 北京：北京大学出版社，2002.

其他学者从供给角度论证了人口增长可以推动技术进步。人口规模越大，人口的多样性就越大，所能够孕育的企业家和其他富有创新精神的人也越多，从而新思想、新知识与新技术的生产与发明会越多。而恰是这些人将对解决人类社会所面临的种种难题作出重大贡献。罗宾逊(J. A. Robinson)和斯瑞尼瓦桑(T. N. Sriniwasan)曾指出，人口越多，潜在的人才就越多，并且假定社会对天才的回报在日益剧增。历史学家们的研究也认为，从公元1000年到13世纪中叶的人口快速增长时期也是知识快速增长的时期。①

2. 人口增长通过人口红利窗口促进经济增长

在人口转型过程中，由于出生率和死亡率在时间上的继起性，进而会形成不同的年龄结构，威廉姆森(J. Williamson)将之划分为三个阶段：高少年儿童抚养比时期、高劳动年龄人口时期和高老年赡养比时期。一般来说，不同年龄阶段的人群，其经济行为也不同，因此，处于不同年龄结构阶段，人口对经济增长的影响是不一样的。在高劳动年龄人口时期，社会负担率相对较轻，生产性较强，社会储蓄率较高，这是有利于经济增长的。这一阶段具有的人口生产性就如同经济增长的一个额外源泉，称之为人口红利。如果某个国家和地区在人口增长的进程中恰好处在这样的人口年龄结构最富有生产性的阶段上，人口红利的"窗口"就会打开。

威廉姆森的研究表明，东亚经济奇迹之所以能够出现，在非常显著的程度上是因为人口红利在发挥作用。日本和亚洲"四小龙"的人口转型始于20世纪40～50年代，大约在20世纪70年代以前，人口年龄结构处于高的少年儿童抚养比阶段，经济增长受到了抑制；伴随着人口转型的深化，步入了高劳动年龄人口比阶段，从而劳动力供给有利于经济增长。据估算，在1970～1995年间，人口红利贡献的经济增长约在1.5～2个百分点，占其稳态经济增长的1/3～1/2。同样，在考察了1870～1913年欧洲与北美的经济增长和年龄结构数据之后，威廉姆森进行了加权平均计算。他认为，"新大陆"的人均经济增长速度比"旧大陆"高出0.47个百分点，这一增长速率的差别有90%～100%是由于"新大陆"的人口红利所致。②

人口红利因素不仅被普遍认为是东亚经济成功的关键，而且对中国经济发展同样作出了很大的贡献。蔡昉指出，自20世纪60年代中期以来，中国的少儿抚养比以及总体抚养比迅速下降，产生了两个潜在的促进经济增长的源泉：第一，在具备劳动年龄人口比重大这一潜在人口优势的条件下，劳动的参与率和就业率均保持在较高水平上，这就意味着人口结构产生的充足劳动力资源得到了较好的利用。1978～2002年间，经济活动人口逐年增加，劳动参与率保持在70%～86%的较高水平，高于世界上大多数国家。由于中国经济中的生产要素具有较大的可替代性，改革期间劳动密集型产业扩张迅速，得以大规模吸纳就业，从而把人口年龄结构优势转化为中国经济的比较优势。第二，经济活动人口比例高且就业率较高，使得社会储蓄总量大，经济活动中的剩余总量也大，这帮助中国在这一期间达到了很高的储蓄率。在改革开放前期，中国的储蓄率始终在30%以上，1993年最高时达到44%。因此，由于整体人口抚养比的下降，减轻了社会的抚养负担，提高了人口的生产性，人口红利最大限度地得以利用。③

一项最新研究表明，近20年来，特别是进入21世纪以来，人口红利因素对中国GDP的增长作出了很大的贡献，中国GDP中有超过1/10是人口红利创造的。到2006年时，人口红利

① [美]朱利安·L. 西蒙. 人口增长拖了经济发展的后腿吗？[M]. 上海：上海三联书店，2000.

② [美]杰弗里·威廉姆森. 增长、收入分配与人口：历史教训[D]. 国民经济研究局(NBER)工作论文，编号6244.

③ 蔡昉. 人口转变、人口红利与经济增长可持续性——兼论充分就业如何促进经济增长[J]. 人口研究，2004(2).

因素对当年GDP的贡献量达到28 178.61亿元，占当年GDP的比例更是高达13.36%。[①]

需要指出的是，与人口红利相对应的人口负债就是不断加速的人口老龄化的影响。对一个国家而言，人口结构转变中获得的人口红利是一次性的，是一个相对短暂的历史机遇。因此，在人口红利消失之前，充分挖掘这一人口转变的潜在贡献是中国实现经济崛起的重要手段。由于中国一胎化人口政策实施的时间过长，到现在还没有放松的迹象，中国已开始进入老龄化时代。中国的人口红利很快就会消失，并很快变成人口负债，这是中国将要面临的一个重大挑战。

(二)人口增长对经济发展的不利影响

虽然人口增长对经济发展不一定有害，即使在人口密度很高、资源贫乏的国家里，人口增长也不一定是经济发展的障碍，但不可否认的是，当今发展中国家人口增长过快对经济发展的确具有抑制作用。

1. 人口高速增长对粮食供给产生了重大压力

对于许多人口增长迅速的发展中国家来说，粮食问题一直是一个非常严重的问题，特别是非洲一些国家，时刻受到饥荒的威胁。这固然有其他一些原因(如内战)，但其中一个重要原因就是人口增长过快。撒哈拉以南非洲的人口增长率在20世纪80年代高达3%，在90年代仍然保持2.6%的高速度，是全世界人口增长最快的地区，也是粮食短缺问题最严重的地区。

2. 沉重的赡养负担耗费了大量可用于发展的资源

人口迅速增长的一个不可避免的后果就是人口年龄结构的年轻化，使儿童人数占总人口的比重急剧上升。儿童(15岁以下)和老人(65岁以上)占工作年龄人口(15～64岁)的比重被叫做赡养比率，它是一个国家赡养负担的数量指标。一般来说，当一个国家人口增长缓慢时，赡养负担就比较低；反之，如果一个国家的人口增长迅速，赡养负担就比较高。

在发展中国家，被赡养人口主要是儿童，这些人口目前很少在产出供给方面作出贡献，但对消费品和社会基础设施产生了很大的需求。他们是社会财富的净消费者，如果赡养负担太重，一个社会将要把很大部分资源用来满足他们的需求，要花费大量的资源生产粮食和其他生活必需品，这势必导致用于发展的资源大为减少，从整体上降低了人们的生活水平和生活质量。

3.人口增长迅速加剧了环境的恶化

随着经济的发展，人类居住的环境日益恶化，相比发达国家，发展中国家的环境问题更为严重。当然，我们不能把自然资源的耗竭、环境的恶化都归因于人口增长，但人口的快速增长的确加剧了环境恶化的趋势。例如，人口增长过快，为了养活这些新增的人口，人们被迫开垦更多的耕地，使大量的森林被毁灭，导致生态失衡，洪涝灾害频繁发生；人口增长快使得每个农民耕种的土地越来越少，为了增加产量，他们被迫在耕地上大量施用化肥和杀虫药，造成土地肥力下降，并且使江、河、湖泊遭受污染。

4. 人口增长迅速使失业问题严重

人口急剧增加最严重的后果就是使人力资源问题变得更加难以消除。发展中国家的人力资源问题表现在非熟练劳动力大量过剩，熟练劳动力极为短缺，从而给经济发展造成极大障碍。

毫无疑问，过快的人口增长是造成发展中国家失业严重和就业不足的重要原因。人口迅

---

① 陈友华. 人口红利与中国的经济增长[J]. 江苏行政学院学报，2008(4).

速增长不仅导致人力资源闲置，也降低了人力资源质量。由于人口增长迅速，发展中国家的年龄结构变得年轻化，15 岁以下的儿童占相当大比重。贫穷的家庭因子女多、负担重而无力保证给儿童以充足的营养，致使他们的身体发育不良、体弱多病，严重地削弱了未来的劳动能力。更严重的是，由于负担过重，家庭无力供子女上学念书，接受更多的正规学校教育。从整个国家来说，由于财力有限，教育投资很少，很难为适龄儿童提供充足的受教育机会，这必然导致教育质量的下降，进而导致劳动力素质的下降，对发展中国家经济的长远发展造成障碍。

二、控制人口增长的政策措施

关于人口增长与发展的关系，现在形成了一个新的共识："人口增长率高，并不一定导致经济增长速度的放慢。人口增长率低，也很难说就一定能加速经济的增长。新的一致性意见将摈弃那种在第三世界的发展历程中总是将人口增长视为一个'恶棍'角色的观念，但它很可能是一个'帮凶'。"[①]

关于人口增长政策方面，国际人口大会的观点和主张出现了变化。在 1974 年布加勒斯特召开的第一次国际人口大会上，形成的共识是不要人为地控制人口增长，提出的口号是："经济发展是最好的避孕药"。但是，在 1984 年墨西哥城召开的第二次国际人口大会上，出现了一个新的共识，即经济发展与计划生育项目对降低发展中国家的生育率都是重要的。10 年后，在 1994 年开罗举行的第三次国际人口大会不仅再次强调计划生育和出生率控制，而且还突出地强调通过教育和社会经济的流动性赋予妇女权力的重要性。

发展中国家的人口出生率在近 30 年呈下降趋势，其主要原因有两个：经济发展和计划生育。当然，经济发展是降低人口出生率的根本途径。但是，经济发展是一个长期的过程，还受到人口增长的严重制约，因此，单靠经济发展来解决过高的人口增长问题是行不通的。因此，控制人口出生率的政策仍然是必要的，而且是有效的。中国就是一个例子。

从生育微观经济分析中可知，生育率的高低主要取决于一个家庭养育子女的成本：成本大，生育率就低；成本小，生育率就高。发展中国家的人口出生率之所以高，主要是因为抚养子女的成本很低。因此，控制出生率的关键就是采取多种措施，包括刺激性措施和强制性措施，来提高抚养子女的成本。这些政策措施应主要包括：

第一，实行特殊优惠政策扩大妇女的受教育和就业机会。作为母亲和未来母亲，妇女的教育对降低出生率至关重要。教育不仅增加参加社会和经济活动的机会，而且还增加劳动报酬，这就使得妇女在家里照料孩子的机会成本增加。此外，政府应该为妇女寻找工作提供各种便利，扫除限制妇女参加工作的一切陈规陋习。妇女就业率的提高，无疑抬高了抚养子女的代价。

第二，提高各级正规学校教育的个人学习费用，特别是大学教育的私人费用。私人教育费用的增加直接提高了家庭抚养孩子的支出。在教育水平与就业机会、收入水平成正比的社会里，父母愿意用子女的质量来代替子女的数量。

第三，建立和完善老年社会保险制度。在发展中国家，特别是在落后的乡村，父母拥有子女尤其是想要男孩的重要动机是为了老有所依、老有所养。如果国家能为丧失劳动能力的老年人提供生活上的保障，解除他们的后顾之忧，那么毫无疑问，生育率就会大大降低。

第四，建立一套计划生育的奖惩制度。国家直接干预家庭的生育决策，对少生子女的家庭

① [美]吉里斯，波金斯．发展经济学[M]．北京：中国人民大学出版社，1998.

在就学、就业上给予优先考虑，在经济上给予适当的补贴。同时，对那些拒绝实行计划生育的家庭实行经济惩罚，对超生的子女征税，收取较高的学费。这些奖惩措施可以人为地调节养育子女的成本，如能很好地贯彻实行，应该可以收到较好的效果。

第五，改善公共卫生医疗条件和儿童营养状况，提高婴儿存活率。很多经验研究表明，婴儿死亡率的下降与出生率的下降有直接的关系，这是因为一般家庭都有一个目标子女数，在婴儿死亡率很高的情形下，父母为了保证达到这一目标数量，只得多生几胎以防不测。

本章小结

20世纪中期以来，世界人口增长比以往任何时候都要快，这主要是发展中国家人口急剧增长的结果。根据人口转变的四阶段论，发达国家人口增长已经历了四个阶段，而发展中国家的人口增长现在还处在第三个阶段，即高出生率和低死亡率阶段。但中国已进入了第四个阶段，即低出生率和低死亡率阶段。

发展中国家与发达国家在人口出生率上的差异可以用消费者均衡的方法来解释。发达国家人口出生率低是因为其家庭养育子女的成本较高，而发展中国家人口出生率高则是因为其家庭养育子女的成本较低。

人口增长对经济发展不一定都是不利的。有些学者从需求和供给的角度论述人口增长对经济发展是有利的。但是，当人口增长太快，对资源、环境、基础设施和就业等造成巨大压力时，人口增长就成为经济发展的一个障碍。

复习思考题

1. 什么是隐蔽的人口增长？其有哪些表现形式？
2. 根据人口转变四阶段论，发展中国家目前处于哪个阶段？中国处在哪个阶段？
3. 人口死亡率下降的原因是什么？为什么有些发展中国家的人口死亡率低于发达国家？
4. 发展中国家的人口出生率为什么会高于发达国家？试用消费者均衡方法来分析。
5. 哪些因素会引起人口出生率的下降？你认为生育控制和经济发展中哪个因素对出生率下降的作用更大？
6. 人口增长有利于经济发展吗？请谈谈你的观点。
7. 如何理解人口红利？
8. 发展中国家的人口增长过快会对经济发展带来哪些不利影响？
9. 中国的计划生育政策取得了哪些成效？长期推行将会带来怎样的后果？
10. 试分析发达国家的老龄化与中国老龄化的差别。

第九章

人力资源

第一节　人力资源与人力资本

一、人力资源概述

(一)人力资源的概念

人力资源(Human Resource,简称 HR)是指一定时期内组织中的人所拥有的能够被企业所用且对价值创造起贡献作用的技能、经验、体力等的总称,是一切资源中最为宝贵的资源,是第一资源。

(二)人力资源的特征

人是一种特殊的物质存在,因此,与其他物质资源相比,具有自身鲜明的特征。

1. 人力资源的再生性

(1)人口的再生产。人口的再生产遵守一般的生物规律,老一代人逝去,新一代人陆续出生,而且素质会提高。当然,人口再生产还受人类意识的支配。这种人力资源时序上的再生性与耕地、矿藏等资源的不可再生性且数量的递减性形成明显反差。

(2)劳动力的再生产。这可以通过人口总体和劳动力总体内各个个体的不断更换、更新和恢复的过程得以实现。

(3)劳动能力的再生产。一是指人的劳动能力不断使用、不断产生;二是指人今天消耗的脑力或体力,明天会再生出来,能力不断培养、不断提高。

2. 人力资源生成过程的时代性

一个国家或地区的人力资源,在其形成过程中,受到时代条件的制约。人一生下来就遇到既定的生产力和生产关系的影响和制约,当时的社会发展水平从整体上影响和制约着这种人力资源的素质,他们只有在时代为他们提供的条件和前提下,才能发挥他们的作用。一个国家或地区的社会经济发展水平不同,人力资源的素质也就不一样。任何人力资源的形成,都不能摆脱当时社会文化水平的制约。

3. 人力资源开发过程的能动性

与其他资源相比，人力资源具有目的性、主观能动性、社会意识性和可激励性。而自然资源在被开发的过程中完全处于被动的地位，如森林、矿藏、土地、水利等。人力资源在被开发的过程中具有能动性，即人类具有自我调控的功能。因此，人类在从事经济和社会活动时，总是处在发起、操纵、控制其他资源的位置上。人力资源与其他被动生产要素相比，是最积极、最活跃的生产要素，居于主导地位。

4. 人力资源使用过程的时效性

自然资源，如矿藏、森林、石油等一般都可以长期储存，储而不用，品位不会降低，数量也不会减少；但人力资源则不同，长期储而不用，就会荒废、退化、过时。人的才能和智慧的发挥有一个最佳的时期和年龄阶段，一般来说，25～45 岁是科技人才的黄金年龄，37 岁是其峰值。

5. 人力资源开发过程的持续性

人力资源的使用过程同时也是开发过程，而且这种开发过程具有持续性。人力资源的使用过程本身就是一个不断开发的过程。在不发达国家，传统的观念和做法是，学校毕业后进入工作阶段，开发与使用界限分明，于是形成了两种理论，即干电池理论和蓄电池理论。所谓干电池理论就是把人生分成两段，前半段主要是学习，就是做“干电池”，学校毕业就相当于“干电池”做完了，然后参加工作，即“干电池”放电。但是，“干电池”里的电量毕竟有限，很快就会用完。于是，新的理论——蓄电池理论应运而生。蓄电池理论认为，人的一生是不断学习，不断充电的一生，而且，释放与储存成正比，若要更多地释放，必须更多地储存。所以，人力资源可以而且应该不断地开发、持续地开发，才能不断增值。

6. 人力资源闲置过程的消耗性

一般说来，物力资源不开发、不使用，也不具有消耗性，例如地下矿产、原始森林，若不开发就不会消耗。人力资源则不同，即使不加以开发和使用，也依然具有消耗性，即为了维持其本身的存在，必须消耗一定数量的其他自然资源，如食物、水、能源、住房等。所以，人力资源即便不使用，仍然在消耗。也就是说，人力资源必须消耗活资源以维持自己的生命。

7. 人力资源的流动性

自然资源有的可以流动的，如水资源、风力资源等，但这种流动是一种纯自然流动；人力资源的流动则不然，它有以下两个特点：第一，人力资源的流动首先表现在跨岗位、跨单位、跨地区甚至跨国界的流动上，而且多表现出“人往高处走”的特点。第二，人力资源的流动还表现在人力的派生资源即科技成果在不同空间的流动上。随着科技成果的逐渐商品化，人力资源在空间上的流动越来越频繁与活跃。

8. 人力资源的可塑性

人力资源在使用的寿命期内，通过接受不同方式的再教育和知识、经验的不断积累，其素质会产生量的变化，甚至会产生质的变化。特别是在技术更新频繁的现代社会，人力资源的可塑性更具有重要的现实意义。

9. 人力资源功能的共用性

一个零部件只能安装在某一台设备的特定位置上发挥特定的功能，其功能的发挥具有一定的凝固性；而人力资源则不同，一个人可能同时为多个单位服务，从事几种不同的工作。例如，在我国已经出现了一些杰出的管理人才同时出任多家企业的法人代表。作为人力资源派生的科学技术成果，其功能上的共用性更为明显。

以上人力资源的特点决定了人力资源开发与管理的特殊性，从而奠定了人力资源开发与管理的理论基础。

二、人力资本与人力资源的关系

(一)人力资本与人力资源的联系

人力资本(Human Capital)是指人们以某种代价获得的并在劳动力市场上具有一定价格的能力或技能。

当代发展经济学和教育经济学的研究表明,随着教育水平和医疗保健水平的提高,人们的知识水准上升,知识结构合理化,体质不断增强,因此提高了劳动力的质量,使劳动者的工作技能、熟练程度大大改观并带来了生产率的上升。这种对人力资源进行开发性投资所形成的可以带来财富增值的资本形式叫做人力资本。

从人力资本到人力资源是一个智力加工的过程,是人力资本内涵的继承、延伸和深化。现代人力资源理论是以人力资本理论为依据的,人力资本理论是人力资源理论的重点内容和基础,人力资源经济活动及其收益的核算是基于人力资本理论,两者都是在研究人力作为生产要素在经济增长和经济发展中的重要作用时产生的。

(二)人力资本与人力资源的区别

人力资本与人力资源在理论渊源、研究对象、分析目的一致的基础上,在理论视角、分析内容上有一定的区别。

1. 两者研究问题的角度有一定区别

人力资本是通过投资形成的一定人力存量在人体中的资本形式,强调以某种代价获得的能力或技能的价值,投资的代价可在提高生产力过程中以更大的收益收回,是从成本收益的角度来研究人在经济增长中的作用。

人力资源是经过开发而形成的具有一定体力、智力或技能的生产要素资源形式,强调人力作为生产要素在生产过程中的生产、创造能力。它将人作为财富的来源来看待,是从投入产出的角度来研究人对经济发展的作用。

2. 两者关注的重点不同

人力资本强调投资付出的代价及其收回,考虑投资的成本带来多少价值,全社会的人力资本投资为社会带来多大收益,研究价值增值的速度和幅度,关注的重点是收益问题,即投资能否带来收益以及带来多少收益的问题。

人力资源除了分析人力资本涉及的内容外,还要分析人力资源形成、开发、使用、配置、管理等多种规律和形式,揭示人力资源在社会经济生活中的作用。关注的重点是产出问题,即人力资源对经济发展的贡献有多大、对经济发展的推动力有多强。

3. 两者的经济学内容不同

人力资本理论揭示由人力投资所形成的资本的再生和增值能力,可进行人力开发的经济分析和人力投入产出研究,从会计学角度看,其进行经济核算的意义十分明显;而人力资源理论不仅包括了对人力投资效益的分析,而且作为生产要素,其经济学内容更为广泛和丰富。

4. 两者与社会财富和社会价值的关系不同

人力资本是由投资而形成的,强调以某种代价获得的能力或技能的价值,投资的代价可在提高生产力的过程中以更大的收益收回。因此,劳动者将自己拥有的脑力和体力投入生产过程中参与价值创造,就要据此来获取相应的劳动报酬和经济利益,它与社会价值的关系应当说是一种由因及果的关系。人力资源则不同,作为一种资源,劳动者拥有的脑力和体力对价值的创造起了重要的贡献作用，人力资源强调人力作为生产要素在生产过程中的生产、创造能力，它在生产过程中可以创造产品、创造财富、促进经济发展。它与社会价值之间应当说是一种由果溯因的关系。

5. 人力资源与人力资本的计量形式不同

众所周知，资源是存量的概念，而资本则兼有存量和流量的概念，人力资源和人力资本同样如此。人力资源是指一定时间、一定空间内人所具有的对价值创造起贡献作用并且能够被组织所利用的体力和脑力的总和。而人力资本，如果从生产活动的角度看，往往是与流量核算相联系的，表现为经验的不断积累、技能的不断增进、产出量的不断变化和体能的不断损耗；如果从投资活动的角度看，又与存量核算相联系，表现为投入到教育、迁移和健康等方面的资本在人身上的凝结。

因此，人力资本与人力资源之间存在着内容递进性和范围拓展性的区别，人力资源把人力资本研究、分析问题的视角和内涵推向纵深。

第二节 劳动力市场与失业

一、劳动力市场

(一)劳动力市场的概念

劳动力市场有广义和狭义之分。从广义上说，劳动力市场是指以市场机制为基础性方式对劳动力资源进行配置和调节的经济关系，其内容包括劳动契约、劳动就业、工资分配、社会保障、劳动立法、职业培训、职业咨询、职业安全卫生以及特殊群体劳动者的保护等。从狭义上说，劳动力市场是指劳动力供求双方双向选择、进行劳动力交换的场所，以及运用市场机制调节劳动力供求关系的组织形式。

(二)劳动力市场的特征

在市场经济条件下，劳动力市场与其他生产要素市场有着明显的共性：存在供需双方，在生产要素所有权或支配权发生转移时，需求方要向供给方支付费用(即价格)；费用(价格)受供求关系的影响，生产要素的流动又受费用(价格)的影响；等等。劳动力市场作为唯一能动的生产要素市场，与一般商品市场相比具有以下特点：

1. 劳动力市场是要素市场而不是产品市场

劳动力这种生产要素归个人所有，企业只能通过劳动力市场获得。劳动者只能被雇用或租借，劳动者本身不能被买卖。劳动者对劳动力拥有不可动摇的所有权。

2. 在劳动力市场上，劳动力寓于劳动者本身之中

劳动者不仅关注劳动力的价格，还关注劳动力的劳动条件等非经济因素。特别是在发达国家的劳动力市场上，工资已不再是唯一决定性的因素。劳动力市场的交易活动受多种因素的影响，不仅受供求双方的影响，而且受政府、舆论、工会等社会力量的影响和法规的制约。

3. 以区域性市场为主

劳动力市场和其他商品市场一样，也应是全国统一的市场。但是，由于社会生产力在各地区的发展水平不平衡，原始手工业、传统的大机器和现代技术产业并存，劳动力的素质相差悬殊。职业偏见的存在，再加上地区分割等，阻碍了劳动力在全国范围的流动，大多数只能在区域内运转，只有少数高科技人才可在全国范围内流通，从而形成的主要是区域性市场。

4. 雇主与劳动者在劳动力市场上力量不均衡

劳动者在市场上往往处于不利地位。与雇主相比，劳动力缺乏关于市场条件等方面的信息，多数情况下处于弱势。因为劳动力既不能把劳动力从自身中剥离出来，又不能储存它，而且为了获得收入还必须出卖它。进入劳动力市场的劳动力的范围是广泛的，一切具有劳动能力并愿意就业的人都可以进入劳动力市场。以我国为例，我国由于劳动力资源丰富，随着科技的进步、劳动生产率的不断提高以及经济体制改革的进行，农村出现剩余劳动力，加上国有企业和国家机关的富余人员，因而在一段相当长的时间里，我国劳动力供大于求，形成买方市场。因而在劳动力需求不足时，劳动力就会处于极其不利的地位，再加上劳动力比一般雇主缺乏市场信息，这会使其谈判地位进一步削弱。

5. 劳动力的合理配置

劳动力的合理配置主要是通过市场流动和交换实现的。市场供求关系调节着社会劳动力在各地区、各部门和各企业之间的流动。劳动报酬受劳动力市场供求和竞争的影响，劳动力在供求双方自愿的基础上实现就业。劳动力的市场配置行为不可避免地会造成劳动者由于原有的劳动技能不能适应新的经济结构的变化而产生的结构性失业现象。

(三)劳动力市场的功能

劳动力市场通过价值规律的作用和竞争机制的功能，把劳动力资源配置到合理部门，提高了经济运行的效率，促进了社会再生产的协调发展。它的功能具体表现如下：

1. 优化配置劳动力资源

劳动力市场的基本功能就是通过劳动力使用权的转让与购买，实现劳动力在各种社会用途之间的分配，也就是劳动力资源的配置。通过价值规律的作用和竞争机制的功能，把劳动力资源配置到效益较好的部门、行业和环节中去，从而提高整个经济运行的效率和活力。在现实生活中，随着商品经济的发展和社会的进步，国家政策、经济规模、企业技术水平、产品结构等需求因素和人口结构、劳动者偏好、劳动者技能等供给因素在动态变动当中，使供求关系也在不断变化。这其中，起关键作用的是工资率比价(不同职业之间的劳动比价)。工资率调节着劳动力资源在不同职业、行业、地区之间的流动，使劳动力资源合理匹配，发挥最大的经济效益。

2. 激励人力资本投资

建立劳动力市场是市场经济条件下实现人力资源优化配置的有效手段。劳动力市场的存在为劳动者和企业提供了双向选择的条件。那些技术素质高、工作责任感强的人，在劳动力市场上受到用人单位的喜爱，能够顺利地找到理想的职业并取得较高的收入；而那些技术素质低、工作责任心差的人，在职业选择上则处于被动和劣势地位。这样的优胜劣汰一方面会促使劳动者有意识地不断提高自身的素质，增强职场的竞争力；另一方面能激励他们积极工作，争取更高层次、更高收入的职位。同时，企业的竞争归根结底是人才的竞争。管理水平高、经济效益好、劳动条件好、人际关系协调的企业是高素质人才的首选之地，这样就使企业产生了内在的动力。

3. 促进经济发展

一个社会劳动力市场的完善程度与经济发展水平密切相关。劳动力市场越完善，其对经济发展的促进作用就发挥得越好。在市场经济体制下，劳动力市场的需求决定供给，使得劳动力与生产资料按比例结合，从而使社会再生产按比例协调发展，促进经济发展。首先，在劳动力市场上，通过劳动力使用补偿，围绕工资价格的波动，调节劳动力的供给与需求，使需求者和供给者实现各自的经济利益要求，使社会再生产协调发展。其次，在市场经济中，一切生产要素都是按需要供给的，一旦供给与需求平衡，也就实现了包括劳动力在内的生产要素的按比例有机结合，使各种生产要素都得到最大限度的利用。

4. 传递信息

劳动力市场随着市场经济的发展不断开放和扩大。劳动力的供需双方反复在不同的市场流通、交易，可以是跨行业、跨地区、跨职业的。在劳动力流动的同时，劳动力市场的信息流也在起作用，各个劳动力市场信息系统在一定程度上是密切联系和沟通的。而且随着网络信息化的发展，劳动者和用人单位的信息更加畅通，迅速地在整个市场信息系统里传递，这也有利于降低交易费用，促进劳动力的合理流动，促成市场交易的顺利达成。

5. 窗口导向

在劳动力市场的运行过程中，市场信号也会引导市场相关主体进行改进和调整。一方面，促使失业者积极参加各种转业培训和职业教育，按社会需求调整自己的专业技能结构，以求尽快就业；另一方面，为教育部门、职业训练部门提供某些专业技术素质劳动力的需求信息，促使他们根据社会需求不断调整课程和专业设置，积极为社会培养所需人才，从而为社会的人力资源开发起到导向作用。劳动力市场同时为政府了解社会劳动力的分配状况起到了“窗口”作用。在市场经济条件下，政府主要通过劳动力市场来调节劳动力供求。政府通过观察劳动力市场上的供求变化，了解社会劳动力分配状况，预测变化趋势，进而制定、修订相关政策法规，引导劳动力向社会需求的领域流动，调节劳动收入的分配。

二、劳动失业

（一）劳动失业的概念

劳动就业是指达到法定劳动年龄、具有劳动能力的劳动者，运用生产资料依法从事某种社会劳动，并获得报酬或经营收入的经济活动。失业是就业的对称。从传统的经济分析观点来看，失业是劳动者与生产资料相分离的一种状态。换句话说，劳动者失去了运用生产资料进行生产活动的机会，从而也就失去了获得劳动报酬的机会，即为失业。根据国际劳工组织（International Labor Organization，简称 ILO）的定义，失业是指在某个年龄以上，在特定考察期内没有工作而又有工作能力，并且正在寻找工作的人。我国失业统计框架有三个基本统计概念：

（1）经济活动人口：16 岁以上适龄人口中有劳动能力，参加或者要求参加社会经济活动的人口，包括从业人员和失业人员。

（2）从业人员：从事一定社会劳动并取得劳动报酬或经营收入的人员，包括全部职工，再就业的离、退休人员，私营业主，个体户主，私营和个体从业人员，乡镇企业从业人员、农村从业人员等。

（3）城镇登记失业人员：指有非农业户口，在一定的劳动年龄内，有劳动能力，无业而要求就业，并在当地就业服务机构进行求职登记的人员。

（二）劳动失业的影响

失业会产生诸多影响，一般可以将其分成两种：社会影响和经济影响。

1. 劳动失业的社会影响

失业的社会影响虽然难以估计和衡量，但它最易为人们所感受到。失业威胁着作为社会单位和经济单位的家庭的稳定。没有收入或收入遭受损失，家庭的基本需要得不到满足，家庭关系就有可能因此而受到损害。西方有关的心理学研究表明，解雇造成的创伤不亚于亲友的去世或学业上的失败。此外,家庭之外的人际关系也可能受到失业的严重影响。一个失业者在就业的人员当中失去了影响力,面临着被同事拒绝的可能性,并且可能要失去自尊和自信。最终,失业者在情感上也可能受到严重打击。

2. 劳动失业的经济影响

失业的经济影响可以用机会成本的概念来理解。当失业率上升时,经济中本可由失业工人生产出来的产品和劳务就损失了。衰退期间的损失就好像是将众多的汽车、房屋、衣物和其他物品都销毁掉了。从产出核算的角度看,失业者的收入总损失等于生产的损失,因此,丧失的产量是计量周期性失业损失的主要尺度,因为它表明经济处于非充分就业状态。20 世纪 60 年代,美国经济学家阿瑟·奥肯(A. M. Okun)根据美国的数据,提出了经济周期中失业变动与经济增长的经验关系,被称为奥肯定律,即当实际 GDP 增长相对于潜在 GDP 增长(美国一般将之定义为 3%)下降 2%时,失业率上升大约 1%;当实际 GDP 增长相对于潜在 GDP 增长上升 2%时,失业率下降大约 1%。

奥肯定律用公式表示为:

$$\text{失业率变动}=\frac{-1}{2\times(\text{实际 GDP 增长率}-3\%)}$$

GDP 增长率为 3%时,失业率不变;GDP 增长率高于 3%时,失业率下降幅度等于增长率超过 3%部分的一半;GDP 增长率低于 3%时,失业率上升幅度等于增长率不足 3%部分的一半。例如,当经济增长率为 5%时,失业率会下降 1 个百分点。西方学者认为,奥肯定律揭示了产品市场与劳动力市场之间极为重要的关系,它描述了实际 GDP 的短期变动与失业率变动的关系。

在中国改革开放三十多年之际,中国面临经济转型,有大量的农村富余劳动力要转移到城镇就业,城镇新增的适龄就业人员也有较大的就业需要,这就使得我国面临着较大的就业压力。就业问题是我国政府宏观经济政策要解决的最主要的问题之一。2011 年 3 月召开的十一届全国人民代表大会上,温家宝总理在政府工作报告中提出 2011 年国民经济和社会发展的主要预期目标是:国内生产总值增长 8%左右;经济结构进一步优化;居民消费价格总水平涨幅控制在 4%左右;城镇新增就业 900 万人以上,城镇登记失业率控制在 4.6%以内。根据人力资源和社会保障部的报告,2010 年全国城镇新增就业1 168万人。2010 年末,全国实有城镇登记失业人员 908 万人,城镇登记失业率为 4.1%。2011 年一季度末城镇登记失业人数为 909 万人,1～3 月新增就业 303 万人,完成全年 900 万指标的 34%,而城镇登记失业率则是 4.1%,与 2010 年底持平。

第三节　人力资本与教育的发展

一、人力资本对经济发展的贡献

一个以网络化、信息化、数字化、知识化为重要特征的新的知识经济时代正向我们走来,经济增长成为经济发展的主旋律。各国之间的竞争从表面上看是对经济资源、产品质量和市场占有率的竞争,实质上是对科学技术和人力资本的竞争。人力资本的发展已经受到世界各国的高度重视并成为经济发展的决定性因素。人力资本对经济发展的促进作用包括如下几点:

(1)人力资本可促进技术进步,从而加快经济发展。首先,可行技术的迅速发展使得劳动力、资金、技术的比重在促使生产力的发展方面发生了重大变化。21世纪初，技术对生产力发展的贡献占5%～20%，而在当今工业发达国家中，该比例已占到60%～80%。其次，企业内部人员的结构也发生了很大变化，体力劳动和脑力劳动消耗的比例，在以前机械化程度低的情况下为9∶1；后来发展到中等程度机械化时为6∶4；现在全自动化的情况正好相反，为1∶9。正是基于这个原因，发达国家极其重视人力资本投资、智力投资，这些更多地体现在对教育的投入上，已经成为西方国家经济发展中的一股潮流。因此，人力资本理论是符合现代经济发展规律的。

(2)人力资本的提高可以节省投入到生产过程中的劳动力数量，并使劳动力与物质资本更为有效地结合起来，从而提高生产效率。一方面，人力资本的积累直接促使劳动者素质的提高，从而减少了劳动的复杂程度，使劳动者投入到生产中的总劳动量也会相应增长，这样，劳动创造的价值就更多，从而推动生产发展，促进经济增长；另一方面，人力资本积累促使劳动者素质的提高，劳动者素质的提高使劳动者能够更有效地使用和改进各种复杂的机器设备，再加上计算机技术的发展，将会在更大程度上发挥物质资本的作用，实现生产过程中人与物的有机结合，从而也促进了生产增长和经济发展。

(3)人力资本的提高为产业结构调整创造了必要条件。一国的经济发展与其产业结构状况密切相关，那些适合经济发展的产业结构将会极大地促进经济发展，反之则会阻碍经济发展。因此，世界各国的产业结构调整都将随着经济发展的步伐而加快，大规模的劳动力将从第一产业中游离出来，涌向第二、第三产业。劳动力巨量流动，在转移过程中需要大面积、大幅度地提高劳动者素质，以适应新的岗位需要，促使产业结构得到顺利调整。

(4)丰富的人力资本能够在世界范围内吸收和组合各种生产要素来弥补本国资源的不足，从而更有效地推动经济的发展。当今世界是一个开放的世界，政治区域化、经济一体化趋势日益加深，一国所具有的资源、资本、技术对于其经济的发展并不是最重要的。一个后起国家，只要注重人力资本积累，拥有大量的具有较高素质的劳动者，就能够消化和吸收世界上的先进技术和管理经验，在更大程度和范围内引进国际资本，充分利用这些技术和资本来为本国的经济发展服务。因此，国际上掠夺资源、市场和殖民地的重要性，已相对让位于人才竞争、知识竞争、高新技术发展的竞争，即让位于人力资本存量和质量提高的竞争。

人力资本的积累是经济增长的源泉，是决定经济增长与发展的最重要的因素，成为经济发展和整个社会进步的最强大的助推器。

二、教育的功能及其类型

(一)教育功能的含义

教育功能是指教育活动的功效和职能，是教育活动和系统对个体发展和社会发展所产生的各种影响和作用，即教育能够发挥的作用。教育在现代化建设中具有基础性、先导性、全局性的地位和作用。无论在培养高素质的劳动者和专业人才方面，还是在提高创新能力和提供知识、技术创新成果方面，教育都具有独特的重要意义。

(二)教育功能的类型

教育的功能可以划分成不同类型。

依据教育功能的呈现形式，可以把教育功能划分为教育的显性功能和教育的隐性功能。教育的显性功能是依照教育的目的，在实际运行中所出现的与之相符合的结果，如促进人的全面和谐发展、促进社会的进步。教育的隐性功能是伴随显性功能所出现的非预期的功能，如教育复制了现有的社会关系、再现了社会的不平等、照管了儿童等。显性与隐性的区分是相对的,一旦隐性的潜在功能被有意识地开发、利用,就转变成了显性功能。

依据教育功能的性质,可以把教育功能划分为教育的正向功能与教育的负向功能,亦称为积极功能与消极功能。正向功能是针对教育作用产生的良好效果而言的,负向功能是针对教育作用产生的不良后果而言的。

(三)教育的个体发展功能

个体发展功能是指教育对个体人的生存与发展的影响和作用,是由教育活动的内部结构决定的。一方面,教育具有促进个体社会化的功能,具体表现为促进个体思想意识的社会化,促进个体行为的社会化,培养个体的职业意识和角色。另一方面,教育具有促进个体个性化的功能,表现为促进人的主体意识的形成和主体能力的发展;促进个体差异的充分发展,形成人的独特性;开发人的创造力,促进个体价值的实现。教育能促进人的身心全面发展。人的身心多方面发展是通过参加多方面活动逐步实现的,教育能促使人的身体和心理的和谐发展。教育的这个功能是通过丰富多样的教育内容和建立在科学基础上的配合有序的教育方法实现的。

(四)教育的社会发展功能

社会发展功能是指教育对于维系社会运行、促进社会变革与发展的作用,是教育本体功能在社会中的衍生,是教育的衍生功能,也称教育的工具功能。

1. 教育的经济促进功能

第一,教育可以为社会带来巨大经济效益。知识经济与传统的农业经济、工业经济相比,最大的特点是不直接依赖于资源、资本及其数量,而是直接依赖于知识、信息的积累和利用。教育在知识经济时代对人类社会经济活动将起到前所未有的作用。

第二,教育是实现劳动力再生产的重要手段。只有通过人的劳动,才能创造出社会的物质财富,以满足人类的各种需要。但人的劳动积极性和创造性的提高,生产过程原理的掌握,劳动技能、技巧的熟练,并不是每个人与生俱来的;必须通过后天的教育和训练,才能把人本身的自然劳动能力和潜在劳动能力转化成能掌握一定科学知识、生产经验和劳动技术的现实劳动力,从而形成新的生产能力,促进社会生产的发展。马克思曾说过:“要改变一般人的本性,使他获得一定的劳动部门的技能和技巧,成为发达的和专门的劳动力,就要有一定的教育或训练。”在现代社会中,生产的每一部门、每一工种、每一环节,都需要受过一定程度的基础教育和不同程度的专业教育的人。这就使得教育成为社会生产持续发展的必不可少的重要条件。

第三,教育促进现代生产技术不断革新。古代社会生产技术的革新主要依靠劳动者在生产过程中的创造。近代社会中,科研对生产技术的革新起着关键性的作用。在现代社会,尤其是20世纪60年代以后,高等学校的教学与科研、生产的关系日益密切,使高等教育成为加速现代社会生产技术更新的重要因素。世界经济发达国家纷纷仿效美国的“硅谷”,办起各种教学、科研、生产联合体。就普通教育而言,虽然直接介入生产技术更新的可能性不大,但是学校教育的普及程度以及学校教育与生产劳动的有机结合,必然有助于提高科学技术在生产部门的普及和加快更新速度,缩短科学技术从发明到应用的周期,因而也能为生产技术的更新作出贡献。

2. 教育的政治促进功能

第一,教育能为社会培养合格的公民和各种政治人才。通过学校教育为社会培养一批批具有高度政治素养和文化素养的各级各类领导干部,也是执政党的方针、政策得以贯彻的重要保证。

第二，教育能促进政治民主化。政治民主化的根本要求就是人民群众参政议政，每一位社会公民都享有管理政治生活、经济生活、文化生活和社会生活的权利。然而，这一切权利的行使都与人民大众的文化和政治素养密切相关。

3. 教育的文化促进功能

教育对文化的促进功能包括传承、选择、传播、创造和更新功能。教育活动中，教育者可将人类长期积累起来的文化，经过过滤、筛选、重组，把其中对人类社会有价值的东西加工成教育语言和文字的形式，在与受教育者的共同活动中高质量和高效率地传递给受教育者。特别是在现代社会，文化品种的繁多和总量的猛增，更需要通过学校教育对复杂的文化加以集中化、系统化、高级化，并利用新的电教手段，让受教育者掌握更多人类文化。教育必须对人类文化进行选择，然后才能传递。教育对文化的传播主要是通过校际间的文化交流、互派留学生、国际文化教育的合作，并借助各种传媒工具等来完成的。教育对创造和更新文化起着重要的作用，人类文化有很大部分是由教育机构创造出来的。

三、教育的成本—收益分析

(一)教育的成本

教育的成本，是指为了培养一定熟练程度的劳动力和专门人才以及提高现有劳动力素质而支付的教育费用。教育的成本按其来源的不同，可以划分为社会成本和个人成本。

1. 教育的社会成本

教育的社会成本，是指由社会支付的教育费用，可细化为直接成本和间接成本两部分。社会直接成本主要是指用于教育的公共支出。社会间接成本则包括：(1)社会所放弃的收入，是指由于需要和允许一部分学生在义务教育后继续上学，必然损失一部分劳动力资源，从而减少所得税收入；(2)免税成本，是指为了资助教育事业，国家规定教育部门免缴财产税收，实际上等于间接增加了对教育的投入，因此算作教育的间接成本；(3)潜在的租金，是指所放弃的把学校的土地、建筑物和设备租给非教育部门使用而获得的租金，是教育的一种机会成本；(4)折旧费，是指学校系统所有固定资产因磨损或废旧、过时而造成的价值损失。由于潜在的租金和折旧都与学校的固定资产相联系，所以往往把它们放在一起进行估算。

2. 教育的个人成本

教育的个人成本，是指由个人或家庭直接支付的教育费用，同样分为直接成本和间接成本两部分。个人直接成本包括：学杂费、书本等学习用品费；学生往返学校的交通费；额外的吃、穿、住费用，即学生因就学而在吃、穿方面多支出的费用和在校住宿学生的住宿费用；文娱体育费用，即学生因参加学校组织的文娱体育活动而支出的费用。个人间接成本，是指学生达到法定就业年龄后因继续求学所放弃的劳动收入。

(二)教育的收益

教育的收益或称为教育的经济收益，是指教育通过培养和提高劳动者的知识和技能而给个人和社会带来的利益。教育的收益按其收益对象的不同，可以划分为社会收益和个人收益。

1. 教育的社会收益

教育的社会收益，是指受教育者本人不能占有的、为社会其他成员所得到的收益。教育的社会收益可以细分为直接社会收益和间接社会收益两部分。

教育的直接社会收益是指教育可以通过提高劳动生产率而提高国民收入水平。将归因于教育的国民收入增量中扣除受教育者个人因较高的教育水平而多得的个人收入，余下的就是教育的直接社会收益。教育的直接社会收益集中体现在教育是提高劳动生产率的重要因素。教育在提高劳动生产率方面的作用具体体现在以下几个方面：(1) 教育可以提高劳动者的平均熟练程度，从而在相同期间内，使用同样的机器设备可以生产出数量更多、质量更好的产品。(2)教育可以促进科学技术的发展和应用。教育通过传播社会发展过程中积累起来的科学技术以及培养能够掌握和运用科学技术的劳动力队伍，把科学技术潜在的生产力变成现实的生产力。任何一门新兴的科学技术都必须借助于教育，才能以较短的时间，在广阔的范围内为劳动力所掌握和运用。(3) 教育能够为社会培养高素质的管理人才，提高社会管理或企业管理水平。管理水平的提高可以有效地配置资源、提高劳动生产率。(4) 教育可以促进生产资料规模的扩大和效能的提高，同时，也能够加强对自然资源的开发和对自然力的应用。

教育的间接社会收益，一是表现为促进政治民主，即随着国民教育水平的提高，可以增加国民的社会责任感和政治参与能力，更为自觉地维护和争取社会政治民主；二是表现为提高社会道德，即通过教育，可以提高人们的道德认识、激发人们的道德情感、树立人们的道德信念、坚定人们的道德意志，并不断矫正人们的道德行为、养成良好的道德习惯。

2. 教育的个人收益

教育的个人收益是指教育者个人因接受教育而形成或提高的劳动能力使他在社会生产和生活中获得的利益。教育的个人收益也可以细分为直接收益和间接收益。

一般而言，受教育程度较高的人与受教育程度较低的人相比，一生中可以获得更多的收入，这部分收入就是教育给个人带来的直接收益。

教育的间接个人收益，是指教育给受教育者带来的除直接收益之外的全部收益，主要表现在以下几个方面：(1)较强的职业适应性和更多的就业机会。受过较多教育的人与受过较少教育的人相比，具有更广泛的知识和较高的技能与素质，职业适应性较强，因而能得到更多的就业机会。(2)消费支出的节省。与受教育程度较低的劳动者相比，受教育程度较高的劳动者由于掌握了更多的市场知识和商品知识，因而就有可能在商品选购方面实现支出的节省，或者在支出相等的情况下得到更大的满足。另外，受教育较多的人由于具有更丰富的文化科学知识和更高的劳动技能，可以做更多的事情，从而可以减少对他人劳务的依赖，在购买他人劳务方面实现支出的节省。(3)较健康的身体。受教育程度和人的身体健康状况之间也存在着正相关关系。受教育程度较高的人，由于具有必要的卫生常识、保健常识和安全常识，患病、受伤或致残的可能性相对较小一些，从而有可能节省医疗保健费用的支出。(4)对后代的有益影响。父母的受教育程度高，对教育重要性的认识更加明确，也能够掌握正确的教育方法，并有能力对子女的学习给予具体的指导和帮助。

(三)教育的成本—收益分析

教育的成本—收益分析，是指运用净现值(Net Present Value，简称 NPV)和内部收益率(Internal Rate of Return，简称 IRR)等数学手段，对教育的成本和收益进行定量研究，以确定某一教育决策在经济上的合理性。

进行教育的成本—收益分析首先要确定教育的预期收益与预期成本。一个人或一个家庭在估算某级教育的成本与收益时，必须对该级教育未来年份的收益与成本进行贴现，然后把收益的贴现值与成本的贴现值进行比较，得到该级教育的净现值。

如果某级教育 n 年的全部预期收入和预期成本的贴现值分别用公式表示为：

$$V=\sum_{t=1}^{n}\frac{E_t}{(1+r)^t},G=\sum_{t=1}^{n}\frac{C_t}{(1+r)^t}$$

式中：V——n 年的全部预期收入；

G——n 年的全部预期成本；

E_t——t 年的收入；

C_t——t 年成本；

r——贴现率，一般用利率表示，即教育的机会成本；

t——计算年份。

那么，该级教育的净现值可用公式表示为：

$$NPV=\sum_{t=1}^{n}\frac{E_t-C_t}{(1+r)^t}$$

用净现值衡量教育投资决策的判别标准是：如果计算出来的净现值 $NPV\geqslant 0$，说明某级教育投资的收益大于成本，该项教育投资就是有利的，具有可行性；如果 $NPV<0$，则表明某级教育投资的收益小于成本，则该项教育投资就是无利可图的，不具有可行性。在选择方案时，净现值最大的方案为最优方案。

另外，还可以用计算内部收益率来比较教育投资决策是否最优。内部收益率是指贴现成本之和与贴现收益之和相等的贴现率。内部收益率通常可以用下列方程求出：

$$\sum_{t=1}^{n}\frac{E_t}{(1+i)^t}=\sum_{t=1}^{n}\frac{C_t}{(1+i)^t}$$

或

$$\sum_{t=1}^{n}\frac{E_t-C_t}{(1+i)^t}=0$$

这里，i 为内部收益率，即 IRR。

内部收益率的经济含义为：一项投资在这一贴现率下，当项目寿命周期结束时，其净收益(现值)恰好能将全部投资(现值)回收完毕。内部收益率反映了项目总投资支出的实际盈利率。在对教育投资项目进行评估时，求出的内部收益率应与预定的标准投资收益率比较(即与净现值中的 r 比较)，根据其差额的大小，做出对项目的取舍判断。一般来说，当 $i\geqslant r$ 时，说明该项目能取得大于或等于标准投资收益率(或目标收益率)的良好经济效益，可认为其在经济上是可取的；反之，当 $i<r$ 时，则认为该项目是不可取的。在选择方案时，IRR 最大的方案为最优方案。

以上用于分析个人家庭教育的成本收益分析方法同样适用于国家和社会。

四、教育深化和知识失业

(一)教育深化和知识失业的定义

在劳动力使用成本差距不大的情况下，城市部门倾向于雇用受教育程度较高的人去做原来由受教育程度较低的人所做的工作。这种情况我们称之为教育深化。教育深化是目前我国人才市场的典型特征之一。

按照国际劳工局的定义，知识失业是指接受过高等教育的知识劳动力处于不得其用的状态，是知识资源没有得到有效与合理配置的表现。知识劳动者是指受过高等教育的，具备一定知识和专业技能的劳动者，他们的失业被称为知识失业。

知识失业的原因有三点：首先，知识劳动者的专业结构与市场需求之间的错位。目前，高等教育由于各种原因导致专业设置与市场脱节，导致结构性失业现象加剧、专业结构错位。其次，知识劳动力的知识结构和能力结构与市场需求错位。高等教育的内部层次划分界限不明确。专科和本科之间的培养目标和特色没有明确，专科类高校为了提高自己的办校档次和本科教学趋同化而加重了理论教学的投资，使得技术操作的培养特色弱化，造成就业竞争激烈化。再次，知识劳动力市场供需空间的结构错位。这种结构性知识失业是指一些地区、部门、企业里知识劳动者由于供求相对过剩，而在另一些地区需求得不到满足。

（二）教育深化与知识失业的影响

1. 对人力资本投资的影响

个人受教育的年限越长，个人人力资本投资的成本越大，获取的教育收益也越大。而这只是一种正常情况下的常态，是以宏观经济稳定和充分就业为前提的。常规下，教育程度越高，净收益会越大，但是由于知识性失业的存在，使得人力资本的投资风险增加了，并且这种风险随着知识失业的持续而升高，从而使得教育的预期收益减小。

知识失业将会使得个人人力资本投资的成本不断上升，而收益却不断下降，可能使得个人人力资本投资的收益小于成本。导致一部分人放弃人力资本投资，而一部分人选择继续进行人力资本的投资，即形成两种极化现象。

2. 提高了教育的社会成本，资源配置不合理

高等教育投入的绝大部分由国家财政承担，对高等教育的强烈需求使越来越多的社会资源配置在教育扩展之中，本来有限的资源可以更有效地用于其他地方，特别是能创造就业机会的财政支出，而今却加剧了高校扩充的压力，提高了教育的社会成本。由于教育深化和知识失业现象的存在，教育的社会收益增加不快，反而加重了资源配置的不合理。

高等教育的发展虽然会带动相关产业的发展，但教育投入的增加也会挤占其他消费。我国大部分国民收入不高，尚未达到小康，增加教育投资必然会压缩其他方面的消费。因教育深化和知识失业的存在，向更高级别的教育消费会扩大储蓄，这将会延迟消费，从而会加重教育深化和知识失业，导致恶性循环，进一步降低教育的社会收益，提高社会成本，得不偿失。

3. 造成人力资源的闲置和浪费

教育深化与知识失业造成人才资源的配置不当或处于闲置状态。我国在财力不足的情况下花大力气培养的专业技术人才是一种稀缺资源，教育深化现象是对人力资本的浪费。教育深化与知识失业的不良后果之一是人才外流。因为教育深化与知识失业造成的压力使许多国内完成学业的高级专业人才，如科学家、工程师等迁移到国外，形成智力外流，减少了我国高知识密集的人力资源，还对国内的专业人士在心理上造成不良影响。这种智力流失是国家的重大损失。

4. 加剧收入分配的不平等，不利于社会稳定

人才市场各级别、各行业人员的收入差距在扩大，促进了更高级别教育的扩张，而对高等教育的补贴或转移支付并未使贫困子弟受益，不少贫家子弟只完成了义务教育阶段，无法进入高校之门，在人才市场上处于不利地位，这会加剧收入分配的不平等。高等教育的受益者中，又有人处于教育深化和知识失业状态，造成心理的不平衡、收入的不平等，进而影响社会安定。

知识失业的影响除了以上分析的情况以外，还有其他一些正面激励，虽然这些影响并不能起主导作用，但却同样重要，值得我们关注。首先，知识失业加重了在校大学生的就业压力，迫使他们努力学习，提高全面素质，优化个人的人力资本投资收益。其次，知识失业可以促进我国人力资本的改革。目前，我们国家高等教育的市场化程度不高，高等教育与整个市场基本脱

轨，专业设置的脱轨加剧了知识失业，知识失业问题会促使政府加大改革力度。

五、智力外流

(一)智力外流的原因

智力外流是指发展中国家的高级专门人才在国内学成后，不能为本国或本民族所用而为他国提供服务的一种智力流失行为。加拿大经济学家、智力外流问题研究的先驱者格鲁贝尔(H. G. Grubel)将智力外流(Brain Drain，也译作人才外流)定义为“在一国接受训练而在另一国居住和工作的高技能者的迁移”[①]。在日新月异的知识经济时代，人才作为知识和技术的载体，其“寿命期”显得十分短暂；在短暂的“寿命期”内，经济收入和社会地位就成为个人自我价值实现的“标尺”，寻求这一“标尺”实现的空间便成为人才流动的内在动因。人才流动的外在动因主要有三种：一是由于人与事不相适应而引起的流动，如用非所学等；二是由于人际关系失调而引起的流动；三是由于生活和经济原因而引起的流动。无疑，这些都是智力外流的直接原因，但根本的原因还在于作为内在动因的人才自身的成就需求动机，即人才所追求的成就感和发展空间。在现实经济生活中，人才是否选择外流，通常根据流入与流出两地的收入差别、工作机会的多少、迁移成本(直接成本、机会成本和心理成本)等多方面的因素综合考虑。而外流人才是否选择回归，则主要取决于他在两地可能获得报偿的现值差异，留居异乡在心理上的不舒服(或舒服)程度，以及回迁所发生的直接费用等。从我国人才流动的普遍情况看，人才选择外流主要看重的是预期收入差异，其先决条件是目标工作地与目前工作地的收入差足以抵偿人才外流的直接成本和心理成本(目前工作地所提供的收入可以看作人才外流的机会成本)，即 $V_3-V>C_1+C_2$。式中，V_3 为目标工作地收入，V 为目前工作地收入，C_1 为迁移的直接成本，C_2 为迁移的心理成本(主要指身居异乡而造成的心理不适应)。而人才选择回流则主要看重的是预期发展差异，重在考虑个人未来的发展前景，因此除了需考虑个人收入最大化的前提条件之外，还必须同时满足心理成本(主要指回迁后造成的心理落差)最小化的先决条件；否则，回流者很有可能因为心理落差太大而再次发生外流。

(二)智力外流的应对措施

20 世纪 90 年代以后，我国智力外流的速度加快，尤其是加入 WTO 前后，我国出现了第三次人才外流(前两次人才外流分别出现于 1978 年改革开放初期和 20 世纪 90 年代初期)。2003 年底，新中国历史上第一次全国人才工作会议提出：“小康大业，人才为本”，“新世纪新阶段人才工作的根本任务是实施人才强国战略”。2010 年 6 月，中国政府发布了《国家中长期人才发展规划纲要(2010—2020 年)》。为了更好地贯彻实施人才强国战略、遏止智力外流的势头，需从以下几方面加大工作力度：

1. 改革人才使用机制，努力留住人才

首先，要树立科学的人才观，即建立科学的人才评价机制。倡导“以人为本”、“能绩本位”的人才理念，在坚持德才兼备的前提下，把能力和业绩作为人才评价的主要标准，不唯学历，不唯职称，不唯资历，不唯身份，关键是以能绩论才学。其次，要建立科学的人才激励机制，尤其是要积极探索建立人才资本的产权激励制度：(1)鼓励有条件的企业实行期权、股权激励；(2)探索建立人才资本及科研成果的有偿转移制度；(3)通过立法保障产权激励机制的正常运行。再次，要构建良好的选人、用人机制，用好现有人才。

---

① H. G. Grubel. Economics of the Brain Drain in International Encyclopedia of Education [M]. Oxford, 1985.

2. 建立人才控制机制，减少智力外流

发达国家的历史经验表明，通过经济和立法的形式建立人才控制机制是解决智力外流问题的有效措施。为减少智力外流，我国政府在立法进程缓慢的情况下，可采取先制定行政法规而后立法的方式，切实做好三项工作：第一，努力提供一系列制度化的优惠条件和配套措施，构筑“归巢”以吸引留学生回国创业；第二，建立与国外教育机构的长期合作与交流制度，努力使国外教育本土化，使本国人民在国内就能享受到此前只有在国外才能接受的教育和培训；第三，对于高端人才的流失，要借鉴国外经验建立符合市场经济要求的同业禁止制度，如签订工作合同、制定重要岗位职业流动限制条款、规定数年内不得在竞争性单位从事同类工作等，以此保障人才安全。

3. 弘扬民族传统文化，预防“未来智力”外流

在智力外流日益严重的今天，尤其是西方国家已经将挖掘人才的目标瞄向优秀中学生的时候，大力弘扬民族传统文化，加强爱国主义教育，对于引导“未来智力”流向、预防智力断代危机而言，就显得尤为重要和迫切。要根据新时期、新形势的要求对德育工作进行与时俱进、卓有成效的改革，不断改进德育方法，努力培养青年学生正确的世界观、人生观和价值观，引导青年学生从小树立报效祖国的宏伟志愿，以此为减少“未来智力”外流做一些最基础、立意最长远的工作。

4. 转变人才工作思路，扩大智力回流

中国作为世界上最大的发展中国家，改革开放以来，也经历了数次较大规模的人才流失。我国的留学政策经历了从堵到疏、从防到用的转变，即从限制留学到支持留学，从只注重回国服务到提倡以多种形式为国服务。这种务实的人才政策符合国际人才竞争的发展趋势，受到了海内外人才的欢迎。中国加入 WTO 之后，在新的国际竞争环境下，应在继续坚持“支持留学，鼓励回国，来去自由”政策方针的基础上，将眼光瞄准海外智力群体：一是成立海外人才联络机构，建立海外人才档案库，关注海外人才的动态发展，利用多种方式延揽海外人才，致力于扩大智力回流的开拓性工作，努力实现从人才外流到人才获得的转变；二是设立留学生回国创业基金和建立留学人员创业园区，加大对留学人员回国创业的资助和支持力度，吸引海外留学生回国研究和创业；三是适时建立技术移民制度，引进外籍人才“为我所用”。目前，几乎所有发达国家都建立了技术移民制度，标志着发达国家在吸引人才方面已进入制度化阶段，而我国在这方面几乎还是空白。因此，我国应向发达国家学习，推出和完善适合我国国情的技术移民制度，吸引全世界有杰出创造力的科学家和我国紧缺、急需人才为我国服务。

现阶段中国人才资源总量已达到 1.14 亿，规模上世界领先，但存在两大不足：一是高端人才数量不足，二是人才开发的投入不足。我国政府也日益认识到智力外流的问题，推出了一系列鼓励智力回流的政策。尤其值得一提的是 2009 年 1 月出台的“千人计划”（海外高层次人才引进计划）。该计划有一个宏伟目标，那就是从 2008 年开始，用 5～10 年的时间，引进并支持一批能够突破关键技术、发展高新产业、带动新兴学科的战略科学家和领军人才来华创新、创业。《国家中长期人才发展规划纲要（2010—2020 年）》提出，到 2020 年，我国人才资源总量要增加到 1.8 亿，人才资源占人力资源总量的比重提高到 16%。为此，我国将实施 12 项重大人才工程，包括创新人才推进计划、青年英才开发计划、企业经营管理人才素质提升工程、文化名家工程等。纲要指出，要大力吸引海外高层次人才回国（来华）创新、创业，制定并完善出入境和长期居留、税收、保险、住房、子女入学、配偶安置、担任领导职务、承担重大科技项目、参与国家标准制定、参加院士评选和政府奖励等方面的特殊政策措施，加大引进国外智力工作的力

度，探索实行技术移民，制定国外智力资源供给、发现评价、市场准入、使用激励、绩效评估、引智成果共享等办法。

我国国家科技奖励以“发现、培养和凝聚科技创新人才”为重要内容。在2010年度国家自然科学奖、技术发明奖、科技进步奖三大奖的获得者中，45岁以下的占49%；国家自然科学奖获奖人员中，45岁以下的占51.5%，海外归国人员占37.9%，这一奖项的第一完成人中，“海归”达56.7%。中青年“海归”显示出强大的科研创新能力。

第四节 人力资源发展战略与政策思路

一、通过立法确立教育和职业培训在人力资源投资领域的地位和作用

政府通过立法，保证人力资源投资战略能够有效地落实。美国就是通过《劳动力投资法》确保美国人力资本投资战略的实施的。该法的目的就是增加劳动力的质量，减少对社会福利的依赖性，从而增强国家的生产力和竞争力。该法授权设立几个工作培训项目，详细规定了项目的主管机构、资金和评估等一系列问题，这就使劳动力投资战略的实施具有很强的强制力，能够较好地坚持下来。而我国是以政策形式推动人力资源战略的实施，虽然也有一定的实施效果，但持续性不强，缺乏强制力。因此，我国应充分利用立法的强制性和可持续性，加大人力资源的相关立法，通过立法程序来保证教育和职业培训在人力资源战略中的地位和作用，保障人力资源战略的顺利实施。

二、推动人力资源市场的市场化，提高人力资源配置效率

企业根据经营战略制定自己的人力资源规划，人力资源的使用由用人双方自由选择，企业的需求直接决定了人力资源市场的需求，而市场又不断调节劳动力的供给。进一步完善社会保障制度，使得被企业辞退或自动离职的员工由市场实现再就业，这样在组织层面就可以达到人力资源的最佳配置，实现经济效益的最大化。加强人力资源市场的信息化，提高公共就业服务的效率，也使公共就业服务的内容、形式和手段发生一定的变化。以市场为基础来配置人力资源的机制能够有效地运用资源，减少资源的浪费。我国人力资源市场的建设还不够完善，市场在人力资源配置方面的作用还不够充分，特别是中小城市的人力资源市场还比较薄弱，在人力资源服务、市场信息化等方面应加大建设力度。

三、强化政府在人力资源开发中的引导作用

第一，发挥政府资金投入的导向作用。政府可以根据人力资源规划确定的项目提供开发基金和规划实施的基金，以此鼓励各利益相关者积极参与进来。政府的规划需求改变，培训和开发机构的服务供给也就随之改变，这就等于给培训和开发机构一种市场信息。同时，将项目落实比较好的地区的经验推广给其他没有落实的地区，发挥标杆作用，从而实现资金的有效配置，这对开发机构也具有较好的激励作用。

第二，建立合作伙伴关系，整合人力资源开发的相关资源。积极倡导政府、协会、企业、工人和社区学院等各个层面的合作，以促进职业培训适应市场的需求。政府通过培训项目的实施和经费支持来促进这种伙伴关系的发展。

第三，促进职业培训从供给驱动型向需求主导型转变。确认培训提供方的资格和它们的

项目;加强项目执行情况的交流,如求职成功率、工资收入水平,以及能够达到的技能水平等信息,促进职业培训由供给驱动向需求主导转变。

第四,充分发挥企业培训的主导作用。政府用于培训的经费毕竟是有限的,政府培训项目主要是针对结构性失业职工以及寻找新工作时遇到困难的人,或者那些缺乏技能和经验,不经过再培训就无法就业的人,还有一些残疾人、妇女和少数族裔等劳动力,有些就业和培训项目甚至就是专门为了帮助那些接受福利救济的人。企业才是职业培训的主要提供者,特别是在知识经济的今天,为保持企业员工拥有企业发展需要的知识、技能和能力,许多大型企业都建立了自己的培训机构。因此,应充分发挥企业培训的主导作用,鼓励企业自办培训。

四、建立有效的激励机制和协调机制,推动各利益相关者积极实施

在人力资源战略实施中,对组织的激励和个人的激励兼有,物质激励和精神激励并用,将绩效、激励和回报(如薪酬等)很好地联系起来。采取激励措施包括对地方政府、培训机构等组织的绩效激励,鼓励各级各类组织积极参与的激励,优秀人才的奖励和表彰制度等。鼓励地方政府和相关企事业机构参与人力资源项目的制定和执行,充分征求他们的意见,形成完成人力资源规划目标的实施联盟。建立比较完善的个人表彰和奖励制度,对作出贡献的个人给予物质和精神奖励。

五、制定科学、完善的评估和控制机制

我国在人力资源战略和政策的制定过程中缺乏明确的目标和评估标准,致使我国人力资源战略规划的评估还没有很好展开,已有的中期评估也比较有限,并且结果不公布,仅限于相关部门内部参考,无法接受社会监督。因此,建立科学、完善的评估机制,加强战略实施过程中的评估和控制是新时期我国实施人力资源战略必须加强的重要一环。

六、鼓励公众参与人力资源战略的实施

国家层面人力资源战略的目的就是要提高公众的知识、技能和能力,其战略任务最终还是要转变为与公众利益相关的项目,因此,要使这些项目能够得到很好的实施,就必须鼓励公众积极参与,这不仅需要加强宣传力度,更需要在制定和实施人力资源战略过程中建立公民参与的程序,探索有效的公民参与技术和方法。新时期,我国应扩大人力资源战略实施的参与度,通过公民的广泛参与,形成人力资源战略实施的政策社会网络。

本章小结

当代社会经济发展的实践证明,人力资源的开发、利用对经济发展起着决定性的作用,人的素质决定了效率。人力资源能够在劳动力市场上优化配置,同时,通过劳动力市场,能够激励人力资本投资、促进经济发展、传递信息、窗口导向。然而由于摩擦性失业、结构性失业、季节性失业和周期性失业等各种非自愿失业的存在,劳动力市场的供给和需求不一致,对社会、经济产生诸多不利影响。为了缓解失业问题、提高人力资本含量、转变经济增长方式,应当大力推动人力资源的发展,可以通过立法确立教育和职业培训在人力资源投资领域的地位和作用,推动人力资源市场的市场化,强化政府在人力资源开发中的引导作用,建立有效的激励机制和协调机制,制定科学、完善的评估和控制机制,鼓励公众参与人力资源战略的实施,加大人力资源战略的投入。

复习思考题

1. 人力资源有什么特点？
2. 人力资源和人力资本是怎样的关系？
3. 劳动力市场有何特征？
4. 概述劳动力市场的功能。
5. 劳动失业有哪些种类？
6. 教育有什么功能？
7. 如何对教育作成本—收益分析？
8. 什么是教育深化和知识失业？
9. 消除教育深化和知识失业的政策措施有哪些？
10. 如何制定人力资源发展战略？

第十章

技术进步与经济发展

技术进步在社会发展和经济增长过程中起着催化剂的作用，它渗透于生产力的诸要素之中，并转化为社会生产力。它可以使生产力中的劳动者、劳动对象、劳动手段发生根本性的变化，从而使劳动生产率和产品质量得以提高，不仅减少了劳动消耗，而且进一步促进了经济增长。技术进步是发展中国家经济增长的关键，是否具有自主核心技术、技术创新能力的发达与否已经成为衡量一国经济成熟程度的重要标准。

第一节　技术进步的含义与类型

一、技术进步的含义

按照世界知识产权组织1977年的定义，技术是指制造一种产品的系统知识。联合国经合组织认为，技术是从产品的研究、开发到销售整个过程中所应用的知识。技术有三个显著特征：第一，无形性。技术是一种看不见、摸不着的知识性的东西，只能靠理解去把握。它既包括工程意义上的依赖于自然科学知识、原理和经验的"硬技术"，也包括以管理科学、管理技术、决策方法等自然科学与社会科学相交叉的学科为基础的"软技术"。第二，系统性。零星的技术知识不能称之为技术。只有关于产品的生产原理、设计、生产操作、设备安装调试、管理、销售等各个环节的知识、经验和技艺的综合，才能称为技术。第三，商品属性。技术是无形的特殊商品。正因为技术不仅有使用价值，而且也有交换价值，所以它才能充当技术贸易的交易标的。

从广义的角度看，技术进步是指技术所涵盖的各种形式知识的积累与增进。而从狭义的角度看，技术进步是指一定时期内，社会经济主体所生产的产品或生产工艺的变化。由于技术是融合、渗透在社会生产力诸要素（包括管理）之中的，那么，技术进步的生产力是指融合、渗透在社会生产力诸要素中的科学技术因素的综合发展和进步。技术进步不仅包括自然科学与技术的发展和进步，也包括社会科学与技术的发展和进步。

在开放经济中，技术进步的途径主要有三个方面，即技术创新、技术扩散、技术转移与引进。对于后发国家来说，工业化的赶超就是技术的赶超。目前，国内主要通过各类高新技术园区和开发区来完成国家的技术进步和赶超工作，政府通过政策等引导资金、技术、人才、产业等的集聚来孵化高新企业和高新技术。

二、技术进步的类型

根据技术进步对要素使用量和收入分配影响的不同，可以对技术进步进行不同的分类。

（一）希克斯分类

希克斯分类假设投入要素主要有资本和劳动，两者的价格比率稳定，并且认为不管如何，投入的生产要素有限。若技术进步使得资本—劳动比下降、上升或者不变，那么相应的技术进步分别称为劳动节约型、资本节约型和中性型。基于此，在迅速发展的现代经济进程中，需要高效循环利用有限的自然资源，从而实现经济的节约型增长，如图 10—1 所示。

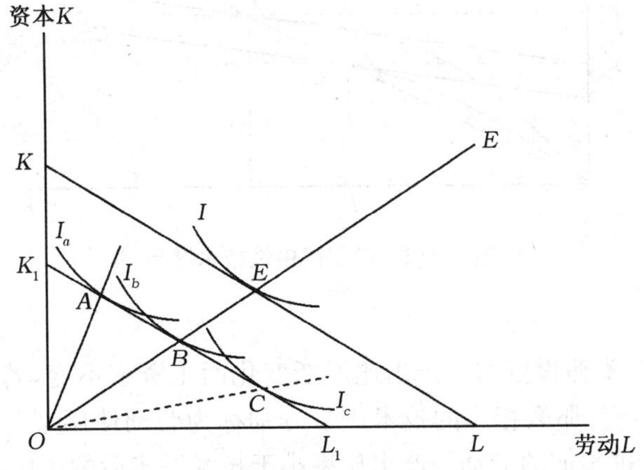

图 10—1　希克斯技术进步类型

第一，劳动节约型技术进步。假设生产过程中只有资本和劳动两种投入要素，并且其价值比率不变。在图 10—1 中，横轴表示劳动数量，纵轴表示资本数量。I 为等产量曲线，KL、K_1L_1 均为等成本曲线。等产量曲线和等成本曲线的切点是要素的最佳组合点。最初资本和劳动投入的组合方式为 E 点。技术进步引起生产要素节约、生产成本下降，导致等产量曲线由 I 移动到 I_a。A 点与 E 点相比，A 点的资本—劳动比率上升，表明技术进步所引起的劳动投入量的下降幅度大于资本投入量的下降幅度。

第二，资本节约型技术进步。如果技术进步引起资本—劳动比率下降，即技术进步节约的资本在比例上大于节约的劳动，则技术进步属于资本节约型。如图 10—1 所示，最初资本和劳动投入的组合方式为 E 点。技术进步引起生产要素节约、生产成本下降，导致等产量曲线由 I 移动到 I_c。I 和 I_c 表示的产量相同，但用于生产 I_c 的成本小于生产 I 的成本，因为资本和劳动的价格比率不变，所以等成本曲线的斜率不变（KL 与 K_1L_1 平行），又由于技术进步使资本和劳动的投入组合移动到 C 点，与 E 点相比，C 点的资本—劳动比率下降，表明技术进步所引起的资本投入量的下降幅度大于劳动投入量的下降幅度。

第三，中性型技术进步。如果技术进步引起资本—劳动比率不变，即技术进步节约的劳动在比例上等于节约的资本，则这种技术进步属于中性型技术进步。在图 10—1 中，E 和 B 在同一条射线上，表明资本和劳动两种要素的配合比例没有变化或下降幅度相同。

（二）哈罗德分类

哈罗德假设资本—产出比不断变动以及利润率不变。如果技术进步使得资本—产出比下降、上升或者不变，那么相应的技术进步分别称为资本节约型、劳动节约型或中性型。哈罗德中性技术进步属于劳动节约型的技术进步。该理论认为，不管资本—产出比如何变化以及生产函数不断移动，资本的边际产量始终保持不变，如图10—2所示。由此可见，哈罗德中性技术进步中资本—劳动比提升缓慢，从而使得资本深化程度不断加深，但利润率占总收入的比重并未发生变化。据此，我们可以把哈罗德中性技术进步表示为生产函数形式：

$Y=F[K,(b)L]$

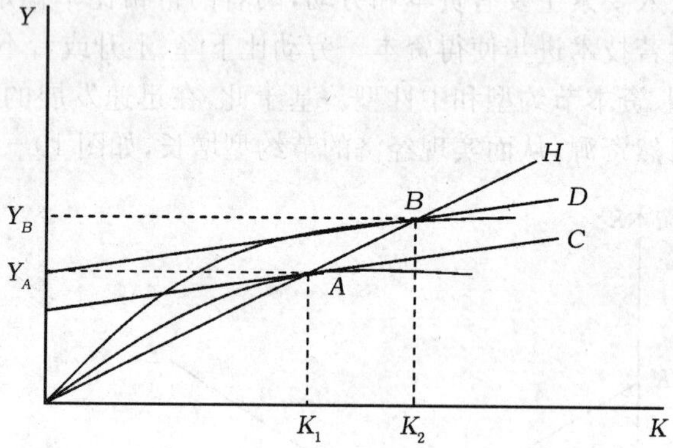

图10—2 哈罗德中性技术进步

（三）索洛分类

索洛的技术进步分类假设资本—产出比不断变化而工资率不变，若技术进步使得劳动—产出比上升、下降或不变，那么相应的技术进步分别称为劳动使用型、劳动节约型或中性型。很明显可以看出，技术进步前的劳动—产出比率小于技术进步后的该比率，如图10—3所示。

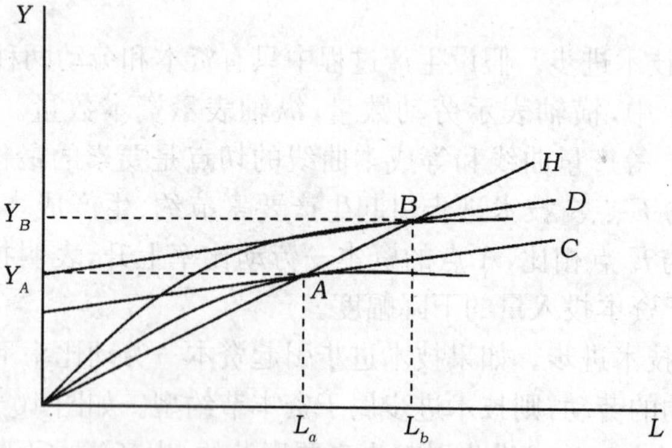

图10—3 索洛中性技术进步

第二节 技术进步对经济增长的贡献

一、技术进步贡献的测算

（一）新古典增长理论

新古典增长理论以总量生产函数 $Y=(K,L)$ 为分析工具，建立在如下的假设前提上：一是齐次线性的生产函数，规模报酬不变；二是资本与劳动之间的完全替代关系；三是边际生产力递减规律。其模型简单地表述为：

$$\frac{\Delta y}{y}=\left[(1-\theta)\cdot\frac{\Delta N}{N}\right]+\left(\theta\cdot\frac{\Delta K}{K}\right)$$

在不发生技术进步的条件下，产出增长率为劳动份额与劳动增长率之积、资本份额与资本增长率之积这两者的和。然而，在用统计资料进行全要素测定时，发现产出增长率在减去劳动份额与劳动增长率之积、资本份额与资本增长率之积后有一个剩余，这个剩余是什么呢？新古典经济学家认为是技术进步，即索洛剩余。于是，把技术进步因素考虑进去，新古典学派得出了新的增长模型：

$$\frac{\Delta y}{y}=\left[(1-\theta)\cdot\frac{\Delta N}{N}\right]+\left(\theta\cdot\frac{\Delta K}{K}\right)+\frac{\Delta A}{A}$$ ①

这样，经济增长被认为有两个源泉：一是投入（K 和 N），二是技术水平（A）。那么，怎样才能保证稳定的增长呢？新古典增长理论认为，在规模报酬不变和劳动力增长率不变的条件下，生产函数 $F(K,L,t)$②满足下列条件，即技术进步呈现哈罗德中性③和希克斯中性④时，稳定的增长就能得到保证。

上述公式中，$\frac{\Delta A}{A}=\frac{\Delta y}{y}-\left[(1-\theta)\cdot\frac{\Delta N}{N}\right]-\left(\theta\cdot\frac{\Delta K}{K}\right)$ 即代表技术进步，通常被称为索洛剩余，也被称为全要素生产率。全要素生产率通常是指各要素（如资本和劳动等）投入之外由于技术进步和能力实现等因素而导致的产出增加，是将要素投入贡献剔除以后所得到的残差。

（二）新剑桥的增长理论

新剑桥学派首先批判了新古典学派的观点，继而建立了自己的技术关系模型。新剑桥学派的代表人物卡尔多（N. Kaldor）认为，新古典学派把技术因素包括在生产函数中的做法是极其不合理的。其原因在于，“他（卡尔多）接受了萨缪尔森的规则，即只有数量可测量的经济物品和服务才可被用作生产函数中的独立变量。卡尔多反驳道，既然‘知识状态’在本质上不可测量——而且时间也不是一个令人满意的代表——它（知识状态）就不应当被看作为生产的投入，而应被视为是‘背景要素’”。既然技术进步（即上文所述的“知识状态”）不能作为生产的投入，那么，总量生产函数当然就不能区分技术进步对增长的贡献和要素投入对增长的贡献，也不能计算它们的相对重要性。技术进步是不可测量的，所以试图通过总量生产函数测算技术进步从而解释经济增长是徒劳的。

卡尔多抛弃生产函数，取而代之以如下的关系：技术进步率是资本深化的增函数，人均产出增长率是人均资本增长率的增函数。基于上述关系，卡尔多建立了自己的技术进步函数：

$$\frac{\Delta y}{y}=T\left(\frac{\Delta k}{k}\right),\ T(0)>0,\ T'>0,\ T''<0$$

图 10－4 更清楚地表达了该函数。

卡尔多认为，图中的实线表示技术进步函数，该函数的一阶导数为正，二阶导数为负，说明人均产出增长率是随着人均资本量增长率的升高而递增的，但这种递增呈现报酬递减。这是因为，人均资本量增长率$\frac{\Delta k}{k}$越高，意味着新发明被开发和利用的程度越高，那么，更快的劳动

① $\frac{\Delta A}{A}$代表技术进步（即索洛剩余）。

② 生产函数中，K、L 分别为资本和劳动，t 为时间，它代表知识存量，表示技术进步。

③ 若对于一给定的资本—产出比，相对投入份额保持不变，则称之为哈罗德中性。

④ 若对于一给定的人均资本量，其边际产品的比率保持不变，则称之为希克斯中性。

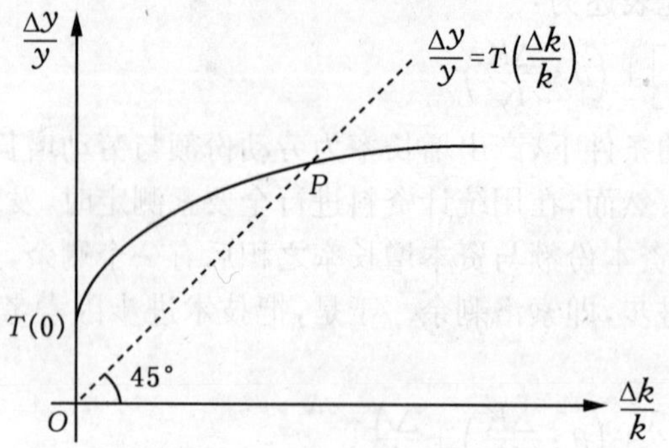

图 10-4 卡尔多的技术进步函数

生产率的增长相对于任何的人均资本量$\frac{\Delta k}{k}$的增长而言，报酬会更低。图 10-4 中还显示，当$\frac{\Delta k}{k}$为零时，即 k 为常数时，$\frac{\Delta y}{y}$为正。原因在于，即使人均资本量 k 不变，新的机器设备也会被引入，主要用于装备新增劳动力，取代旧设备。

卡尔多的技术进步函数是如何解释经济增长的呢？他认为，当出现重大的技术发明时，由图 10-4 中的实线所表示的技术进步函数会整体向上移动，其会在更高的位置与 45°线相交，形成新的均衡点。但在一般情况下，由于技术进步是中性的，所以技术进步函数会比较稳定，图 10-4 中的曲线是不会经常移动的。P 点即为经济的稳态均衡点。在 P 点的左侧，人均产出增长率高于人均资本增长率，推动经济向 P 点靠近；在 P 点的右侧，人均产出增长率赶不上人均资本增长率，经济会自动回落到 P 点。

新剑桥学派的另一位代表人物罗宾逊从另一个角度建立了增长模型。社会生产部门分为投资品和消费品两大部类。总收入分为工资和利润两大部分。一个极端的假设，工人不储蓄，资本家不消费。这样，工人的收入等于消费品的总价格，即 $W=C$；资本家的利润等于投资品的总价格，即 $P=I$。利润率(π)被定义为利润总额(P)与资本存量(K)之比，即 $\pi=\frac{P}{K}$。所以，

$$\pi=\frac{P}{K}=\frac{I}{K} \tag{1}$$

倘若资本家也消费，其储蓄倾向为 s_p，则 $S = s_p \cdot P$。根据凯恩斯的 $S=I$，有 $S=I=s_p \cdot P$，或者：

$$P=\frac{I}{s_p} \tag{2}$$

把(2)式代入(1)式，得到：

$$\pi=\frac{P}{K}=\frac{1}{s_p}\cdot\frac{1}{K} \tag{3}$$

罗宾逊增长模型在物质技术方面的假定是：第一，经济的生产能力在一定范围内是既定的，不发生大的变化。第二，经济中有两大产业生产两种类型的产品，即消费品产业和消费品、资本品产业和资本品。第三，代表一定技术条件的生产能力与劳动力的配合比例是既定不变的。其中，第三个假定就意味着中性的技术进步。那么，这个假定在整个增长模型中起什么作用呢？在中性技术进步的假定下(即技术进步并不引起资本和劳动在产品价值构成中相对份额的变化)，资本价值对产量的比例在经济增长过程中保持不变，因而，资本增长率(积累率$\frac{I}{K}$)

也就等于整个经济的增长率(g)。中性的技术进步成为稳定经济增长的必要条件。

二、国际技术进步对经济增长的影响

纵观世界经济增长理论的发展历史，长期以来关注的一个重要话题是经济增长的源泉问题，部分学者认为是物质资本积累导致经济增长，还有部分学者认为是技术进步促进了经济增长，更多的学者则认为是两者的共同结合促进了经济增长。但是，20 世纪 80 年代后，强调技术进步、人力资本对经济增长具有促进作用的内生增长理论开始流行，主要代表人物有罗默和卢卡斯。20 世纪 90 年代以后，学术界大多认为，在提高生产率方面体现的技术进步作用最为明显，主要代表人物有柯尔和戈登(Gordon)等，尤其是格林伍德(Greenwood，1997)提出了一个两部门最优增长模型，该模型涵盖了资本积累和技术进步两大要素，重点阐述了经济增长过程中体现的技术进步效应。令人关注的是，著名的经济学家休伊特(Howitt et. al. 1998)建立了“垂直创新”增长模型，认为技术进步与资本积累关系紧密，并且它们是经济增长的一个过程性的驱动因素，而不能看作是不同的两个驱动因素。这主要是由于新技术的产生伴随新人力资本和物质资本的形成。

三、我国技术进步对经济增长的影响

国民经济持续快速地增长，不仅需要资本、劳动投入的高增长，更需要包括技术进步在内的全要素生产率的提高。国内许多研究机构预测，2010～2020 年，中国固定资产投资的平均增长率仍可达到 20%左右，但由于科技发展加快，资本的无形损耗速度加快，全社会生产设备的更新换代速度会加快，中国的资本存量年均增长率会低于 10%。计划生育使中国人口的自然增长率已经下降到 1%以下，未来中国的就业增长率不会超过 1.2%，而且人口整体素质偏低，人口结构严重影响着人力资源的开发和经济增长方式的改变。根据 21 世纪前 20 年中国的资本存量、就业增长率和资本、劳动的产出弹性，劳动、资本的增长对经济增长的贡献最多只有 4%，要保持国民经济年均增长率为 7%，技术进步对经济增长的贡献必须达到 3%以上，即技术进步对经济增长的贡献率必须超过 42%，如果要保持国民经济年均增长率为 8%，技术进步对经济增长的贡献率必须超过 50%。为此，必须加快由要素投入驱动的经济增长方式向技术进步驱动的经济增长方式转变。促使资金、技术及人才的有效结合，促进经济从粗放型转向集约型。

(一)中国技术进步现状分析

统计数据显示，近年来中国用于技术开发和创新的研发经费呈现持续增长趋势，但是相对于经济的快速增长来说，研发支出仍然维持在较低水平，致使经济高速增长与技术进步缓慢并存局面的发生。研发费用支出是衡量技术进步程度的重要指标。研发支出为技术进步的实现奠定物质基础，是表征技术投入的重要变量；而技术产出也是反映技术进步的重要指标，一般用专利水平来衡量，它可以直接表现技术进步结果和技术创新水平。

2009 年，全国共有 4.6 万家企事业单位开展了研究与试验发展(R&D)活动，参与 R&D 活动的人员达到 318.4 万人，按实际工作时间计算的全时当量为 229.1 万人年。我国已是世界上投入 R&D 人力资源最多的国家。2000 年以来，我国 R&D 经费支出以年均 23%的速度增长，2009 年达到5 802.1亿元，已跻身 R&D 经费投入大国之列。R&D 经费投入强度，即 R&D 经费支出与 GDP 之比，是国际社会用于衡量一国在科技创新上努力程度的重要指标。2009 年，我国该指标的数值达到 1.7%，创历史新高；2010 年的 R&D 经费支出为6 980亿元，比上年增长20.3%,占国内生产总值的1.75%,其中基础研究经费328亿元。按基础研究、应用研究、试验发展划分的三分类数据是R&D清查最重要的结构数据。其中,基础研究和应用研究都属于科学研究范畴,这方面的投入能够反映政府对推动科学前沿探索做出的努力,特别是基础研究代表着原始创新的能力和水平,是世界各国政府高度关注并大力支持的科研领域。2009年,我国基础研究经费支出为270.3亿元,应用研究经费支出为730.8亿元,分别是2000年的5.8倍和4.8倍,年平均增速分别为21.6%和19.0%。我国政府高度重视并在财力上大力支持R&D,使我国的科学研究取得重要进展。试验发展的投入规模代表着科学研究的应用能力。这类研发活动主要由企业实施,其投入也能反映出一国新产品和新技术开发的水平和能力。2009年,我国试验发展经费支出为4 801亿元,是2000年的6.9倍,年平均增长23.9%。随着这方面投入的持续快速增长,我国自主创新能力和市场竞争能力也有了较大提高。2009年,我国国内职务发明专利申请受理数为17.2万件,是2000年的13.7倍;国内职务发明专利申请授权数为5.2万件,是2000年的18.5倍;规模以上工业企业新产品产值为68 198.8亿元,是2000年的6.9倍;新产品销售收入为65 838.2亿元,是2000年的7倍;新产品出口为11 572.5亿元,是2000年的6.7倍。

R&D活动的行业分布是另一个重要的观察视角,可以使我们清楚地看到科技资源在各行业的配置状况,以及这些行业在自主创新中的重要地位。2009年,我国制造业,科学研究、技术服务和地质勘查业,教育行业R&D经费支出分别为3 571.3亿元、1 138.7亿元和451.5亿元,占全部行业的比重分别是61.6%、19.6%和7.8%。在制造业中,R&D经费支出主要集中在计算机及其他电子设备制造业、交通运输设备制造业、电气机械及器材制造业、黑色金属冶炼及压延加工业、通用设备机械制造业、化学原料及化学制品制造业、专用设备制造业、医药制造业和有色金属冶炼及压延业。这九大行业的R&D经费支出均超过百亿元,合计占制造业的近80%。这些行业都是国家走新型工业化道路、优化产业结构、提升信息化水平、带动传统产业技术升级所重点依靠的支柱产业。

从研发活动的地区分布也可看出我国部分省(市)已经具备较强的科技实力。2009年,我国R&D经费支出在300亿元以上的地区依次为江苏、北京、广东、山东、上海、浙江,这六个省(市)的R&D经费支出合计为3 365.4亿元,占全国的58%。这些地区经济实力雄厚,并且积聚了可观的科技创新资源,已经具备了实施前沿科学和关键技术的攻关能力,在依靠自主创新实现跨越式发展、赶超科技先进国家、带动国内后发地区发展方面正在发挥着积极作用。

衡量一国的自主创新能力主要看拥有自主知识产权的情况,即从科技创新获取利益的归属情况,一般通过本国民族工业的创新能力反映。按注册类型划分的清查数据就能够从利益归属角度反映我国的自主创新能力。2009年,我国内资企业的R&D经费支出为2 779亿元,占规模以上工业企业的73.6%;在规模以上工业企业研发投入的增量中,内资企业的贡献达83.4%。从内资企业相关科技指标占规模以上工业企业的份额看,发明专利申请数为6.9万件,占74.9%;拥有发明专利数为8.9万件,占75.4%。内资企业完成新产品产值44 646亿元,占65.5%;实现新产品销售收入42 454.5亿元,占64.5%。

研发队伍建设是提高研发能力和水平的重要保障。我国研发队伍建设主要通过政府部门和企业设立的专门研发机构来推动,这方面工作也取得了较大进展。清查结果表明,2009年全国共有各类研发机构4.5万个。机构中专门从事R&D活动的人员为142.6万人,是2000年的2.3倍;其中博士和硕士达到32.7万人,占23%。机构R&D经费支出为3 181亿元,是2000年的3.1倍。机构中用于科研的仪器设备原价3 972.5亿元,是2000年的2.8倍。

在肯定成绩的同时，我们必须清醒地认识到存在的差距。一是我国总体研发投入强度还不高。2009年，我国研发投入强度虽然达到了1.7%，但与世界领先国家3%左右的水平相比仍有较大差距。二是科学研究投入偏低。在我国的研发经费支出中，基础研究和应用研究支出所占比重偏低，与发达国家基础研究支出占10%以上(2008年美国占17%，2005年日本占12.7%)和应用研究支出占20%以上(2008年美国占22%，2005年日本占22.2%)的水平相比差距明显。科学研究支出所占比重不高表明我国科技发展的根基还不够坚实，原始创新能力不足。三是企业自主研发能力不足，水平不高。2009年，我国大中型工业企业中有发明专利授权的企业为1 893家，仅占4.7%；大中型工业企业共有授权发明专利14 277件，约每三家企业有一件。

目前，我国已经建立起比较完备的学科体系，拥有丰富的人才资源，部分重要领域的研发能力已跻身世界先进行列，具备了科学技术大发展的基础和能力。只要我们认真贯彻落实科学发展观，深入实施科教兴国战略，树立信心，奋力拼搏，就一定能够实现科技强国的梦想。

从技术产出来看，1999年中国的专利授权只有100 156件，其中外观设计、发明和实用新型依次为43 596、16 296和54 359件；而2005年中国的专利授权共计214 003件，三者依次为70 255、53 305和79 349件。数据资料显示，中国在技术进步过程中专利发明的比重较小，未体现技术“自主性”。

2005年，OECD指出自经济转型以来，中国研发支出占GDP的比重已实现逐年提升，同时经济也呈现快速增长态势，足以可见经济增长过程中技术进步起着十分重要的作用。中国科学技术促进发展研究中心的有关研究数据表明，中国技术的对外依存度为50%以上；科技进步对中国经济的贡献度仅有39%，而日、美、韩等国家的贡献度在70%以上；中国的国际专利比例还不到1%，相比之下，20多个创新型国家的国际专利比就已达到97%。此外，由财政部、科技部和国家统计局发布的有关科技经费投入的统计公报显示：在2006年的科技经费投入中，政府部门直属研究机构支出567亿元，各类企业支出达到2 135亿元，高等学校支出为277亿元，所占比重分别为18.9%、71.1%和9.2%。

(二)中国技术进步对经济增长的影响

相关研究表明，从20世纪90年代中期至21世纪初期开始，技术进步下滑的趋势较为明显。特别是自20世纪初开始，技术进步缓慢，技术效率改善不显著。在20世纪90年代中期以前的19年中，TFP的提高主要依靠要素配置与要素投入。

从对技术进步和技术效率影响因素的实证研究发现：比较分析1978～2006年及1997～2006年估计结果可知，进口依存度、金融发展以及滞后一期TFP对TFP的影响显著。进口依存度在所有解释变量中对TFP的影响最大。进口规模对TFP的影响系数由1978～2006年的0.023降低至1997～2006年的0.015。一方面，该实证结果在一定程度上反映了中国的技术进步路径为进口开放式的技术引进模仿型；另一方面，总体看来，影响系数降低反映技术引进模仿型路径引起的技术进步作用已趋向缓慢。1997～2006年，进口依存度、研发投入比与科教事业费支出比对技术进步的作用显著。其中，研发人员的从业比重对技术进步的影响为负。这说明，中国的技术进步并不是来自技术创新途径，而是来自技术引进途径中的技术模仿，其对技术进步的影响系数最为显著。

1997～2006年，中国的TFP发散速度为0.34%，这主要是由于初始技术进步率较低的地区在1997年后技术进步速度缓慢，这使得这些初始技术进步率较低的地区同技术前沿省份的差距逐渐拉大。1997～2006年，技术进步发散的估计结果呼应了上述影响因素实证探讨中得出的“现有技术路径引起的技术进步已趋向缓慢”的研究结果。

中国长期以来的高投入、高消耗的粗放型方式，尽管带来了经济总量的快速增长，但最终也承担了这种低效益行为的代价，主要表现为：落后生产方式与效益低下的恶性循环、易稀缺的不可再生资源以及渐被污染且难以恢复的环境等。以往的教训警示我们由粗放型经济增长所产生的繁荣景象是不会长久的，唯有走集约型经济增长的道路才能实现经济的可持续发展，而集约型经济增长方式是建立在技术进步基础之上的。中国政府已经在十六届五中全会上确定把科学技术发展作为经济社会发展的支柱，争取到2020年建成创新型国家。2009年3月，国务院总理温家宝发表了题为《让科技引领中国可持续发展》的讲话。温家宝指出，中国的现代化是人类历史上前所未有的大变革。科学技术是推动这场变革的重要力量。科技上的重大突破和创新，为推动经济结构的重大调整提供了新的增长引擎，使经济重新恢复平衡并提升到新的更高水平。谁能在科技创新方面占据优势，谁就能掌握发展的主动权。要推动中国经济在更长时期内全面、协调、可持续发展，走上创新驱动、内生增长的轨道，就必须把建设创新型国家作为战略目标，把可持续发展作为战略方向，把争夺经济科技制高点作为战略重点，逐步使新兴战略性产业成为经济社会发展的主导力量。

研究表明，若用技术性指标来衡量技术创新阶段，当研发投入强度达到1%左右时，使用技术开始跨入改进技术阶段；当研发投入强度为2%左右时，改进技术阶段开始发展为技术创新阶段。目前，中国的技术水平相对较低，从发展阶段来看，仍然停留在改进和模仿技术的阶段，还没有步入技术创造阶段。导致这一结果的原因可能在于以下两个方面：一是超常规经济连续增长；二是中国的经济发展阶段较低，财政支出优先保障居民基本生活，从而限制了在科技发展方面的投入，最终减缓了技术创新速度。

第三节　创新是技术进步的源泉

一、熊彼特创新理论的基本观点

创新理论是美籍奥地利经济学家熊彼特于1912年在他的《经济发展论》一书中提出，并在以后不断发展和完善的一种独树一帜的经济理论。

创新理论是熊彼特经济学说的核心。熊彼特认为，经济发展是经济活动本身发生了变革，是打破原来的均衡状态、实现新的均衡的过程。新的均衡不是对原有传统过程的重复或继续，因此，是一种跳跃，是对传统过程的替代，而推动发展的内部力量就是创新。

所谓创新，就是建立一种新的生产函数，把一种从来没有过的生产要素和生产条件的新组合引入生产体系。熊彼特将创新活动归结为五种形式：第一，生产新产品或提高一种产品的新质量。第二，采用一种新的生产方法、新技术或新工艺。第三，开辟新市场。第四，获得一种原材料或半成品的新的供给来源。第五，实行新的企业组织方式或管理方法。

可见，熊彼特所指的创新是一个经济概念，而不是纯技术概念。也就是说，创新与发明创造是两个不同的概念。创新不是某项单纯的技术上或工艺上的发明创造，而是一种不断运转的机制。发明创造是指新技术的发现，而创新则是将发明创造应用到经济活动中去，是发明的第一次商品化。在发明未能转化为创新之前，发明只是一个新概念、新设想。发明和创新的区别被认为是熊彼特的一大贡献。

强调企业家及企业家精神在经济活动中的主导地位是熊彼特创新理论的特色。企业家是指具有创新才能的人,正是企业家的创新行为把科学家的发明创造成果引入经济活动中。企业家精神包括三个方面的内容:第一,发现一个私人商业王国的愿望;第二,克服困难和表明自己出类拔萃的意志;第三,创造和发挥自己才干带来的快乐。熊彼特认为,创新带来的超额利润的引诱会促使其他企业纷纷模仿,创新及模仿浪潮必然促进整个经济的增长和发展。

熊彼特的创新理论具有重大的理论价值。首先,他对发展理论的贡献在于讨论了技术变迁对经济发展的影响。他将创新作为连接科学技术进步与经济增长和发展的一个转换媒介,从经济运动内部找寻经济发展、社会进步的动因,突出了技术进步在社会经济发展中的主导作用。同时,熊彼特强调作为一个社会阶层的企业家群体的存在是促进创新发展、推动社会进步的先决条件。在熊彼特那里,企业家作为现代"经济"人的典型代表,富于冒险、勇于竞争,维系并推动着资本主义的动态进程。在熊彼特看来,企业家便是创新活动的人格化,没有企业家,创新也就无从谈起。正是从这里,我们窥见许多发展中国家即使在获得了发展资金、引进了先进技术后,经济发展仍无从起步的一个重要原因。

二、创新及其制度环境

(一)创新的分类

为了能从历史的角度对创新加以透视,1988 年,弗里德曼和佩雷斯(C. Perez)根据英国萨塞克斯大学科技政策研究中心所进行的经验研究,给出了关于创新的四种划分:增量创新、基本创新、技术体系和技术经济范式的变革。

1. 增量创新

这种创新尽管在不同产业和不同国家的程度不同,但这一类创新或多或少连续不断地出现在任何一个产业和服务活动中,它是需求压力、社会文化要素、技术机会与轨道相结合的产物。这一类创新的发生经常不是深思熟虑的研究与开发活动的结果,而是工程师和其他直接参与生产活动人员的发明和提出的改进意见的结果,或者是用户首创或建议的结果("边干边学"和"边用边学")。例如,霍兰德(Hollander,1965)对杜邦人造纤维厂生产率的研究,或者汤森(Thomson,1976)对英国煤矿工业中安德顿联合采煤机的研究。由于种种特殊的应用,它们常常伴随工厂和设备规模的扩大以及产品和服务质量的改进而产生。

2. 基本创新

基本创新是不连续的事件,目前通常是企业和大学以及政府实验室中深思熟虑的研究与开发活动的结果。正如熊彼特所指出的,汽车不可能从马车技术的改进中产生。同样,尼龙也不可能在人造纤维厂或毛纺行业生产工艺的改进中生产出来。当然,通过对烧煤或烧油的火力发电厂进行增量改进更不可能建成核电站。基本创新在各个部门和各个时期的分布是不均匀的,无论基本创新什么时候发生,它们作为推进新市场成长和伴随繁荣的新投资高涨的潜在跳板,是很重要的。它们可能常常包括一种联合的产品、工艺或组织创新。

3. 技术体系的变革

技术体系的变革是对若干经济领域产生影响,同时对全新部门影响深远的技术进步。它们依据增量创新和基本创新的组合运用,伴随着对数个厂商产生影响的机构创新和管理创新。在铸模和挤压成型中的合成材料创新、石油化工创新和机械创新,以及在 20 世纪 20 年代、30 年代、40 年代和 50 年代所采用的无数适用的创新是明显的例子。

4. 技术经济范式的变革(技术革命)

技术体系的某些变革,由于它们的效果如此之大以至于它们对整个经济行为都有重要的影响。一种这样的变革含有多组基本创新和增量创新，而且最终可能包括若干新技术体系。这第四种类型技术进步的一个极其重要的特征是，它具有在整个经济中的渗透效应，即不仅导致产品、服务、系统和产业依据自己的权利产生新的领域，也直接或间接地影响经济的几乎每个其他领域，发生扩散性影响。

（二）创新的制度环境

制度作为企业技术创新行为的环境而存在，直接关系到企业的生死存亡。企业外部的制度环境为企业技术创新行为提供了目标选择的范围、行为规范以及激励机制。对企业技术创新活动来说，制度环境不仅包括企业外部的制度，企业内部的制度结构——企业的产权制度、组织管理制度等——对企业技术创新也是十分重要的。制度对经济增长的贡献体现为通过对企业技术创新所带来的潜在获利机会的捕捉，将技术创新的潜在利润变为现实利润而起作用。

1. 健全的市场

健全的市场环境能促进创新所需的要素获得有效的配置。人才、技术和资金是企业技术创新最主要的资源，获得这些资源并不是最重要的，关键是通过什么方式获得它们，不同的方式决定了不同的资源使用效率、不同的创新效果。市场作为一种有效的资源配置方式，在市场机制作用下，必然导致企业在技术创新方面的优胜劣汰，创新资源必然流向创新成功的企业，这对创新成功者是一种激励，对创新失败者是一种惩罚（即反激励），从而从正、反两方面对企业技术创新进行激励。

人才市场尤其是企业家市场制度的建立和健全对企业技术创新至关重要。企业技术创新离不开拥有一定知识和技能的人力资源，尤其是企业家。企业能否获得所需的人才，在很大程度上依赖于是否有完善的人才市场。人才市场一方面可以对企业家和科技人才的创新能力做一个比较客观、公正的评价，从而为企业提供各种所需人才的信息，为企业选聘人才提供条件；同时，人才市场的健全能够约束和激励企业的创新行为，因为一个创新乏力的企业是很难吸引有才华的人才加盟的。

技术市场的建立和完善离不开完善的专利制度。建立在专利制度基础上的技术市场制度能够确保技术成果公平地有偿转让，确保知识创新者的利益，从而为企业技术创新提供激励。企业技术创新离不开知识创新，知识创新的主体可以是企业，也可以是科研院所。成熟的技术市场能够在知识创新单位与作为技术创新主体的企业之间架起一座桥梁，疏通技术成果的转化渠道。

从资本市场来看，企业技术创新不但离不开资金，而且获得资金的方式不同对企业技术创新的激励也不同，从而使得企业的技术创新效果也不同。企业技术创新投资是一种长期性的战略投资，其资金的获得一般有以下几种方式：银行贷款、政府拨款、企业发行股票和债券、引入风险投资（在西方，主要是私人投资）及企业内部集资等。我国传统国有企业的创新资金都来自国家投资，创新成功了，成果是国家的，创新失败了，损失也是国家的，对自己的物质利益和声誉影响不大，创新者没有也不可能有风险意识。这样一种融资机制很难对行为主体的行为形成硬约束以保证创新的效率。国外的创新实践经验证明，风险投资对企业技术创新发挥着不可低估的作用，而风险投资的实施要靠资本市场来支撑。风险投资对企业技术创新的作用不完全体现在满足了创新对资金的需求，更重要的是它的组织管理机制形成了对企业行为的一种极强的约束。规范的风险投资加上健全的风险资本退出机制，对企业技术创新的管理约束和激励是非常必要的，而这一切都要求有健全的资本市场的存在。

2. 产权制度建设

产权规定了人们与创新成果之间的所有关系，由此，产权成为激励创新的一种重要制度。产权制度对企业技术创新的作用可以区分为有形产权对企业技术创新的激励和无形产权——主要指知识产权——对企业技术创新的激励。有形产权是指人们对实物形态的物品的使用权、处置权、受益权和转让权。技术创新的成果最终表现为实物形态的商品，拥有这一有形的创新成果的所有权自然对创新者形成巨大的激励。私有产权的建立使人们在生产活动中各自都对自己的行为负责。在这样的制度安排下，一个理性的人自然会力图通过创新来增进自己的福利。

在所有制度环境之中，知识产权制度可以说是最重要的。我国当前的知识产权制度建设中存在的主要问题是知识产权虚置，企业中有很多职务发明没有申请专利，申请了专利的技术被侵权也是司空见惯的。这些严重影响了企业技术创新的积极性。首先，要结合市场经济体制建设，加大知识产权法的宣传力度，使人们牢固树立起法律意识。其次，要结合我国经济发展实际制定和修改知识产权法。任何法律条文的制定都以实践的需要为依据，其有效性也以人们的认可和遵守为前提，总是遭到人们践踏的法律是不适宜于经济发展实际的，迟早会被新的法律条文所替代。再次，加大知识产权法的执法力度。加大对侵权者惩罚和打击的力度，才能捍卫知识产权法的尊严，也才能让人们牢固树立起保护知识产权的法律意识。

3. 企业制度建设

现代企业制度被证明是当今最有效的企业组织管理模式。建立现代企业制度既是社会主义市场经济体制的基础，又是企业开展技术创新的基本制度环境条件。要营造一个适宜于企业技术创新的企业制度环境，首先要进行产权制度改革，将国有企业的所有权和经营权分开。所有权归国家，可以由国家委托一定的组织管理；经营权归企业，企业拥有法人财产权，企业依法对公司财产负责。在企业进行产权制度改革的过程中，不能忽视知识产权问题，知识产权主体也一定要明确，其利益要受到保护，这是激发知识产权主体参与企业技术创新的基本条件。只有这样，企业经营者才有创新的压力和动力；也只有这样，企业经营者才拥有企业技术创新的决策权和管理权，从而对企业技术创新形成较强的激励和约束。其次，在产权制度改革的前提下，一定要建立起规范的现代企业制度，尤其是要保证组织机构的完备性，监督和管理机制一定要健全。在两权分离的情况下，监督和激励制度显得尤为重要。再次，为了增加企业经营者、技术骨干乃至普通职工对企业资产的关心，激发他们进行创新的积极性，要利用产权激励的原理设计出各种股权、期权激励机制，使他们都有机会得到相应的产权。最后，要建立企业内部的技术创新奖惩制度，将员工的报酬与其创新成果挂钩。对于创新失败者给予宽容和谅解，营造一个宽松的、适宜于企业技术创新的环境。

4. 政府的扶持政策

从国家的技术创新政策来看，国家参与创新活动、为企业技术创新提供有利的环境条件（主要是指各种制度条件，如教育和培训制度、技术扩散制度、企业技术创新的税收优惠和融资方面的优惠以及政府对企业创新的直接投资和收购政策等）已经成为各国提高自身国际竞争力的重要手段。市场对企业技术创新的激励还必须辅之以国家的有关管理制度，企业的技术创新需要市场制度和政府政策的组合作用。针对我国的创新实际，政府扶持企业技术创新的政策安排应分为三大块：一是鼓励基础研究的政策；二是促进产、学、研结合的制度安排；三是鼓励企业技术创新的政策安排。

第四节 知识经济与经济发展

一、知识经济的概念

进入20世纪30年代以来，在我国和世界各国都流行着诸如信息经济、智力经济、知识经济、后市场经济、高科技经济、高技术经济、高新科技经济、信息技术经济、数字化经济、新经济等新概念，都是为了说明人类社会将要由工业经济时代步入知识经济的新时代，这是人类社会经济发展史上的一次重大的变革和飞跃。

对于知识经济的定义，目前国内外的学术理论界和政界大多采用OECD在1996年发布的《以知识为基础的经济》报告中所给出的定义，即"知识经济是指建立在知识和信息的生产、分配和使用上的经济"。这一定义主要包括两层含义：一是指知识经济是以知识或智力为经济发展的关键要素的一种经济形态；二是在知识经济的发展过程中，知识和信息可以形成产业，即主要以高科技产业的形式为基础而存在的经济。

二、知识经济的内涵与特征

知识经济不同于农业经济主要依靠人的体力和自然条件使物质财富缓慢增长的经济；也不同于工业经济主要依赖资本和技术，拼命耗竭自然资源、破坏生态平衡，使物质财富迅速增长的经济；知识经济是通过人类所创造和运用的知识，不断地建立人、自然、技术的新平衡（动态平衡），是能实现可持续发展的经济。知识经济的内涵可以简单地归纳为：知识经济是以知识为主要生产要素的经济，它是直接依赖于知识和信息的生产、分配和使用的一种经济形态；知识经济的实质是以人的脑力劳动或智力为主要资源、以高科技产业为主要支柱、以信息技术和信息网络为社会纽带的全球一体化的、可持续发展的经济形态，是人类继农业经济和工业经济时代之后的一个新的经济时代。知识经济的基本特征可以归纳为以下几个方面：

（一）从经济活动的生产要素方面来看，知识经济是以"知识"为第一生产要素的经济

在传统的工业经济中，其经济活动虽然不能离开知识，但同资本、劳动力和自然资源诸生产要素相比，资本这一生产要素是处于第一位的，而知识仅是作为外在的辅助性要素在发挥作用。在知识经济中，其经济活动从目前来说虽然也不能离开资本、自然资源和劳动力这些生产要素，但知识已作为首要的内生性生产要素在经济活动中发挥着主导性的重大作用，对经济增长的贡献率越来越大。例如，在20世纪初发达国家的经济增长中，知识的贡献率占其他生产要素的比重是5%～10%，到第二次世界大战前上升到20%，第二次世界大战后达到30%～40%，而在20世纪后30年迅速上升到50%以上，从而使这些经济发达的国家在20世纪末叶率先步入了知识经济时代的门槛。

（二）从经济活动的生产社会化手段方面来看，知识经济是信息化的经济

在知识经济中，世界各国之间、各地区之间和企业或经济单位相互之间的经济交往，或者称生产社会化的实现，是以信息化作为主要手段来实现的。所谓信息化，目前一般的理解是对信息技术应用在程度上的普遍化，或者称普遍使用信息技术作为经济活动的手段。信息技术或称信息科学技术，是指对信息的获取（收集）、传递（传播）、处理（使用）等方面的技术。从目前来看，信息化的形式主要包括电子化、数字化和网络化。在信息化条件下，人类经济系统中的生产、流通、分配、消费和服务诸方面的活动都可以通过信息技术进行处理。这也是人们把

知识经济称为信息经济的一个重要原因。

(三)从经济活动的产业结构方面来看,知识经济是以高科技产业为支柱产业的经济

高科技产业或高技术产业是知识经济主导产业,在国民经济中所占的比重最大,而且在经济增长中起着决定性的作用。从率先步入知识经济门槛的OECD各国的经济增长情况来看,目前高科技产业的产值大多占国内生产总产值的50%以上。也正因为如此,许多人把知识经济称为高科技经济或高技术经济。

(四)从经济活动的劳动力结构方面来看,知识经济是以脑力或智力劳动为依托的经济

在知识经济中,由于高科技产业和信息产业成为了社会经济的主导产业,而它们都是知识密集型的产业,由此,在经济活动中必然要求脑力或智力劳动的投入大量地增加,从而使脑力或智力劳动在社会物质财富或物化劳动中占有了较大的比重。同时,知识经济的灵魂是创新,而任何形式的创新活动也都必须首先是人的脑力劳动的结晶。可以说,任何的创新活动,离开人的脑力劳动都是不可思议的。也正因为如此,人们才把知识经济称为智力经济。

(五)从经济活动中的企业生产方式来看,知识经济条件下的企业生产方式是以生产规模的小型化或轻型化和个性化、多样化的非标准化生产方式为特征的经济

在知识经济条件下,其企业的生产方式之所以要向小型化或轻型化和个性化、多样化的非标准化方向发展,其原因一是科学技术日新月异地迅猛发展,使生产技术和产品更新换代的速度大大加快了,企业必须采用"船小好调头"的经营方略加以应对,从而使企业生产规模小型化;二是知识或科技含量高的产品大多具有重量轻、体积小和附加值高的特点,从而表现为轻型化;三是伴随着知识经济的出现和发展,消费者的消费水平大大提高,其消费结构越来越追求产品的个性化和新颖化,企业生产也必须向个性化和多样化的生产方式转变,以适应消费需求的变化;四是知识经济的生命力在于不断创新,必然带来企业生产经营方式及其产品的个性和多样化等非标准化。同时,在知识经济条件下,企业的生命力、开拓与占有市场的竞争力,也主要取决于对其生产经营方式及其产品的创新能力,而不再是取决于企业规模的大小和产品的标准化、批量化,这也必然使企业的生产方式向小型化、轻型化和个性化、多样化等非标准化方向发展。

(六)从经济活动中的投资形态方面来看,知识经济是以"无形资产"投入为主的经济

在知识经济中,其经济活动是以知识、智力这类无形资产的投入为主,并起着决定性作用。当然,知识经济也需要大量的资金作为对高科技产业及其风险资金的投入,但是如果没有更多的信息、知识和智力这类无形资产的投入,它也就不能称为高科技产业。因此,知识经济是资产投入无形化为主的经济。目前,美国的许多高科技企业中的无形资产已超过了总资产的60%,同时也得到了较高的回报。例如,美国在20世纪90年代经济增长始终保持近4%的增长率,其中约有1/3是依靠信息和高科技产业带动的,而传统支柱产业(汽车、建筑、制造业)只占14%,其中汽车业仅占4%。又如,美国科技工业园中一些被称为"小巨人"的公司(又称中小型跨国公司),通过电子咨询、电子金融和电子贸易开发的高科技企业,一般人均年产值超过10万美元,取得了巨额的利润。

(七)从经济活动的管理方面来看,知识经济的管理主要是实行以人为本和以知识创新为核心的经济形态

在知识经济中,其管理的重点应该是实行以人为本的管理和以实现知识创新为核心的管理。这主要是因为,知识创新不仅是一个民族进步的灵魂和国家兴旺的不竭动力,同时也是企业或经济单位兴衰的关键所在;而知识创新的源泉又是来自于对人的智力的开发。由此,在知

识经济中，对人的管理就不能像传统的工业经济那样，把人同物一样当作可以由管理者任意调配的资产或物资，而应该采用有效的管理方法和机制，把每个人各不相同的智力潜能开发出来，进行知识创新，实现人与社会、人与企业共同的、和谐的发展。

三、知识经济与经济增长

知识经济对经济增长起着巨大的推动作用，这里不仅是指经济在“量”上的增长，更为重要的是具有“质”上的飞跃。

（一）从生产方面来看

在工业经济时代，体力劳动在生产中占据着重要地位，要发展生产主要依靠拼体力和增加资金的数量，劳动者的数量投入越多和资金投入越大，经济规模也就越大，国家或地区及企业为发展经济而争夺劳动力和资金。在知识经济时代，由于知识和智力成为了社会的核心，知识和智力在生产中成为了主要因素，发展生产主要依靠人脑的思维与创新，经济的发展也主要依靠人才和无形资产投入的增加。据有关专家估计，在机械化初期，体力劳动者与脑力劳动者的比例是 9∶1；在机械化或半机械化阶段两者的比例是 6∶4；而在知识经济社会中，由于生产过程自动化程度的大大提高，两者的比例则会是 1∶9。同时，在知识经济的生产函数中，科技进步也将从外生变量转变成为内生变量，形成新的经济增长理论。在知识经济时代，由于在生产过程中投入的知识或智力这种非物质要素会大大增加，其物质要素会相应减少，从而会使其知识或智力密集型产品成为知识经济社会中比重最大的产品。在知识经济社会中，市场竞争则主要是围绕着企业创新能力的大小或强弱展开的，企业规模经济效益的意义将会不断下降，而企业也将会向有利于实现创新活动的小型化、灵活性方向发展。

（二）从产业结构方面来看

知识经济时代将会使生产与消费呈现多样化、个性化、艺术化等特点。这是因为在知识经济时代，随着微电子和信息技术的发展，网络化趋势会不断地加强，这一方面会使人们的生活、消费方式走向知识化和智能化，人们可以通过信息网络技术了解到比以往更为丰富和更为广泛的信息，促使人们改变自己的生活和工作方式；另一方面也会使企业通过信息网络获得更为丰富和广泛的市场信息，使企业更容易作出切合市场需求的计划。另外，在知识经济社会中，人们的就业方式也将会出现一些新的形式。在人们以脑力或智力劳动为主要形式的条件下，别人无法监督他人的学习、思维、推理、创新的活动过程，同时，学习也成为了工作的重要内容，由此，人们便可在家上班、灵活上班（知识劳动时间由本人灵活掌握）。特别是随着全球网络的形成，人们还可以异地上班（本人在国内，就业在国外；或者本人生活在本地，就业在外地等）。这些情况的出现，都会转变工业经济时代的生产和消费形式。

（三）从管理方面来看

在知识经济时代，产业和管理活动在管理思想、管理内容、管理方式等方面都会不同于工业经济时代。在知识经济时代，从企业管理的指导思想上来说，更加注重贯彻实施科学发展观，坚持以人为本的管理，实现人与企业的共同发展，贯彻企业效益与社会效益及环境保护和谐发展的原则。从企业管理的内容上来说，由传统的对物管理转向以对知识或智力的管理为主，由注重财与物的节省和有效配置转向注重知识的创新和对无形资产的管理。从企业管理的方式上来说，要注重构建对知识或智力管理资金的投入，要注重创造有利于对知识或智力进行管理的企业文化，要注重制定鼓励知识创新和转移的激励机制与措施，要注重开发支撑知识管理的信息技术，要注重建立起对知识管理的评估系统。

(四)从农业生产方面来看

在知识经济时代,农业生产仍然是人类生存和发展的根基所在。拿知识经济条件下的农业同现今的传统农业相比,会有重大的区别。其主要表现不仅是农业的生产和产品的科技含量高,而且大农业会进一步向综合化方向发展,农业将成为工业化农业,从根本上改变农业靠天吃饭的现象,实现全人类的绿色工厂的目标。仅从目前生命科学技术的研究趋势上来看,它所包括的基因工程、酶工程、细胞工程、发酵工程、蛋白质工程等几个方面的内容,就可以使农业的生产活动发生翻天覆地的变革。农业生产知识化和工厂化是知识经济时代农业的重大特点,它将使农业生产向前跨越一大步。

(五)从工业生产方面来看

知识经济时代也并不消灭工业,但它将使传统工业成为高科技的工业和综合性的工业。所谓高科技的综合性工业,是指由智能操作工业、生物工业、隐形工业、环保绿色工业、太空工业、教学工业等这些新型工业所组成的知识经济的工业群体。它们可以高质量地服务于人类。这种类型的工业既是目前世界各国共同追求的目标,也是未来衡量一个国家或地区经济发达程度的主要指标。从目前的科技研究成果来看,主要是新能源和新材料科学技术,还有海洋和航空科技。例如,在新能源开发方面,现在已有了新型核能、太阳能、地热能、风能和水能等;在航空科技方面,人类自 1960 年首次进入外层空间至今,就不断增进对太空的研究和了解。一些专家认为在知识经济时代,人们可以利用太空技术建立宇宙工业园、宇宙电站、宇宙医院、宇宙农场和月球矿场等,构成知识经济时代的太空产业。

本章小结

技术进步对于推动经济总量不断增长、促进经济效益提高、推动经济增长方式转变和经济结构变化都有着积极意义。在当代,技术进步无论是在深度、广度,还是在速度方面都大大超过以往任何一个时代,对经济持续快速增长产生了巨大的推动作用。本章探讨技术进步与经济发展的关系,在阐明技术进步的概念和介绍技术创新理论的基础上,探讨技术创新对经济增长的促进作用。当前世界已步入知识经济时代,知识经济是以知识为主要生产要素的经济,是通过对知识进行生产、分配和使用以达到物质财富不断增长的经济。知识经济乃是通过人类所创造的和运用的知识,不断地建立人、自然、技术的新平衡(动态平衡),是能实现可持续发展的经济。

总之,经济发展是技术进步的起因、归宿和基础,技术进步有利于促进经济的发展。

复习思考题

1. 技术进步的类型分为哪几种?
2. 如何根据新古典增长理论对技术进步进行测算?
3. 熊彼特创新理论的基本观点有哪些?
4. 创新需要哪些制度环境保障?
5. 知识经济概念的形成和提出的由来是什么?
6. 知识经济的特征是什么?
7. 知识经济对经济增长有何作用?

第十一章

资源、环境与可持续发展

资源与环境是维持人类生存和经济发展的基础。可持续发展问题也是世界各国普遍关注的热点。20世纪以来，随着科技进步和社会生产力的提高，人类创造了前所未有的物质财富，大大推进了经济发展的进程。但是在工业化的过程中，人口爆炸、南北经济差距扩大、不可再生资源的过度消耗、生态环境的不断恶化等问题，极大困扰了发展中国家生活水平的提高，甚至危及人类的生存，使人类的经济发展面临严峻的挑战。人们为寻求一种建立在环境和自然资源可承受基础上的长期发展模式，进行了不懈的探索。

第一节　可持续发展概述

可持续发展(Sustainable Development)的概念最先是1972年在斯德哥尔摩举行的联合国人类环境研讨会上正式讨论的。这次研讨会云集了全球的工业化和发展中国家包括国际、区域、地方及特定层面的专家。1980年国际自然保护同盟的《世界自然资源保护大纲》提出："必须研究自然的、社会的、生态的、经济的以及利用自然资源过程中的基本关系，以确保全球的可持续发展。"1981年，美国布朗(L. R. Brown)出版《建设一个可持续发展的社会》，提出以控制人口增长、保护资源基础和开发再生能源来实现可持续发展。1987年，世界环境与发展委员会(WECD)出版《我们共同的未来》报告，将可持续发展定义为："既能满足当代人的需要，又不对后代人满足其需要的能力构成危害的发展。"这个定义系统阐述了可持续发展的思想。1992年6月，联合国在里约热内卢召开的"环境与发展大会"，通过了以可持续发展为核心的《里约环境与发展宣言》、《21世纪议程》等文件。

一、可持续发展的内涵

我们在上述WECD定义的基础上讨论可持续发展的基本思想。可持续发展的本质含义是：健康的经济发展应建立在生态可持续、社会公正和人民积极参与自身发展决策的基础之上；可持续发展所追求的目标是既要使人类的各种需要得到满足，个人得到充分发展，又要保护资源和环境，不对后代人的生存和发展构成威胁。衡量可持续发展主要有经济、环境和社会三方面的指标。

可持续发展是以经济增长为前提的，这对于发展中国家来说尤为重要。因为经济增长是促进经济发展、社会物质财富日趋丰富、人类文化和技能提高，从而扩大个人和社会的选择范围的原动力。但是，可持续发展是反对以追求最大利润或者利益为取向、以贫富悬殊和资源掠夺性开发为特征的经济增长。

可持续发展提倡的是适度的、注重人类生活质量提高、不损害生态环境的经济增长。可持续发展的显著特点是可持续，其目的是改善人们生活水平。从这点出发，可以看到以往传统的经济增长模式单纯追求经济利益的问题所在。所以人们必须通过资源替代、技术进步、结构变革和制度创新等手段，从总体成本—收益的思路出发，使有限的资源得到公平、合理、有效、综合和循环利用，使经济社会朝着可持续方向发展。

可持续发展以自然资源为基础，同环境承载能力相协调。可持续发展的实现，就是要运用资源保育原理，增强资源的再生能力，引导技术变革使再生能源替代非再生能源成为可能，利用制度与政策限制非再生能源的利用，在发展经济的同时保护环境，包括改变不适当的以牺牲环境为代价的生产和消费方式，控制环境污染、改善环境质量，使人类的发展控制在地球承载力之内。

可持续发展以提高生活质量为目标，同社会进步相适应，这与经济发展的目的是一致的。我们知道，经济发展意味着贫困、失业、收入不均等社会结构的改善，可持续发展追求的正是可持续的经济发展。对于发展中国家来说，实现经济发展是第一位的，因为贫困和不发达正是造成资源与环境恶化的基本原因之一。只有消除贫困，才能形成保护和建设环境的能力。

可持续发展是一个涉及经济、社会、文化、技术及自然环境等的综合性概念。同时，可持续发展又是动态的，它要求不断地进行内部和外部的变革，在一定范围内寻求最适当的经济发展速度以达到持续稳定发展经济的目标。

由于可持续发展涉及自然、环境、社会、经济、科技、政治等诸多方面，所以研究者从不同的角度对可持续发展所作的定义也不同。

（一）侧重于自然方面的定义

"持续性"一词首先是由生态学家提出来的，即所谓生态持续性（Ecological Sustainability），意在说明自然资源及其开发利用程序间的平衡。1991 年 11 月，国际生态学联合会（INTECOL）和国际生物科学联合会（IUBS）联合举行了关于可持续发展问题的专题研讨会。该研讨会的成果深化了可持续发展概念的自然属性，将可持续发展定义为："保护和加强环境系统的生产和更新能力"，其含义为可持续发展是不超越环境、系统更新能力的发展。

（二）侧重于社会方面的定义

1991 年，由世界自然保护同盟（INCN）、联合国环境规划署（UN-EP）和世界野生生物基金会（WWF）共同发表的《保护地球——可持续生存战略》将可持续发展定义为"在生存于不超出维持生态系统涵容能力之情况下，改善人类的生活品质"，并提出了人类可持续生存的九条基本原则。

（三）侧重于经济方面的定义

爱德华·B. 巴比尔（Edward B. Barbier）在其著作《经济、自然资源：不足和发展》中，把可持续发展定义为"在保持自然资源的质量及其所提供服务的前提下，使经济发展的净利益增加到最大限度"。皮尔斯（D·Pearce）认为："可持续发展是今天的使用不应减少未来的实际收入"，"当发展能够保持当代人的福利增加时，也不会使后代的福利减少。"

(四)侧重于科技方面的定义

斯帕思(J. G. Spath)认为:“可持续发展就是转向更清洁、更有效的技术——尽可能接近零排放或密封式,工艺方法——尽可能减少能源和其他自然资源的消耗。”

二、可持续发展的原则

(一)可持续性

这是可持续发展的首要原则,包括生态可持续性、经济可持续性、社会可持续性三个方面。这三者是统一的整体,相互联系、相互适应、相互制约、相互作用,共同构成可持续发展的内容。

(二)公平性

这里所说的公平性是指人类在分配资源和占有财富上的时空公平,包括三层含义:一是国家范围之内同代人的公平。当今世界的现实是一个部分人富足而世界人口中约有1/5的人口处于贫困状态,这种贫富悬殊、两极分化的世界,不可能实现可持续发展。因此,要给世界以公平的分配权和发展权,把贫困作为可持续发展进程中特别重要的问题来考虑。二是公平分配有限资源。目前的现实是占世界人口26%的发达国家在利用地球资源上有优势,取代了发展中国家利用地球资源的一部分来达到他们自己的经济增长,其消耗的能源、钢铁和纸张等,占全球的80%。《里约宣言》已把这一公平原则上升为国家间的主权原则。三是代际间的公平,即世代间的纵向公平。人类赖以生存的自然资源是有限的,当代人不能因自己的发展与需求而忽视后代对资源、环境要求的权利。

(三)共同性

人类只有一个地球,地球的整体性资源的有限和相互依存要求我们必须采取联合行动以实现可持续发展这一目标。实际上,可持续发展就是要促进整个人类与自然之间的和谐。按照共同性原则,人类与自然之间就能保持互惠互生的关系,这样,可持续发展才能实现。

(四)需求性

人类需求是由社会和文化条件所确定的,是主观因素和客观因素相互作用、共同决定的结果,与人的价值观和动机有关。可持续发展强调人的需求而不是市场和商品,发展是要满足所有人的基本需求,向所有人提供实现更多美好生活愿望的机会。

(五)高效性

高效性原则不仅根据其经济生产率来衡量,更重要的是根据人们的基本需求得到满足的程度来衡量,是人类整体发展的综合和总体的高效。

(六)阶跃性

随着时间的推移和社会的不断发展,人类的需求内容和层次将不断增加和提高,所以可持续发展本身隐含着不断地从较低层次向较高层次的阶跃性过程。

三、可持续发展的测度

目前,国内外学者对可持续发展测度方面的研究可以分为三类:

(一)运用现代经济增长模型构造指标

可持续发展理论认为,在传统的GDP核算中,没有计算由于经济增长而带来的对环境资源的消耗和破坏而治理的成本费用。20世纪80年代以后,经济学家在许多国家对环境污染和生态破坏导致的人体健康损失、自然资源破坏等损失估算后发现,不少发展中国家的环境损失占GDP的10%以上。由此得出了包含自然资源和环境因素在内的国民生产净值(NNP)概念。其具体公式为：

NNP＝消费＋在物质资本上的净投资＋人力资本变化的净价值
＋自然资本存量变化的净价值－当前环境退化的损失

(二)从财富的角度衡量

世界银行于1995年提出了以国家财富或者国家人均资本为依据度量可持续发展，认为一国的财富除了自然资本、物质资本、人力资本以外，还应包括社会资本。世界银行的经济学家还进一步把可持续性划分为对人力资本保有程度要求不同的三个层次，即弱可持续性、适中可持续性和强可持续性。

(三)综合的可持续发展指标

联合国可持续发展委员会(UNCSD)、开发署(UNSTAT)等机构在1996年提出了初步的可持续经济发展核心指标框架，其中，驱动力指标用以表征那些造成发展不可持续的人类活动的因素，如失业率、人均GDP、在人均GDP中净投资所占的份额、国内人均耗水量、土地利用的变化、森林砍伐强度、温室气体的排放等；状态指标用以表征可持续经济发展过程中各个系统的状态，如贫困差距指数、基尼系数、经环境调整的GDP、地下水储量、土地及森林状况的变化、大气污染的程度等；响应指标用以表征人类为促进可持续经济发展所采取的对策。

四、可持续发展战略

(一)我国可持续发展战略的提出

可持续发展战略已成为当今一个应用范围非常广的概念，不仅运用于经济、社会、环境等方面，而且教育、生活、艺术等方面也经常运用。为适应这种变化，我们对可持续发展的含义也有些补充。有专家认为，WECD的定义基本确切，但将其定位于处理当代人与后代人之间的利益关系却有些偏窄，因在当代人、后代人之内也存在着可否持续发展的问题，并非仅在当代人和后代人之间存在该问题。在人们的潜意识里，只要是持续而不停顿的发展，都是可持续发展。可持续发展的概念实际上解决的是当前利益与未来利益、近期利益与长远利益的关系问题，因此，我们以为，可持续发展这一概念可重新表述为："既顾及当前利益与近期利益，又顾及未来利益与长远利益，当前、近期的发展不仅不损害未来、长远的发展，而且为其提供有利条件的发展。"这一定义具有普遍适用性，可解释所有领域的可持续发展，可使人明白只要实施了涸泽而渔、杀鸡取卵之类只顾当前利益、近期利益而不顾及未来利益与长远利益的短期行为，皆可看作与可持续发展对立的非可持续发展，不见得非得对后代人造成损害的才是非可持续发展，而仅仅损害当代人未来利益与长远利益的便不是非可持续发展，消除WECD的定义易给人造成的这种误解。

我国人口众多、人均资源相对不足、就业压力大、生态环境问题突出，因此，对可持续发展问题非常重视。在1992年联合国环境与发展会议之后不久，中国政府就组织编制了《中国21世纪议程——中国21世纪人口、环境与发展白皮书》(以下简称《议程》)。《议程》共20章，可归纳为总体可持续发展、人口和社会可持续发展、经济可持续发展、资源合理利用、环境保护5个组成部分，70多个行动方案领域。该《议程》是世界上首部国家级可持续发展战略。它的成功编制，不但反映了中国自身发展的内在需求，而且也表明了中国政府积极履行国际承诺、率先为全人类的共同事业作贡献的姿态与决心。

1994年7月，来自20多个国家、13个联合国机构、20多个外国有影响企业的170多位代表在北京聚会，制定了"中国21世纪议程优先项目计划"，用实际行动推进可持续发展战略的实施。

1995年9月，中共十四届五中全会通过的《中共中央关于制定国民经济和社会发展"九五"计划和2010年远景目标的建议》明确提出："经济增长方式从粗放型向集约型转变。"江泽民在该全会闭幕式的讲话中强调："在现代化建设中，必须把实现可持续发展作为一个重大战略。要把控制人口、节约资源、保护环境放到重要位置，使人口增长与社会生产力的发展相适应，使经济建设与资源、环境相协调，实现良性循环。"正式把可持续发展作为我国的重大发展战略提了出来。此后，中央的许多重要会议都对可持续发展战略作了进一步肯定，使之成为我国长期坚持的重大发展战略。

党的"十五大"报告指出："我国是人口众多、资源相对不足的国家，在现代化建设中必须实施可持续发展战略。坚持计划生育和保护环境的基本国策，正确处理经济发展同人口、资源、环境的关系。资源开发和节约并举，把节约放在首位，提高资源利用效率。统筹规划国土资源开发和整治，严格执行土地、水、森林、矿产、海洋等资源管理和保护的法律。实施资源有偿使用制度。加强对环境污染的治理，植树种草，搞好水土保持，防治荒漠化，改善生态环境。控制人口增长，提高人口素质，重视人口老龄化问题。"

1998年10月中共十五届三中全会通过的《中共中央关于农业和农村工作若干重大问题的决定》指出："实现农业可持续发展，必须加强以水利为重点的基础设施建设和林业建设，严格保护耕地、森林植被和水资源，防治水土流失、土地荒漠化和环境污染，改善生产条件，保护生态环境。"

2000年11月十五届五中全会通过的《中共中央关于制定国民经济和社会发展第十个五年计划的建议》指出："实施可持续发展战略，是关系中华民族生存和发展的长远大计。"

"十六大"报告把"可持续发展能力不断增强，生态环境得到改善，资源利用效率显著提高，促进人与自然的和谐，推动整个社会走上生产发展、生活富裕、生态良好的文明发展道路"作为"全面建设小康社会的目标"之一，并对如何实施这一战略进行了论述。可持续发展是以保护自然资源环境为基础，以激励经济发展为条件，以改善和提高人类生活质量为目标的发展理论和战略。它是一种新的发展观、道德观和文明观。其内涵为：(1)突出发展的主题。发展与经济增长有根本区别，发展是集社会、科技、文化、环境等多项因素于一体的完整现象，是人类共同的和普遍的权利，发达国家和发展中国家都享有平等的不容剥夺的发展权利。(2)发展的可持续性。人类经济和社会的发展不能超越资源和环境的承载能力。(3)人与人关系的公平性，当代人在发展与消费时应努力做到使后代人有同样的发展机会，同一代人中一部分人的发展不应当损害另一部分人的利益。(4)人与自然的协调共生。人类必须建立新的道德观念和价值标准，学会尊重自然、师法自然、保护自然，与之和谐相处。中央提出的科学发展观把社会的全面、协调发展和可持续发展结合起来，以经济社会全面、协调、可持续发展为基本要求，指出要促进人与自然的和谐，实现经济发展和人口、资源、环境相协调，坚持走生产发展、生活富裕、生态良好的文明发展道路，保证一代接一代地永续发展。

（二）可持续发展战略的内容

如果说经济、人口、资源、环境等内容的协调发展构成了可持续发展战略的目标体系，那么管理、法制、科技、教育等方面就构成了可持续发展战略的支撑体系。可持续发展战略是可持续发展目标得以实现的必要保证，即一个国家的可持续发展很大程度上依赖于这个国家的政府和人民通过技术的、观念的、体制的因素表现出来的能力。具体地说，可持续发展战略包括决策、管理、法制、政策、科技、教育、人力资源、公众参与等内容。

1. 可持续发展的管理体系

实现可持续发展需要有一个非常有效的管理体系。历史与现实表明,环境与发展不协调的许多问题是由于决策与管理的不当造成的。因此,提高决策与管理能力就构成了可持续发展战略的重要内容。可持续发展管理体系要求培养高素质的决策人员与管理人员,综合运用规划、法制、行政、经济等手段,建立和完善可持续发展的组织结构,形成综合决策与协调管理的机制。

2. 可持续发展的法制体系

与可持续发展有关的立法是可持续发展战略具体化、法制化的途径,与可持续发展有关的立法的实施是可持续发展战略付诸实现的重要保障。因此,建立可持续发展的法制体系是可持续发展战略的重要方面。可持续发展要求通过法制体系的建立与实施,实现自然资源的合理利用,使生态破坏与环境污染得到控制,保障经济、社会、生态的可持续发展。

3. 可持续发展的科技系统

科学技术是可持续发展的主要基础之一。没有较高水平的科学技术支持,可持续发展的目标就不能实现。科学技术对可持续发展的作用是多方面的。它可以有效地为可持续发展的决策提供依据与手段,促进可持续发展管理水平的提高,加深人类对人与自然关系的理解,扩大自然资源的可供给范围,提高资源利用效率和经济效益,提供保护生态环境和控制环境污染的有效手段。

4. 可持续发展的教育系统

可持续发展要求人们有高度的知识水平,明白人的活动对自然和社会的长远影响与后果,要求人们有高度的道德水平,认识自己对子孙后代的崇高责任,自觉地为人类社会的长远利益而牺牲一些眼前利益和局部利益。这就需要在可持续发展战略中大力发展符合可持续发展精神的教育事业。可持续发展的教育体系应该不仅使人们获得可持续发展的科学知识,也使人们具备可持续发展的道德水平。这种教育既包括学校教育这种主要形式,也包括广泛的潜移默化的社会教育。

5. 可持续发展的公众参与

公众参与是实现可持续发展的必要保证,因此也是可持续发展战略的主要方面。这是因为可持续发展的目标和行动必须依靠社会公众和社会团体最大限度的认同、支持和参与。公众、团体和组织的参与方式和参与程度将决定可持续发展目标实现的进程。公众对可持续发展的参与应该是全面的。公众和社会团体不但要参与有关环境与发展的决策,特别是那些可能影响到他们生活和工作的决策,而且更需要参与对决策执行过程的监督。

第二节　资源与可持续发展

资源可分为可再生资源和不可再生资源。前者包括土地、森林、渔场等,后者包括矿石、石油、天然气等。环境资源是指由不可分割的自然界提供的资源,如生态环境、臭氧层、大气层、海洋等资源是不能分割为单个单位来消费的。而有些资源既是可再生资源,也属于环境资源。

在这里,我们讨论资源丰富对经济发展的影响以及资源稀缺对经济发展所带来的后果。

一、"荷兰病"

早期发展经济学家认为一国自然资源的多寡与经济发展不存在必然的联系。理由是,缺乏自然资源的国家可以从别国进口。比如，钢铁所需要的矿石可以从国外进口，石油可以从国外进口，木材可以从国外进口，所需要的粮食也可以从国外进口。日本的资源很贫乏，经济却发展起来了，而且成为世界经济强国。而非洲的赞比亚、玻利维亚、圭亚那、毛里塔尼亚、冈比亚、加蓬等国家的经济发展却缓慢甚至长期停滞不前。有些石油丰富的国家人均收入水平很高，但是它们仍然不是发达国家，因为它们的经济是不可持续的。

资源丰富对于经济发展是一个优势，拥有丰富的矿产资源、土地资源和气候资源的国家对于经济发展是有利的。但是为什么那些自然资源丰富的国家大部分没有发展起来呢？原因是多方面的。传统的制度障碍可能是一个原因，国际贸易中的贸易条件趋于下降是另一个原因，但"荷兰病"也是一个重要原因。

1960年，荷兰发现了大量的天然气储备。于是，荷兰天然气出口剧增，国际收支出现大量顺差，促进了经济增长。然而，好景不长，到20世纪70年代，荷兰发生了比较严重的通货膨胀，制成品出口下降，收入增长率减慢，失业增加。这种由自然资源发现和随之而来的出口剧增所带来的暂时繁荣但又不能持续的情况具有普遍意义，例如，20世纪70年代和80年代早期的石油价格暴涨，在一些发展中国家产生了类似于荷兰的情况，因此，经济学家把这种情况叫做"荷兰病"。

"荷兰病"发生的主要原因是：初级产品出口收入激增，因外汇过多导致国内通货膨胀加剧，从而引起本币升值。如果政府不相应地降低汇率，本币升值就会抑制其他商品的出口，导致这些部门的收入和利润下降，失业增加。初级产品的兴旺被其他部门的萎缩抵消了。此外，政府还将出口天然气所得的大量税收收入用于增加公务员的工资而不是对基础设施和其他出口部门进行投资。这样一来，一旦初级产品出口开始下降，该国的经济增长就下降，甚至出现停滞和衰退。例如，墨西哥、尼日利亚等国在20世纪70～80年代就出现过"荷兰病"。当然，"荷兰病"是政府的错误政策引起的。有些国家比如印度尼西亚和马来西亚等，虽然也经历了石油收入猛涨然后陡降的情况，但是由于政府采取了正确的政策，能够及时降低汇率和运用外汇收入进行生产性投资，因此避免了"荷兰病"的发生。

"荷兰病"说明，自然资源丰富的国家不一定会促进经济的发展，自然资源与经济发展没有必然的联系。这就是早期经济学家并不强调自然资源作用的主要原因。但是早期经济学家强调人造资本的积累，后来转到强调人力资本、强调制度在经济发展中的关键性作用。

二、增长的极限

1970年，一个国际性的民间研究机构罗马俱乐部委托美国麻省理工学院麦多斯（D. Meadows）等人对未来人类生存的影响进行研究。1972年，麦多斯等人的研究报告《增长的极限》公开发表了。他们认为影响经济增长的有五个因素：人口增长、粮食供给、资本投资、环境污染和资源耗竭。这五个因素的共同特点是它们都按指数增长。由于人口增长引起粮食需求的增长、经济增长引起不可再生资源耗竭速度的加快和环境污染程度的加深都属于指数增长性质，因此，经济增长最终会突然停滞。按照他们的计算机模拟，最后得出的结论是，如果不制止目前这种增长趋势，人类社会在2100年以前的某个时间将会崩溃。这个关于世界崩溃的原因主要是人口和资本的增加，而要避免世界末日的到来，只有控制这两个因素的增长，使人口和资本投资保持零增长。1992年，他们又出版了《越过了极限》一书，为自己的观点进行辩护，说这只是一个警告。

增长极限论的结论难以令人信服，但是它有积极意义，那就是向以增长为中心的传统发展观提出了挑战，提醒人们注意如何在发展经济的同时，使资源、环境和经济协调发展。

第三节　环境与可持续发展

我们知道，一个良好的环境对经济发展能够作出积极的贡献，而一个退化的环境对经济发展将产生有害的影响。当然发展本身也会使环境发生巨大的变化。

一、环境的经济功能

环境在支持经济方面发挥着多种功能：生命的支持、自然资源的供给、废弃物的吸收和舒适服务的提供等。

(1)环境提供人类赖以生存的生物的、化学的、物理的系统。这个系统包括大气、河流、土壤肥力、森林和动植物多样性等，这些环境的大部分对生命的维持是不可缺少的。而这些环境服务的减少将使人类的生存受到直接的威胁，例如，臭氧层的巨大破坏可能对人类生命带来灾难性的后果。

(2)环境为家庭直接提供自然资源。大部分资源必须经过加工和处理才能为家庭提供服务。但是有些资源不需要任何加工就可以为家庭所使用，例如，野生树木直接作为薪柴被用于做饭等。环境为家庭提供的这些资源是免费物品，无需支付任何成本。

(3)环境为从事生产活动的厂商提供自然资源，如土地、矿产、河流、海洋、森林等。如果使用不当就有可能导致某种资源的完全丧失。当然，不可再生资源的使用将会永远减少其存量，厂商需要合理、节约地使用资源。

(4)经济活动和家庭活动的废弃物被环境所吸收，这是环境为人类作出的又一个重要贡献。但是，环境对废弃物的吸收和处理不是无限的。环境污染严重，就会超过环境对废弃物的吸收和处理能力。

(5)环境也给家庭带来舒适感。风景如画的自然风光给人带来美的享受，给人类带来快乐和满足，旅游、娱乐业的繁荣正是人类这种需要的表现。

二、经济发展与环境变化

(一)环境好坏与经济水平的对比

一般认为，环境的好坏与经济发展的水平是有关系的。发达国家的环境状况总的来说要比发展中国家好。比如，空气中含有的二氧化硫和悬浮颗粒物浓度在高收入国家比在低收入国家要低得多。

从一个国家的经济发展过程来看，一般情况是，在较低发展水平上，环境状况比较好，自然资源和生态环境基本上保持原始状态。当经济开始起飞时，经济增长迅速，对资源利用的强度增大，工业排放的废弃物对生态环境的破坏较为严重。当经济发展水平较高时，改善环境的能力扩大了，这时，环境状况逐渐趋于好转，比如伦敦从“雾都”变成蓝天白云就是一个例子。

(二)环境对经济的影响

从个别的环境退化指标来看，环境对经济的影响是不同的，可以分三种情况：(1)当收入增加时，有些环境问题会减轻，因为收入增加为公共服务提供了资金来源。(2)有些环境问题开始是恶化的，但是会随着收入的增加而减轻。大多数空气污染和水污染都属于这种类型。(3)随着收入的增加，某些环境恶化的指标继续提高，比如氧化碳和氧化氢的排放和城市废弃物。

减少这些污染的成本很高。

(三)环境与国家政策有关系

在同一经济发展水平上,有的国家环境状况比另外一些国家好一些。一国对环境保护的程度和适当的环境政策也是决定环境状况的重要因素。

(四)环境恶化及其对经济发展的影响

环境问题是各种各样的,有全球性的共同环境问题,如全球变暖、生物多样性丧失等;也有对工业化国家而言特别严重的环境问题,如二氧化碳排放、同温层臭氧的减少、光化学烟雾、酸雨以及城市的有毒废料等;还有对发展中国家而言特别紧迫的环境问题,如有害健康的饮用水、卫生设施缺乏、土壤侵蚀、森林毁灭等。

环境对经济发展的贡献主要表现在:维持人类的健康;促进生产率的提高;给人类带来舒适,从而提高人类的生活质量等。反之,就是环境对经济发展的负面影响,它会导致寿命缩短、人力资本的存量和劳动力的生产率降低、人类舒适感丧失等。

三、国际社会对环境的重视

(一)哥本哈根大会

哥本哈根世界气候大会也被称为哥本哈根联合国气候变化大会,于 2009 年 12 月 7 日～18 日在丹麦首都哥本哈根召开,192 个国家的环境部长和其他官员们出席,共同商讨《京都议定书》承诺到期的后续方案,就未来应对气候变化的全球行动签署新的协议。这是继《京都议定书》后又一具有划时代意义的全球气候协议书,对地球今后的气候变化走向产生决定性的影响。这是一次被喻为"拯救人类的最后一次机会"的会议。

根据 2007 年在印尼巴厘岛举行的第十三次缔约方会议通过的《巴厘路线图》的规定,2009 年末在哥本哈根召开的第十五次会议将努力通过一份新的《哥本哈根议定书》,以代替 2012 年即将到期的《京都议定书》。考虑到协议的实施环节所耗费的时间,如果《哥本哈根议定书》不能在 2009 年的缔约方会议上达成共识并获得通过,那么,在 2012 年《京都议定书》承诺期到期后,全球将没有一个共同文件来约束温室气体的排放。这将会导致遏制全球气候变暖的行动遭到重大挫折。因此,在很大程度上,这次会议被视为全人类联合遏制全球变暖行动的一次很重要的努力。

基于现实困境,各国政府、非政府组织、学者、媒体和民众都非常关注哥本哈根世界气候大会,其议题在 2009 年一直是各大国际外交场合的重点议题。美国总统奥巴马以及中国国家主席胡锦涛曾经多次就此话题表态。而中、美两国对气候变化议题的态度也一直都是全球媒体的关注重点。

(二)中国政府在哥本哈根会议上的立场

气候变化是当今全球面临的重大挑战。遏制气候变暖、拯救地球家园是全人类共同的使命,每个国家和民族都应当责无旁贷地行动起来。作为《联合国气候变化框架公约》及《京都议定书》的缔约方,中国一向致力于推动公约和议定书的实施,认真履行相关义务。国际社会就落实"巴厘路线图"、加强公约及其《京都议定书》全面、有效和持续实施进行谈判,已于 2009 年底举行的联合国哥本哈根气候变化会议上取得积极成果,中国在这一谈判进程中发挥了积极的建设性作用,提出中国关于哥本哈根气候变化会议落实"巴厘路线图"的有关立场。

近三十年来,中国的现代化建设取得的成就已为世人瞩目。中国在发展的进程中高度重视气候变化问题，从中国人民和人类长远发展的根本利益出发，为应对气候变化做出了不懈努力和积极的贡献。

1. 中国是最早制定实施《应对气候变化国家方案》的发展中国家

中国先后制定和修订了《节约能源法》、《可再生能源法》、《循环经济促进法》、《清洁生产促进法》、《森林法》、《草原法》和《民用建筑节能条例》等一系列法律法规，把法律法规作为应对气候变化的重要手段。

2. 中国是近年来节能减排力度最大的国家

中国不断完善税收制度，积极推进资源性产品价格改革，加快建立能够充分反映市场供求关系、资源稀缺程度、环境损害成本的价格形成机制；全面实施十大重点节能工程和千家企业节能计划，在工业、交通、建筑等重点领域开展节能行动；深入推进循环经济试点，大力推广节能环保汽车，实施节能产品惠民工程；推动淘汰高耗能、高污染的落后产能，2006～2008 年共淘汰低能效的炼铁产能6 059万吨、炼钢产能4 347万吨、水泥产能 1.4 亿吨、焦炭产能6 445万吨。截至 2009 年上半年，中国单位国内生产总值能耗比 2005 年降低 13%，相当于少排放 8 亿吨二氧化碳。

3. 中国是新能源和可再生能源增长速度最快的国家

我国在保护生态的基础上，有序发展水电，积极发展核电，鼓励农村、边远地区和条件适宜地区大力发展生物质能、太阳能、地热、风能等新型可再生能源。2005～2008 年，中国的可再生能源增长 51%，年均增长 14.7%；2008 年的可再生能源利用量达到 2.5 亿吨标准煤；农村有3 050万户用上沼气，相当于少排放二氧化碳4 900多万吨；水电装机容量、核电在建规模、太阳能热水器集热面积和光伏发电容量均居世界第一位。

4. 中国是世界人工造林面积最大的国家

我国持续大规模开展退耕还林和植树造林，大力增加森林碳汇。2003～2008 年，中国的森林面积净增2 054万公顷，森林蓄积量净增 11.23 亿立方米。目前，中国的人工造林面积达5 400万公顷，居世界第一。

中国有 13 亿人口，人均 GDP 超过3 000美元，按照联合国的标准，还有 1.5 亿人生活在贫困线以下，发展经济、改善民生的任务十分艰巨。中国正处于工业化、城镇化快速发展的关键阶段，能源结构以煤为主，降低排放存在特殊困难。但是，我们始终把应对气候变化作为重要战略任务。1990～2005 年，中国的单位 GDP 二氧化碳排放强度下降 46%。在此基础上，我国又提出，到 2020 年单位 GDP 二氧化碳排放比 2005 年下降 40%～45%。在如此长时间内，这样大规模地降低二氧化碳排放，需要付出艰苦卓绝的努力。我国的减排目标将作为约束性指标纳入国民经济和社会发展的中长期规划，保证承诺的执行受到法律和舆论的监督。中国将进一步完善国内统计、监测和考核办法，改进减排信息的披露方式，增加透明度，积极开展国际交流、对话与合作。

应对气候变化，中国始终牢牢把握以下几点：

第一，保持成果的一致性。应对气候变化不是从零开始的，国际社会已经为之奋斗了几十年。《联合国气候变化框架公约》及《京都议定书》是各国经过长期艰苦努力取得的成果，凝聚了各方的广泛共识，是国际合作应对气候变化的法律基础和行动指南，我们必须倍加珍惜、巩固并发展之。

第二，坚持规则的公平性。“共同但有区别的责任”原则是国际合作应对气候变化的核心和基石，应当始终坚持。近代工业革命以来，发达国家排放的二氧化碳占全球排放总量的

80%。如果说二氧化碳排放是气候变化的直接原因,谁该承担主要责任就不言自明。无视历史责任,无视人均排放和各国的发展水平,要求近几十年才开始工业化、还有大量人口处于绝对贫困状态的发展中国家承担超出其应尽义务和能力范围的减排目标,是毫无道理的。发达国家的人民如今已经过上富裕的生活,但仍维持着远高于发展中国家的人均排放,且大多属于消费型排放;相比之下,发展中国家的排放主要是生存排放和国际转移排放。今天全球仍有24亿人以煤炭、木炭、秸秆为主要燃料,有16亿人没有用上电。应对气候变化必须在可持续发展的框架下统筹安排,绝不能以延续发展中国家的贫穷和落后为代价。发达国家必须率先大幅量化减排并向发展中国家提供资金和技术支持,这是不可推卸的道义责任,也是必须履行的法律义务。发展中国家应根据本国国情,在发达国家资金和技术转让的支持下,尽可能地减缓温室气体的排放,以适应气候变化。

第三,注重目标的合理性。中国有句成语:千里之行,始于足下。西方也有句谚语:罗马不是一天建成的。应对气候变化既要着眼长远,更要立足当前。《京都议定书》明确规定了发达国家至2012年承诺期的减排指标。但从实际执行情况看,不少发达国家的排放不减反增。目前,发达国家已经公布的中期减排目标与协议的要求和国际社会的期望仍有相当距离。确定一个长远的努力方向是必要的,更重要的是把重点放在完成近期和中期减排目标上,放在兑现业已做出的承诺上,放在行动上。

第四,确保机制的有效性。应对气候变化,贵在落实行动,重在机制保障。国际社会要在公约框架下做出切实、有效的制度安排,促使发达国家兑现承诺,向发展中国家持续提供充足的资金支持,加快转让气候技术,有效帮助发展中国家,特别是小岛屿国家、最不发达国家、内陆国家、非洲国家,加强应对气候变化的能力建设。

第四节 资源与环境问题的原因

资源的过度利用和环境恶化是全球性的问题,但在发展中国家表现得最为突出,并形成了“贫穷—人口增长—环境恶化—贫穷”的恶性循环。其主要原因:一是发展中国家对环境问题缺乏足够的认识;二是发展中国家的技术水平低,能源消耗以污染严重的煤炭、柴草为主,而且治污能力弱。三是发展中国家资金短缺。尽管有许多理由可以解释资源过度利用和环境恶化,但从经济学的角度来分析,市场失败和政策失误是最基本的原因。

一、市场机制的失败

(一)市场机制的作用是有条件的

市场制度只适用于产权明晰的社会。在产权界定不清楚的地方,市场机制是无效率的,也就是说,市场制度是失败的。在存在公有财产的情况下,如果任凭市场机制运行,就会产生外部效应。也就是一个经济行为所引起的私人收益(或成本)与社会收益(或成本)的不一致。具体地说,外部效应是指一个经济主体为别人创造了收益但没有获得相应的回报,或者给别人造成了损失而未给予补偿。前一种情况叫做正外部效应,如果由市场提供,就会出现供给不足;后一种情况是负外部效应,如果让市场调节,就会出现供给过度。对自然资源的过度利用和对环境的破坏就属于负外部效应。

有学者曾经列举了这样一个例子:尼泊尔高原的环境退化是由于过度放牧引起的,它导致土壤肥力下降、沉积物淤塞河流,而后造成孟加拉国和印度北部的大平原经常发生洪水灾害。

这种环境退化是由尼泊尔高原很多居民的个别行动造成的，这些行动可能是无意的，但对生活在下游的居民造成了灾难性的后果。对下游居民造成的成本没有被高原居民考虑，对他们来说，下游居民的损失是外部的，与他们无关，这就是负外部效应。

（二）“公用地悲剧”

1968年，哈丁（Hardin）发表了题为《公用地的悲剧》的著名论文。他在文中描述了这样一种情形：有一个对所有人开放的公共牧场，每一个理性的放牧者都想在公共牧场放养尽可能多的牲畜，而过度放牧所造成的后果是由全体放牧者承担的，所以，放牧者所采取的唯一明智的行动是增加更多的牲畜，然而，当每个放牧者都这么做时，牧场由于过度放牧而造成退化的悲剧就会发生。哈丁把这种理论扩展到对人口增长、环境污染等问题的解释上。

“公用地悲剧”的问题可以用新制度经济学的产权理论来解释。这是一个外部性问题，是由于公用地的公共物品性质、资源的稀缺性和对他人行为预测的不确定性引起的。避免“公用地悲剧”的方法就是明晰产权。因为市场机制正常作用的基本条件是明确定义的、专一的、可转移的和可实行涵盖所有资源、产品和服务的产权。产权不明晰，所有权不确定或不安全，就会打击人们对资源投资、保持和管理的积极性。

（三）环境是公共产品

自然资源和环境绝大部分具有公共财产性质，如空气和海洋。这些资源和环境的公有性质部分是社会制度造成的。但是绝大多数资源的公有性质与社会制度无关，而是与资源和环境本身的性质有关。即使在私有化程度很高的国家，有很多资源和环境也是不可能私有化的，如空气与河流，因为这些资源和环境是不可能为私人所有和支配的。还有的情况是，有些环境资源超过了国界，如海洋和大气层——它们是全球公共产品，是无论如何不能私有化的。

既然是公共产品，那么人们就能够自由地、无偿地使用自然资源和环境。而这样做的结果必然是为了自己的利益而过度使用资源和糟蹋环境，使再生资源变得不可持续，使环境日益恶化，使人类生活质量下降甚至人类生存受到威胁。有的人为了自己的利益而损害了别人和后代人的利益，最后也可能使自己变成了受害者。

市场不能解决公共资源条件下的环境保护问题。在公有财产情形下，市场有可能导致可再生资源的过度使用，使之丧失自身的恢复能力，最终导致可再生资源的枯竭。

（四）市场制度不能解决跨代的资源利用

这里要用贴现率来说明。根据经济学原理，人们偏好现在甚于未来，因此，人们对未来的消费和投资要打一个折扣，叫贴现。在市场经济中，贴现率是通过市场利率表现出来的。而这个市场利率一般体现的是当代人的时间偏好，所有的人对他们消费的评价都要比他们对后代的评价要高。因此，市场利率所表现出来的贴现率可能高于后代人消费时的贴现率。在这种情况下，人们可能更快地利用现有的自然资源和环境。这就有可能使再生资源利用过度，不可再生资源枯竭。

（五）环境保护有时间偏好

清洁一个退化的环境或放弃污染都要承担现时的成本或现时产量的损失，但有利于后代人获得更大的环境利益。高贴现率——人们注重现在而不是将来——会阻碍环境保护和清理环境。

二、政策存在失误

不少发展中国家为了促进工业化的发展，对自然资源的定价远远低于这些资源的稀缺程度，从而导致了人们对它们的过度使用。

有些发展中国家对能源定价很低，这样会带来一系列负面影响：(1)它助长了对能源的浪费性消费。对于石油丰富的国家来说，低价格减少了石油和天然气的储量和出口收入；对于进口国来说，低价格增加了石油的进口，使得这些国家的补贴支出大量增加，从而使财政负担加重。(2)低能源价格使企业缺乏动力去发明和采用节能性技术，使能源浪费在技术上而难以遏制。(3)由低价格刺激起来的能源浪费性使用的一个严重后果就是使环境污染更严重，甚至造成资源的浪费和环境退化。

有些发展中国家认为水是取之不尽的，对水价规定得很低，甚至对农业灌溉用水根本不收费。这些政策就会导致对水的过度使用。现在世界上每年约有 20 亿人口遭受长期水源短缺之苦，另外还有 25%灌溉地的土地肥力大大下降。

第五节 资源与环境的主要政策

自然资源的过度使用和环境退化的原因主要是产权不明确，它使市场机制变得无效，因为资源使用者和环境污染者制造了由社会负担的外部成本。政府一般采用如下几种方式来纠正市场失败：

一、明确产权

产权模糊产生于两个原因：一是有些资源客观上无法明确产权，如空气、海洋、河流等；二是有些资源的产权是可以界定的，但政府把它们收归国有，使产权虚置化。

对于可以明晰产权的资源，政府应该尽量把这些资源的所有权授予个人、企业或社会某些群体。为了把产权变得实际有效，必须做到如下几点：(1)产权应该是排他性的和明确界定的；(2)产权应该得到法律保护，产权不应该受到他人的侵犯；(3)产权必须是长期有效的而且是有利可图的，长期性使资源转化为一种资本，使所有者和使用者能够从提高和维持资源生产率的投资中获得利益；(4)产权还必须是可转让的。这样，所有者在任何时候都可以出卖它们，使资源能够得到最优的利用。

二、政府管制

有些资源和环境的产权是很难或根本不可能授予和转让给私人所有的，例如，海洋渔场是不可能转让的，政府应该作为资源的所有者，直接管理和控制资源的使用。资源和环境管制者应该制定防治污染的标准。由于造成环境污染的主要是企业，而企业利益集团通过游说和寻租活动，使政府的资源和环境政策比较宽松，这会助长资源耗竭和环境恶化。

三、税收调节

政府可以采用的一个手段是对污染环境的企业征税，让污染企业的外部成本内部化。征税增加了生产者和消费者的成本，迫使他们减少污染或浪费性地消耗公共资源。政府可以对污染直接征税。这种办法可以刺激污染单位采用新技术和方法治理污染源，例如，对化工厂的有毒物质排放数量进行征税，会促使其减少污染，因为这样做可以减少上缴的税额。税收是一种经济手段，它比政府直接命令可能更有效。

本章小结

可持续发展所追求的目标是既要使人类的各种需要得到满足、个人得到充分发展，又要保护资源和环境，不对后代人的生存和发展构成威胁。衡量可持续发展主要有经济、环境和社会三方面的指标。

资源在经济发展中的作用，一方面以“荷兰病”为例说明资源丰富并不一定有利于经济发展；另一方面，经济增长极限论说明资源的耗竭对经济发展的阻碍作用。

环境有多种经济功能，环境与经济发展水平存在一定的相互关系。发展中国家的环境退化非常严重。

自然资源的过度利用和环境退化的主要原因是资源和环境的公有性质，它导致外部效应的产生，使市场机制失效。政府应该运用政策工具使资源得到可持续利用，使环境得到适当的保护。

复习思考题

1. 怎样理解可持续发展？
2. 什么是“荷兰病”？它说明了什么？
3. 环境具有哪些经济功能？它们之间是什么关系？
4. 环境恶化对经济的影响表现在哪些方面？
5. 什么是“公共地悲剧”？联系实际说明公共资源的滥用问题。
6. 政府应如何纠正市场机制的失败？

参考文献

[1][美]斯图亚特·R.林恩.发展经济学[M].上海:上海人民出版社,2009.

[2][美]罗伯特·M.索洛.增长理论:一种解释[M].冯健等译.北京:中国财政经济出版社,2004.

[3][美]查尔斯·I.琼斯.经济增长理论导论[M].舒元等译.北京:北京大学出版社,2002.

[4][美]德布拉吉·瑞.发展经济学 [M].北京:北京大学出版社,2001.

[5][美]朱利安·L.西蒙.人口增长拖了经济发展的后腿吗?[M].上海:上海三联书店,2000.

[6][美]托达罗.经济发展 [M].北京:中国经济出版社,1999.

[7][美]西蒙·库兹涅茨.各国的经济增长[M].常勋等译.北京:商务印书馆,1999.

[8][美]吉里斯,波金斯.发展经济学[M].北京:中国人民大学出版社,1998.

[9][美]赫希曼.经济发展战略[M].北京:经济科学出版社,1991.

[10][美]吉利斯,帕金斯,罗默,斯诺德格拉斯.发展经济学 (中译本)[M].北京:经济科学出版社,1989.

[11][印度]贾塔克.发展经济学[M].北京:商务印书馆,1989.

[12][英]希克斯.经济史理论[M].北京:商务印书馆,1987.

[13][英]哈根.发展经济学(英文版)[M].纽约:霍姆伍德出版社,1983.

[14][美]杰弗里·威廉姆森.增长、收入分配与人口:历史教训[D].国民经济研究局(NBER)工作论文,编号 6244.

[15]李忠民.发展经济学——中国经验[M].北京:高等教育出版社,2011.

[16]翟书斌,张全红.发展经济学[M].武汉:武汉理工大学出版社,2009.

[17]郭熙保,陈志刚,胡卫东.发展经济学[M].北京:首都经济贸易大学出版社,2009.

[18]张培刚,张建华.发展经济学[M].北京:北京大学出版社,2009.

[19]林泽玉.教育学(第 2 版)[M].安徽:安徽人民出版社,2009.

[20]周叔莲,王延中,沈志渔.中国的工业化与城市化[M].北京:经济管理出版社,2008.

[21]方齐云,姚遂.发展经济学教程[M].大连:东北财经大学出版社,2008.

[22]彭刚,黄卫平.发展经济学教程[M].北京:中国人民大学出版社,2007.

[23]陈琳.企业技术创新的制度环境分析[M].北京:中国经济出版社,2007.

[24]车维汉.发展经济学[M].北京:清华大学出版社,2006.

[25]秦宪文.发展经济学[M].北京:经济科学出版社,2006.

[26]世界银行.2006 年世界发展指标[M].北京:中国财政经济出版社,2006.

[27]李宝元.人本发展经济学 [M].北京:经济科学出版社,2006.

[28]李强,林勇.劳动力市场学[M].北京:中国劳动社会保障出版社,2006.

[29]李小云.普通发展学[M].北京:社会科学文献出版社.2005.

[30]单志刚.知识经济概论[M].北京:中国传媒大学出版社,2005.

[31]燕晓飞.发展经济学概论[M].北京:经济科学出版社,2004.

[32]于同申.发展经济学[M].北京:中国人民大学出版社,2002.

[33]李明贤.技术进步与农业增长方式的转变[M].北京:国防科技大学出版社,2002.

[34]廖卫东、王万山.经济全球化背景下的中国农村经济可持续发展[M].南昌:江西人民出版社,2002.

[35]周天勇.新发展经济学[M].北京:经济科学出版社,2001.

[36]谭崇台. 发展经济学[M]. 太原:山西经济出版社,2000.

[37]赖泽源. 比较农地制度[M]. 北京:经济管理出版社,1998.

[38]林毅夫. 制度、技术与中国农业发展[M]. 上海:上海人民出版社,1994.

[39]刘追,邢春雷. 美国人力资源战略的实施策略及对我国的启示[J]. 中国行政管理,2011(4).

[40]方倩,李洁. 知识失业问题对我国居民人力资本投资行为的影响研究[J]. 企业技术开发,2009(7).

[41]陈友华. 人口红利与中国的经济增长 [J]. 江苏行政学院学报,2008(4).

[42]柳欣,曹静. 技术进步与经济增长[J]. 东岳论丛,2006(7).

[43]刘健,牛强、李国平. 我国智力外流的新特点及其对策研究[J]. 科学研究,2005(6).

[44]蔡昉. 人口转变、人口红利与经济增长可持续性——兼论充分就业如何促进经济增长 [J]. 人口研究,2004(2).

[45]杨竹节. 论教育深化与知识失业[J]. 江苏高教,2003(2).

[46]张军. 资本形成、工业化与经济增长:中国的转轨特征[J]. 经济研究,2002(6).

[47]张雄辉. 技术效率对经济增长贡献的研究——基于中国、韩国比较分析视角[J]. 山东大学,2010(6).

[48]Herrick Bruce,Charles Kindelberger. Economic Development(Fourth Edition)[M]. London:Mc Gra-Hill,1983.

[49]Galenson W. , Leibenstein H. Investment Citeria,Productivity and Economic Development[J]. Quarterly Journal of Economics,1955(8).